LE TABLEAU DE BORD PROSPECTIF

Robert S. KAPLAN   David P. NORTON

LE TABLEAU DE BORD PROSPECTIF

Nouvelle présentation

EYROLLES

Éditions d'Organisation

Éditions d'Organisation
Groupe Eyrolles
61, bd Saint-Gernain
75240 Paris Cedex 05
www.editions-organisation.com
www.editions-eyrolles.com

The Balanced Scorecard
© 1996 by the President and Fellows of Harvard College
Publié avec l'accord de Harvard Business School Press

Traduit de l'américain par Monique SPERRY

Huitième tirage 2012

© Groupe Eyrolles, 1998, 2003
ISBN américain : 0-87584-651-3
ISBN français : 978-2-7081-2932-0

ommaire

Préface

Les origines de ce livre remontent à 1990, année où le Nolan Norton Institute, l'unité de recherche de KPMG, a parrainé une étude de douze mois, menée dans plusieurs entreprises, sur le thème « Mesurer la performance dans l'entreprise du futur ». L'idée de cette étude était venue d'un constat : les systèmes traditionnels de mesure de la performance, essentiellement fondés sur des indicateurs financiers, ne sont plus adaptés à l'entreprise moderne. Les participants étaient convaincus que ces systèmes nuisaient à la capacité des entreprises à créer une valeur économique à long terme. David Norton, P-DG de Nolan Norton, a dirigé l'étude, conseillé par Robert Kaplan. Des représentants d'une douzaine d'entreprises [1] – des secteurs secondaire et tertiaire, allant de l'industrie lourde à la haute technologie – se sont réunis deux fois par mois pendant toute l'année pour développer un nouveau modèle de mesure de la performance.

Au début du projet, nous avons analysé des études de cas récentes sur des systèmes originaux de mesure de la performance. L'un d'eux, le cas Analog Devices [2], décrivait une méthode de suivi de la progression des projets d'amélioration continue. Il présentait également un nouveau tableau de bord qui contenait, outre divers indicateurs financiers, des indicateurs sur les délais de livraison, la qualité et la durée des cycles de production, la rapidité de développement des nouveaux produits. Art Schneiderman, alors vice-président chargé de l'amélioration de la qualité et de la productivité chez Analog Devices, est venu à l'une de nos réunions bimensuelles exposer les résultats de ce système de mesure. Plusieurs autres pistes étaient présentées dans la première moitié de l'étude, notamment des mesures de la satisfaction des actionnaires, de la productivité et de la qualité, ainsi que de nouvelles formules de rémunération, mais les participants sont rapidement revenus au système de mesure pluridimensionnel, qui leur semblait le plus apte à répondre à leurs besoins.

---

1. Advanced Micro Devices, American Standard, Apple Computer, Bell South, CIGNA, Conner Peripherals, Cray Research, DuPont, Electronic Data Systems, General Electric, Hewlett-Packard et Shell Canada.
2. R.S. Kaplan, « Analog Devices : The Half-Life Metric », Harvard Business School Cas n° 9-190-061, 1990.

Le groupe, au fil des discussions, a peu à peu élargi ce système pour en arriver à ce que nous avons appelé un tableau de bord prospectif, bâti autour de quatre axes : des indicateurs financiers, des indicateurs de performance vis-à-vis des clients, des indicateurs sur les processus internes et des indicateurs d'apprentissage organisationnel (systèmes d'information, compétences des salariés, etc.). Le nom du système a été choisi précisément pour refléter l'équilibre recherché entre les objectifs à court et à long terme, entre les indicateurs financiers et non financiers, entre les indicateurs *a posteriori* et les indicateurs avancés, enfin entre la performance externe et interne. Plusieurs participants ont bâti un tableau de bord prospectif sur un site pilote de leur entreprise. Ils ont ensuite rendu compte au groupe des réactions, des obstacles rencontrés et des perspectives qu'il offrait. Au terme de l'étude, en décembre 1990, le groupe a fait le point sur la faisabilité et les avantages de ce tableau de bord prospectif : le TBP.

Nous avons résumé les conclusions de cette étude dans un article intitulé « The Balanced Scorecard - Measures That Drive Performance » (le TBP : système de pilotage de la performance), publié par la *Harvard Business Review* dans son numéro de janvier-février 1992. À cette époque, plusieurs dirigeants nous ont demandé de les aider à implanter un TBP dans leur entreprise. Ces expériences ont permis d'élargir le champ d'application du TBP. Deux de ces dirigeants, Norman Chambers, alors directeur général de Rockwater, et Larry Brady, vice-président et aujourd'hui président de FMC Corporation, ont joué un rôle de premier plan dans cette évolution. En effet, Chambers et Brady ont vu dans le TBP autre chose qu'un simple système de mesure. Tous deux ont souhaité l'utiliser pour communiquer et déployer une nouvelle stratégie dans leur entreprise, qui ne soit plus focalisée sur le court terme, avec le leitmotiv de la réduction des coûts et de la concurrence par les prix, mais qui vise plutôt à générer et maintenir une croissance durable en offrant au client des produits et des prestations personnalisés à forte valeur ajoutée. Le travail que nous avons réalisé en collaboration avec ces deux dirigeants et leurs managers a montré combien il importait d'articuler les indicateurs du TBP et la stratégie de l'entreprise. Cette corrélation semble évidente, mais la plupart des entreprises, même parmi celles qui utilisent de nouveaux systèmes de mesure de la performance, ne mettaient pas leurs indicateurs en cohérence avec leur stratégie. La majorité s'efforçait d'améliorer la performance des processus existants – par la réduction des coûts, l'amélioration de la qualité et la diminution des temps de réglage des machines – mais sans identifier les processus véritablement stratégiques, ceux qui doivent être exécutés parfaitement pour garantir la réussite de la stratégie opération-

nelle. Nous avons souligné l'importance du choix d'indicateurs représentatifs de la stratégie dans un deuxième article, « Putting the Balance
Scorecard to Work » (mettre le TBP en pratique), publié dans le numéro
de septembre-octobre 1993 de la même revue.

À la mi 93, Norton a pris la tête d'une nouvelle entreprise, Renaissance
Solutions, Inc. (RSI), société de conseil dont l'une des principales activités est de guider les entreprises dans la diffusion et la mise en œuvre de
leur stratégie à l'aide du TBP. Un partenariat avec Gemini Consulting a
permis à RSI d'intégrer le TBP à de vastes programmes de transformation. Ces expériences ont contribué à affiner les corrélations établies entre
les indicateurs et la stratégie opérationnelle, en démontrant qu'il suffisait
de 20 à 25 indicateurs, sur les quatre axes du TBP, pour communiquer et
mettre en œuvre une stratégie cohérente. La variété des indicateurs n'implique aucun arbitrage délicat, et leur corrélation avec la stratégie a permis de relier les indicateurs dans une série de relations de cause à effet.
Prises ensemble, ces relations décrivent la trajectoire stratégique de l'entreprise, c'est-à-dire l'amélioration sensible de la performance financière
qui résulte des investissements dans le développement des compétences
des employés, dans les systèmes d'information, dans l'innovation au
niveau des produits et des prestations.

Ces expériences ont montré que certains dirigeants utilisaient le TBP non
seulement pour clarifier et diffuser la stratégie, mais aussi pour gérer sa
mise en œuvre. Ainsi, le TBP, qui était au départ un *outil de mesure*, est
devenu peu à peu un *outil de management* essentiel. Nous avons observé
l'évolution du système dans notre panel d'entreprises, notamment Brown
& Root Energy Services (maison mère de Rockwater) et FMC, mais aussi
dans plusieurs autres sociétés, citées dans ce livre : Metro Bank, National
Insurance, Kenyon Stores et Pioneer Petroleum (les noms ont été changés
pour des raisons de confidentialité). Les dirigeants de ces entreprises uti
lisent désormais le TBP pour organiser les grands processus de management : définition des objectifs individuels et collectifs, modes de rémunération, allocation des ressources, établissement des budgets et des plans,
retour d'expérience et apprentissage organisationnel. Nous avons résumé
ces évolutions dans un troisième article, « Using the Balanced Scorecard
as a Strategic Management System » (le TBP, outil de management stratégique), dans le numéro de janvier-février 1996 de la *Harvard Business
Review*.

Devant la rapide transformation du tableau de bord prospectif en outil de
management stratégique, nous avons compris que quelques articles ne
suffiraient pas à faire connaître les nombreux enseignements que nous

avions tirés de ces expériences. Par ailleurs, nous recevions de nombreuses demandes d'information sur la manière de bâtir et de mettre en œuvre ce système. C'est l'association de ce gisement d'enseignements et de ces demandes d'information qui nous a conduits à écrire ce livre.

Nous nous sommes efforcés de le rendre aussi complet que possible, mais il ne présente qu'une étape intermédiaire. Depuis trois ans, nous avons assisté à de nouvelles évolutions, à mesure que le concept du TBP gagnait du terrain dans les entreprises. Nous espérons que les expériences que nous décrivons dans ce livre inciteront de nombreuses autres entreprises à adopter ce système. Nous ne doutons pas que beaucoup, parmi elles, feront preuve d'autant d'imagination que celles avec qui nous avons eu la chance de travailler ces cinq dernières années, et qu'elles contribueront à perfectionner encore la structure et l'utilisation du système. Peut-être pourrons-nous même écrire bientôt une suite à ce livre !

Nous sommes extrêmement reconnaissants aux hommes et aux entreprises qui nous ont aidés dans notre travail. Notamment aux dirigeants et chefs de projet de FMC (Larry Brady et Ron Mambu), Rockwater (Norm Chambers et Sian Lloyd Rees) et Analog Devices (Ray Stata, Jerry Fishman et Art Schneiderman). Nous aimerions pouvoir remercier nommément les dirigeants de Metro Bank, National, Kenyon Stores, Pioneer Petroleum et de plusieurs autres sociétés, mais ils ont souhaité garder l'anonymat. Grâce au leadership qu'ils ont exercé et à leurs initiatives, ils ont tous démontré que le tableau de bord prospectif pouvait devenir la pierre angulaire des systèmes de management d'une entreprise.

Nous avons aussi été grandement aidés par les efforts des nombreux spécialistes de RSI qui, en collaboration avec leurs clients, ont enrichi le portefeuille des applications du TBP. En particulier, Michael Contrada et Rebecca Steinfort, qui ont fait la synthèse des expériences de divers clients et constitué une base de connaissance précieuse ; Laura Downing et Marissa Hendrickson, qui nous ont appris à appliquer le TBP à une entité à but non lucratif, en l'occurrence le Massachusetts Special Olympics, à laquelle elles consacrent une grande part de leur temps libre ; les deux fondateurs de RSI, Harry Lasker et David Lubin, qui ont contribué à l'élaboration de tableaux de bord prospectifs dans des entreprises technologiques, avec en particulier des systèmes de retour d'expérience et d'apprentissage organisationnel décrits au chapitre 11. Cet élargissement nous a permis d'intégrer le concept du TBP dans les réunions, les systèmes d'information et la vie quotidienne des entreprises. Notre collaboration avec Gemini Consulting et, en particulier, l'aide précieuse que nous a apportée Francis Gouillart, ont ouvert d'autres possibilités d'extension du

TBP à des processus de transformation complexes. Le travail accompli avec tous ces professionnels nous a montré ce que sont vraiment des entreprises apprenantes.

Plusieurs personnes ont joué un rôle clé dans la rédaction de ce livre. Carol Franco, directeur de Harvard Business School Press, qui nous a encouragés et a apporté son expérience éditoriale tout au long du projet ; Hollis Heimbouch, notre éditeur, par ses commentaires judicieux sur les versions successives du livre, qui en ont considérablement amélioré la structure et le contenu ; Ted Francavilla, Tom Valerio et les professeurs William Bruns, Robert Simons et Robin Cooper dont les observations nous ont permis d'introduire des améliorations importantes dans le manuscrit final.

Natalie Greenberg, avec sa compétence et sa rigueur habituelles, a notamment remédié à nos négligences de style. Barbara Roth nous a permis de tenir les délais en gérant avec autorité la phase de fabrication et nous a fait profiter de ses excellents conseils pour la réalisation de la couverture. Rose Fitzpatrick, de Renaissance Solutions, a transformé des notes manuscrites rédigées à la hâte, des tableaux gribouillés et de vagues dessins en un manuscrit impeccable. Sa patience et son habileté nous ont été d'une grande aide. À tous, nous adressons nos très sincères remerciements.

Robert S. KAPLAN et David P. NORTON

Boston et Lincoln, Mass.

Chapitre 1

LE TABLEAU DE BORD À L'ÈRE
DE L'INFORMATION

Vous vous trouvez dans le cockpit d'un avion moderne. Sur le tableau de bord, un seul instrument de vol. Vous questionnez le pilote :

Q : Comment se fait-il qu'il n'y ait qu'un seul instrument de vol ? Que mesure-t-il ?

R : La vitesse du vent. Je pilote en fonction de la vitesse du vent.

Q : Mais... et l'altitude ? Est-ce qu'un altimètre ne serait pas utile ?

R : J'ai beaucoup travaillé la question de l'altitude dans mes derniers vols et je la maîtrise bien. Maintenant, je dois me concentrer sur la vitesse du vent.

Q : Mais vous n'avez même pas d'indicateur pour le niveau de carburant. Ce serait utile, non ?

R : Vous avez raison : le niveau du carburant, c'est important. Mais je ne peux pas faire plusieurs choses à la fois. Aujourd'hui, je m'occupe de la vitesse du vent. Quand je maîtriserai ce paramètre, je me pencherai sur la consommation de carburant.

Après une telle conversation, vous n'auriez sans doute qu'une hâte : descendre de l'avion. Même si le pilote était le champion de la vitesse du vent, vous auriez peur de heurter une montagne ou de manquer de carburant. Un tel dialogue est, bien sûr, pure invention, car il ne viendrait à l'idée d'aucun pilote de se lancer aux commandes d'un engin aussi complexe qu'un gros porteur dans un espace aérien très encombré, avec un seul instrument de bord. Pour diriger leur appareil, les pilotes utilisent une masse d'informations fournies par d'innombrables indicateurs. Or, guider une entreprise dans un environnement concurrentiel complexe est au moins aussi compliqué que de piloter un avion. Pourquoi les dirigeants ne disposeraient-ils pas, eux aussi, d'une batterie complète d'instruments pour guider leur navire ? Les managers, comme les pilotes, ont besoin d'instruments qui leur donnent des indications sur l'environnement et la performance de l'entreprise, et les aident à mettre le cap sur l'excellence.

Le tableau de bord prospectif (TBP) apporte aux managers l'instrument pour maintenir ce cap. Les entreprises opèrent aujourd'hui dans des environnements complexes ; il est donc vital qu'elles connaissent parfaitement leurs objectifs et la manière de les atteindre. Le TBP traduit la mission et la stratégie de l'entreprise en un ensemble d'indicateurs de performance qui constituent la base d'un système de pilotage de la stratégie. Ce système ne perd pas de vue les objectifs financiers, mais il tient compte également des moyens de les atteindre. Il mesure la performance de l'entreprise selon quatre axes *équilibrés* : les résultats financiers, la performance vis-à-vis des clients, les processus internes et l'apprentissage organisationnel. Il permet aux entreprises de suivre les résultats financiers, mais aussi, simultanément, les progrès dans le développement des compétences et l'acquisition des actifs intangibles dont elles auront besoin pour asseoir leur croissance future.

La concurrence à l'ère de l'information

Les entreprises sont au cœur d'un processus de transformation radicale. Aujourd'hui, la concurrence n'est plus industrielle mais informationnelle. Pendant l'ère industrielle, de 1850 à 1975, la performance des entreprises était subordonnée à leur capacité à profiter d'économies d'échelle ou de gamme[1]. La technologie était importante mais, *in fine*, les entreprises capables d'intégrer les progrès techniques dans un appareil de production permettant de fabriquer en masse des produits standards étaient assurées de réussir.

C'est durant cette époque que des entreprises comme General Motors, DuPont, Matsushita et General Electric ont développé des systèmes de contrôle de gestion, pour orienter et surveiller l'allocation des ressources financières et des actifs physiques[2]. Un indicateur financier comme le retour sur investissement servait à la fois à choisir la meilleure utilisation pour le capital et à suivre l'usage fait par les services opérationnels des ressources financières et matérielles de l'entreprise en vue de répondre aux attentes des actionnaires.

---

1. A.D. Chandler, Jr. *Scale and Scope : The Dynamics of Industrial Capitalism* (Cambridge, Mass. : Harvard University Press, 1990).
2. Voir A.D. Chandler, Jr., *The Visible Hand : The Managerial Revolution in American Business* (Cambridge, Mass. : Harvard University Press, 1977) et T.H. Johnson et R.S. Kaplan, *Relevance Lost : The Rise and Fall of Management Accounting* (Boston : Harvard Business School Press, 1987).

Mais les dernières décennies du XXe siècle ont vu émerger une ère nouvelle, celle de l'information, qui a rendu obsolètes nombre des principes de la concurrence à l'ère industrielle. Pour gagner un avantage concurrentiel durable, les entreprises ne pouvaient plus se contenter d'intégrer rapidement les nouvelles technologies à leur actif physique, tout en gérant au mieux leur actif et leur passif financiers.

Les effets de l'ère de l'information sont encore plus spectaculaires dans les services que dans l'industrie. Pendant très longtemps, les entreprises de ce secteur, notamment dans le transport, la distribution du gaz, de l'eau et de l'électricité, les télécommunications, les services financiers et la santé, ont opéré dans des environnements stables, non concurrentiels. Elles ne disposaient pas d'une grande marge de liberté pour diversifier leur activité et fixer le prix de leurs produits. En contrepartie, le législateur les protégeait contre des concurrents potentiellement plus efficaces ou novateurs, et fixait les prix à un niveau assurant des retours sur investissement et une marge brute satisfaisants. Les deux dernières décennies ont été le théâtre d'un vaste mouvement de déréglementation et de privatisation des entreprises de services dans tous les pays du monde, les systèmes d'information ayant sonné le glas des grandes entreprises publiques de l'ère industrielle.

Pour les entreprises industrielles comme pour les sociétés de services, cette ère nouvelle appelle de nouvelles compétences. La capacité d'une entreprise à mobiliser et exploiter ses actifs intangibles est devenue beaucoup plus importante que l'investissement et le management des actifs physiques.[3] Les actifs intangibles sont ceux qui lui permettent :

- de développer avec ses clients des relations durables et de servir de manière efficace et efficiente de nouveaux marchés ;
- de lancer des produits et des services innovants, répondant aux attentes de segments de marché ciblés ;
- d'offrir rapidement et à un prix raisonnable des produits et des services personnalisés d'excellente qualité ;
- de mobiliser les compétences et le dynamisme des salariés pour les mettre au service de l'amélioration continue des capacités, de la qualité et de la réactivité des processus ;
- de déployer des systèmes d'information et des bases de données.

---

3. H. Itami, *Mobilizing Invisible Assets* (Cambridge, Mass. : Harvard University Press, 1987).

Le nouvel environnement opérationnel

Les entreprises de l'ère de l'information fonctionnent selon un ensemble de postulats nouveaux.

▶ Des fonctions transversales

Les entreprises de l'ère industrielle fondaient leur avantage concurrentiel sur la spécialisation des compétences fonctionnelles : fabrication, achat, distribution, marketing, R&D. Cette spécialisation avait de nombreux avantages mais, à la longue, elle a fini par devenir contre-productive en induisant de nombreux besoins d'arbitrage entre départements et un manque de réactivité des processus internes. L'entreprise de l'ère de l'information est structurée en activités intégrées, qui dépassent le champ d'action des fonctions traditionnelles.[4] Elle combine les avantages de la spécialisation fonctionnelle et la rapidité, l'efficience et la qualité des processus intégrés.

▶ Les liens avec les clients et les fournisseurs

À l'ère industrielle, les relations entre l'entreprise, ses clients et ses fournisseurs étaient placées sous le signe de la concurrence totale. Les systèmes d'information permettent aux entreprises modernes d'intégrer les processus d'achat, de production et de livraison, de sorte que les opérations sont pilotées par les commandes des clients et non par des programmes de production. Un système intégré, partant de la commande du client et remontant vers l'amont jusqu'au fournisseur de matières premières, permet à tous les acteurs de la chaîne de réaliser des gains considérables en termes de coût, de qualité et de délais.

▶ La segmentation de la clientèle

Les entreprises de l'ère industrielle prospéraient en proposant des produits et des services standards à bas prix. La preuve en est la célèbre phrase de Henry Ford à propos de la Ford T : « Les clients peuvent choisir la couleur qu'ils veulent, pourvu que ce soit du noir. » Une fois que les consommateurs ont satisfait leurs besoins fondamentaux – des vêtements, un toit, de la nourriture et un moyen de transport – ils aspirent à voir leurs attentes comblées par des produits plus personnalisés. Les entreprises modernes doivent apprendre à offrir des produits et des prestations adap-

---

4. J. Champy et M. Hammer, *Reengineering the Corporation : À Manifesto for Business Revolution* (*New York : Harper Business, 1993*).

tés à des segments de marché différents, sans pour autant subir les inconvénients financiers d'une production très diversifiée et en petites quantités.[5]

▶ Un marché mondial

Les frontières nationales ne font plus obstacle à des concurrents plus performants et flexibles. Les entreprises s'affrontent aujourd'hui sur un marché planétaire. Pour rentabiliser les capitaux investis, les nouveaux produits et services, qui impliquent de très lourds investissements, doivent trouver des débouchés dans le monde entier. Les entreprises de l'ère de l'information doivent tirer parti des facteurs d'efficience et de compétitivité qu'apporte la mondialisation des activités, tout en restant à l'écoute du marché local.

▶ L'innovation

Les cycles de vie des produits sont de plus en plus courts. L'avantage concurrentiel apporté par une génération de produits ne garantit pas la domination de la suivante.[6]

Les entreprises des secteurs où la technologie évolue rapidement doivent anticiper les besoins futurs de leurs clients, proposer des produits et des services résolument novateurs et intégrer rapidement les nouvelles technologies dans des processus performants et des prestations de haut niveau. Même pour les produits aux cycles de vie relativement longs, l'amélioration continue de leurs fonctionnalités et des processus est la condition *sine qua non* d'un succès durable.

▶ Les travailleurs du savoir

Les entreprises traditionnelles faisaient une différence très nette entre deux catégories de salariés. L'élite intellectuelle, managers et ingénieurs, à qui étaient réservées les tâches « nobles » : conception des produits et des processus, prospection et gestion de la clientèle, encadrement de l'ac-

---

5. Les entreprises de l'ère industrielle offraient des produits et des services à différents types de clientèles en s'appuyant sur des processus de fabrication classiques. Le coût élevé de cette démarche n'est apparu clairement qu'après l'invention des systèmes d'imputation des coûts par activité au milieu des années 80 ; voir R. Cooper et R.S. Kaplan, « Measure Costs Right : Make the Right Decisions », *Harvard Business Review* (septembre-octobre 1988), p. 96-103. Les entreprises ont compris qu'elles devaient soit se focaliser sur leurs segments de marché cibles, soit déployer des processus de fabrication des produits et de prestation des services leur permettant de diversifier leur offre à un coût moindre.

6. J.L. Bower et C.M. Christensen, « Disruptive Technologies : Catching the Wave », *Harvard Business Review* (janvier-février 1995), p. 43-53.

tivité. Et ceux qui fabriquaient les produits et assuraient les services : cette main-d'œuvre directe était un facteur de production essentiel pour les entreprises, qui n'utilisaient cependant que ses aptitudes physiques et non son intelligence. Les ouvriers exécutaient des tâches sous le contrôle direct d'ingénieurs et de managers. À la fin du XXe siècle, l'automation et la productivité ont réduit le nombre des simples exécutants dans les entreprises, tandis que l'évolution de la concurrence amenait un accroissement de l'effectif dans les fonctions exigeant des qualités d'analyse : études, marketing, management, administration. Les salariés qui participent encore directement à la production et à la fourniture des prestations sont invités à proposer des idées pour améliorer la qualité, réduire les coûts et la durée des cycles. Comme le dit le directeur d'une usine de moteurs Ford récemment modernisée : « Les machines sont faites pour fonctionner toutes seules. Les employés sont là pour réfléchir, résoudre les problèmes, assurer la qualité, pas pour regarder des pièces défiler sur une chaîne. Ici, ils sont considérés comme responsables de la résolution des problèmes, et non comme des coûts variables. »[7]

Tous les salariés doivent apporter une valeur ajoutée en termes de savoir et par les informations qu'ils peuvent donner. Analyser, gérer et exploiter les connaissances de chacun est devenu un facteur clé du succès des entreprises modernes.

Pour s'adapter à la concurrence future, les entreprises ont recours à une panoplie de démarches et de méthodes :

- la Qualité Totale,
- les systèmes de production et de distribution juste-à-temps,
- l'amélioration des délais de livraison,
- le *lean management*,
- la focalisation des activités sur la satisfaction du client,
- la gestion des coûts par centre d'activité,
- la responsabilisation des salariés,
- le *reengineering*.

Chacun de ces programmes d'amélioration a ses réussites exemplaires, ses hérauts, ses gourous et ses experts. Chacun cherche à accaparer le temps, l'énergie et les ressources des dirigeants. Chacun promet une avan-

---

7. R.S. Kaplan et A. Sweeney, « Romeo Engine Plant », 9-194-032 (Boston : Harvard Business School, 1994).

cée spectaculaire de la performance, et un accroissement de la valeur pour la majorité, sinon tous les partenaires de l'entreprise : actionnaires, clients, fournisseurs et salariés. Le but de ces programmes n'est pas d'améliorer les résultats ni d'assurer la survie de l'entreprise par un processus progressif mais de lui faire atteindre, au moyen d'une transformation radicale, un niveau de performance qui lui assurera la réussite dans l'environnement concurrentiel de l'ère de l'information.

Malheureusement, les résultats sont décevants. Pour plusieurs raisons : ils sont souvent fragmentés ; ils ne sont pas toujours reliés à la stratégie de l'entreprise ni associés à des résultats économiques et financiers spécifiques. Les avancées dans la performance exigent un changement profond qui passe notamment par la modification des systèmes de mesure et de management. Pour faire entrer l'entreprise dans un avenir où la compétitivité, la technologie et la compétence des employés joueront un rôle déterminant, il ne suffit pas de suivre et de contrôler la performance passée à l'aide d'indicateurs financiers.

LE MODÈLE COMPTABLE TRADITIONNEL

Tous les nouveaux programmes, les initiatives et les processus de management du changement mis en œuvre par les entreprises de l'ère de l'information le sont dans le contexte d'états financiers trimestriels et annuels. La communication de l'information financière se fait encore selon un modèle comptable vieux de plusieurs siècles, adapté à des opérations conclues dans des conditions de pleine concurrence entre des parties indépendantes. Ce vénérable monument est toujours utilisé par les entreprises modernes, alors qu'elles s'efforcent de développer les actifs et le potentiel internes, et de conclure des alliances stratégiques avec des acteurs extérieurs.[8]

Dans l'idéal, ce modèle aurait dû être élargi de manière à tenir compte de la valeur des actifs intangibles et intellectuels d'une entreprise, tels que la qualité des produits et des services, la motivation et le savoir-faire des salariés, la flexibilité et la transparence des processus, la satisfaction et la fidélité des clients. Cette valorisation des actifs incorporels et des capacités de l'entreprise serait particulièrement bienvenue car, à l'ère de l'in-

---

8. R.K. Elliott, « The Third Wave Breaks on the Shores of Accounting », *Accounting Horizons* (juin 1992), p. 61-85.

19

formation, ils sont plus essentiels à sa réussite que les traditionnels actifs physiques. Si leur valeur pouvait être chiffrée dans le modèle de la comptabilité financière, les entreprises pourraient faire connaître le résultat des efforts menés dans ces domaines aux salariés, aux actionnaires, aux créanciers et à la communauté dans laquelle elles opèrent. À l'inverse, les effets négatifs de la dépréciation du stock d'actifs incorporels et du capital intellectuel se refléteraient immédiatement dans le compte de résultat. Toutefois, force est de constater qu'il est difficile d'attribuer une valeur financière crédible à des actifs comme le processus de développement des nouveaux produits ; le potentiel des processus ; le savoir-faire, la motivation et la flexibilité des salariés ; la fidélité de la clientèle ; les bases de données et les systèmes. On ne peut donc pas raisonnablement escompter qu'ils figurent jamais dans les bilans. Pourtant, ils sont essentiels à la réussite de l'entreprise dans l'environnement concurrentiel actuel et futur.

LE TABLEAU DE BORD PROSPECTIF

La rencontre de la nécessité impérieuse de bâtir un potentiel concurrentiel à long terme et de l'obligation de perpétuer le modèle de comptabilisation au coût historique et de présentation de l'information financière a donné naissance à une nouvelle démarche : le tableau de bord prospectif (TBP). Ce système conserve les indicateurs financiers classiques, qui expriment la performance passée. Mais ils ne sont pas adaptés pour guider et évaluer la démarche que doivent suivre les entreprises modernes, celles de l'ère de l'information, pour créer une valeur future en investissant dans les clients, les fournisseurs, les salariés, les processus, la technologie et l'innovation.

Ils sont donc complétés par des indicateurs sur les déterminants de la performance future. Les objectifs et les mesures de ce système sont établis en fonction du projet de l'entreprise et de sa stratégie. Ils permettent d'apprécier la performance dans quatre domaines : les résultats financiers, la satisfaction des clients, les processus internes, l'apprentissage organisationnel. Ces quatre axes constituent l'ossature du TBP (voir figure 1.1).

Le TBP élargit les objectifs des unités au-delà de la simple performance économique. Il permet aux dirigeants d'évaluer la contribution de chacune d'elles à la réponse aux attentes des clients actuels et futurs, les efforts à accomplir pour renforcer le potentiel interne et les investissements qu'il faut faire dans les hommes, les systèmes et les procédures pour améliorer la performance. Il met en lumière les activités génératrices de valeur menées par des acteurs compétents et motivés. Tout en gardant un œil, grâce aux indicateurs financiers, sur la performance à court terme, le tableau de bord prospectif met en évidence les déterminants de l'amélioration de la performance financière et concurrentielle à long terme.

Un système de management

De nombreuses entreprises disposent déjà de systèmes de mesure de la performance comprenant des indicateurs financiers et non financiers. En quoi le tableau de bord prospectif est-il différent ? En réalité, bien des entreprises n'utilisent des indicateurs non financiers que pour introduire des améliorations locales dans la fabrication ou dans les relations avec les clients. Les dirigeants utilisent les indicateurs financiers consolidés comme s'ils étaient le reflet exact des résultats des actions menées par les employés et les managers. En d'autres termes, les indicateurs, financiers et autres, servent uniquement à suivre *a posteriori* les effets d'une tactique et piloter les activités à court terme.

Le TBP montre que les indicateurs financiers et non financiers doivent faire partie intégrante du système d'information des salariés de tous les niveaux. En effet, employés et managers doivent comprendre les consé-

Figure 1.1. Un support pour traduire la stratégie en objectifs opérationnels

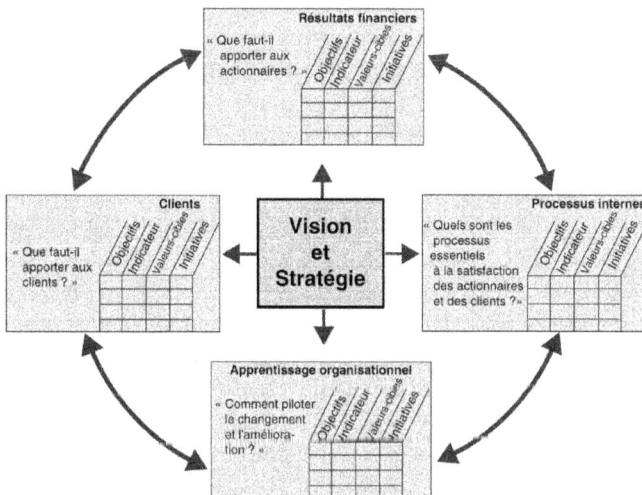

Source : Robert S. Kaplan et David P. Norton, « Using the Balanced Scorecard as a Strategic Management System », *Harvard Business Review* (janvier-février 1996), p. 76. Reproduction autorisée.

quences financières de leurs actes et de leurs décisions ; quant aux dirigeants, ils doivent comprendre les déterminants de la performance financière à long terme. Les objectifs et les mesures qui apparaissent dans ce système ne sont pas une simple collection d'indicateurs : ils sont définis dans le cadre d'une réflexion fondée sur la mission et la stratégie de chaque unité. Le TBP doit traduire les intentions stratégiques en objectifs concrets. Un *équilibre* est établi entre les indicateurs extérieurs, à l'intention des actionnaires et des clients, et les indicateurs internes sur les processus essentiels, l'innovation, le développement des compétences et la croissance. Il y a un *équilibre* entre les indicateurs de résultats – la performance passée – et les indicateurs qui permettent de suivre les déterminants de la performance future. Enfin, le système assure un *équilibre* entre des mesures objectives et quantifiées, qui traduisent des résultats, et des mesures plus subjectives, les déterminants de la performance.

Le TBP est plus qu'un outil de mesure de la performance tactique ou opérationnelle. Des entreprises innovantes l'utilisent comme véritable système de management stratégique, pour déployer leur stratégie à long terme (voir figure 1.2). Les indicateurs du TBP leur permettent de :

1. clarifier le projet et la stratégie et les traduire en objectifs ;
2. communiquer les objectifs et les indicateurs stratégiques, et les articuler ;
3. planifier, fixer des objectifs et harmoniser les initiatives stratégiques ;
4. renforcer le retour d'expérience et le suivi stratégique.

▶ Clarifier le projet et la stratégie, et les traduire en objectifs

Pour construire le tableau de bord prospectif, la direction commence par traduire la stratégie en objectifs concrets pour chaque département. Avant de fixer des objectifs financiers, les dirigeants doivent déterminer s'ils souhaitent mettre l'accent sur l'augmentation du chiffre d'affaires et de la part de marché, la rentabilité, l'amélioration de la trésorerie. Concernant les indicateurs liés à la satisfaction des clients, la direction doit d'abord préciser les segments de marché qui constituent la cible. Un exemple : une institution financière était persuadée que les vingt-cinq membres de sa direction générale étaient d'accord sur la stratégie à mettre en œuvre, à savoir « offrir un service excellent à des clients ciblés ». C'est en cherchant à formuler des indicateurs de performance vis-à-vis des clients qu'il est apparu que chaque dirigeant avait sa propre idée de la cible et du « service excellent ». C'est la définition d'indicateurs concrets pour le TBP qui a permis aux vingt-cinq membres de la direction de s'entendre sur ces deux points essentiels.

Une fois définis les objectifs financiers et relatifs aux clients, l'entreprise doit identifier ceux qui concernent son fonctionnement. Cette étape constitue l'une des originalités et qualités du TBP. Les systèmes classiques de mesure de la performance, même lorsqu'ils font appel à des indicateurs non financiers, se concentrent sur le prix de revient, la qualité et les délais. Le TBP met en évidence les processus qui jouent un rôle clé pour parvenir à une performance exceptionnelle, du point de vue des clients et des actionnaires. Cette démarche révèle souvent des processus internes totalement nouveaux, dans lesquels l'entreprise doit atteindre l'excellence pour que sa stratégie produise les résultats souhaités.

Le dernier axe du tableau de bord prospectif, celui de l'apprentissage organisationnel, sert à piloter les investissements dans la réorientation ou le développement des compétences des salariés, les systèmes d'informations et l'amélioration des procédures opérationnelles. Ces investissements permettent d'innover et d'améliorer considérablement la performance des processus internes, vis-à-vis des clients et, *in fine*, des actionnaires.

L'élaboration d'un TBP clarifie les objectifs stratégiques et cerne les principaux déterminants de ces objectifs. Dans nos missions de conseil

Figure 1.2. Le tableau de bord prospectif, cadre stratégique de l'action

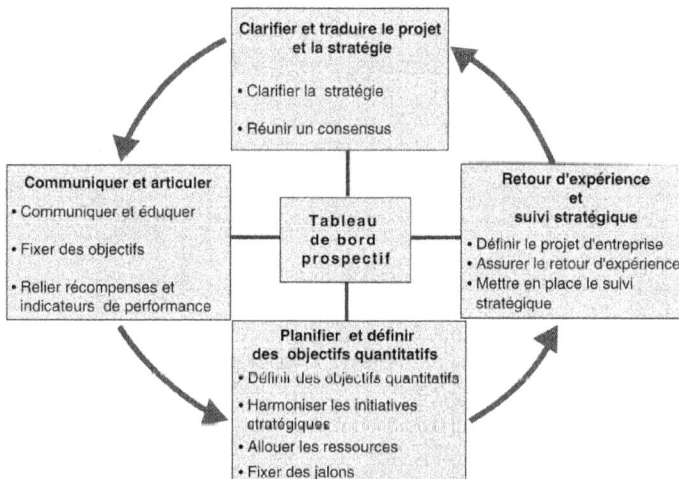

Source : Robert S. Kaplan et David P. Norton, « Using the Balanced Scorecard as a Strategic Management System », *Harvard Business Review* (janvier-février 1996), p. 76. Reproduction autorisée.

pour la mise en place d'un TBP, nous n'avons jamais rencontré une équipe dirigeante entièrement unanime sur l'importance relative de ses objectifs stratégiques. Pourtant, en règle générale, il s'agissait d'équipes soudées, dans des entreprises bien gérées. Ce défaut de consensus est souvent lié à l'histoire et à la culture de l'entreprise. Les dirigeants bâtissent générale-ment leur carrière sur une seule fonction. Or, certaines fonctions sont sou-vent dominantes dans les priorités. Dans les entreprises pétrolières, par exemple, les aspects techniques et le coût des activités de raffinage pas-sent au premier plan, au détriment du marketing, alors que le marketing et la vente sont les fonctions dominantes d'une entreprise produisant des biens de consommation, au détriment de la technologie et de l'innovation. Les entreprises de haute technologie ont une culture fortement axée sur la recherche et la technique, la production n'étant souvent qu'une considé-ration annexe. Lorsque les dirigeants issus de fonctions différentes, en particulier dans des entreprises où le compartimentage fonctionnel est fort, tentent de travailler en équipe, il arrive qu'ils se trouvent dans des zones de flou relatif, autour desquelles il leur est difficile de se rassem-bler, faute d'une conception commune des objectifs opérationnels glo-baux, de la contribution que peuvent apporter les différentes unités fonc-tionnelles et de la manière d'intégrer l'apport de chacune d'elle.

La création d'un tableau de bord prospectif, si elle fait ressortir le défaut de consensus et de travail en équipe, contribue aussi à la résolution du pro-blème. En effet, le TBP étant mis au point par un groupe de dirigeants, dans le cadre d'un projet, il constitue un modèle représentatif de l'ensemble de l'entreprise, auquel tout le monde a contribué. Tous les membres de l'équipe dirigeante adhèrent donc aux objectifs du TBP et sont respon-sables de leur réalisation, ce qui permet au système de servir de référence pour un large éventail de processus de management essentiels. Le TBP favorise le consensus et le travail d'équipe au sein de la direction, même si les dirigeants sont marqués par la fonction dans laquelle ils ont fait carrière.

▶ Communiquer les objectifs et les indicateurs stratégiques, et les articuler

On communique les objectifs et les indicateurs stratégiques du tableau de bord prospectif dans l'entreprise par plusieurs méthodes : journal interne, panneaux d'information, vidéo, voire par un circuit de courrier électronique interne. Tous les salariés sont ainsi informés des objectifs qui doivent impérativement être atteints pour assurer la réussite de la straté-gie. Certaines entreprises essaient de décomposer les indicateurs straté-giques du TBP d'une unité en paramètres spécifiques au niveau opérationnel. Par exemple, l'objectif de ponctualité des délais de livraison d'une unité peut être traduit en objectifs plus concrets : réduction des temps de réglage de telle ou telle machine, accélération du transfert des commandes d'un processus à un autre. De cette façon, les efforts d'amélioration locaux sont cohérents avec les facteurs qui déterminent la performance d'ensemble. Lorsque les salariés connaissent les objectifs et les indicateurs clés, ils peuvent définir à leur niveau des objectifs allant dans le sens de la stratégie globale de leur unité.

Le TBP est aussi un outil permettant à une unité de communiquer sa stratégie à la direction et au conseil d'administration, et de la leur faire accepter. Il favorise le dialogue entre les unités, les dirigeants et les membres du conseil, non seulement en ce qui concerne les objectifs financiers à court terme mais aussi sur la formulation et la mise en œuvre d'une stratégie propre à améliorer la performance.

Au terme du processus de communication et d'articulation des objectifs et des indicateurs, tous les acteurs doivent avoir compris le but à long terme visé par les unités ainsi que la stratégie à suivre pour l'atteindre. Des mesures auront été prises localement, qui contribueront à réaliser les objectifs définis par les unités. Et tous les efforts, toutes les initiatives, iront dans le sens des changements requis.

▶ Planifier, fixer des objectifs et harmoniser les initiatives stratégiques

C'est lorsqu'il est déployé pour piloter le changement que le TBP trouve son efficacité maximale. Il incombe donc aux dirigeants de fixer des objectifs quantitatifs à trois ou cinq ans qui, s'ils sont atteints, transformeront l'entreprise. Ces valeurs-cibles doivent induire une discontinuité dans la performance. Si l'entreprise est cotée en bourse, par exemple, l'objectif peut être de multiplier par deux ou plus le cours de l'action. Dans le domaine financier, la performance visée peut être le doublement du retour sur investissement ou une augmentation de 150 % du chiffre d'affaires dans les cinq ans à venir. Une entreprise électronique s'est fixé comme objectif un rythme de croissance pratiquement deux fois supérieur au taux de croissance prévisionnel de sa clientèle.

Pour atteindre des objectifs financiers aussi ambitieux, les managers doivent déterminer les valeurs à atteindre pour les indicateurs clés des clients, des processus internes et des processus d'apprentissage organisationnel. Ces valeurs-cibles peuvent être définies à partir de plusieurs sources. Dans l'idéal, le but à atteindre devrait être de répondre aux attentes des clients ou de les dépasser. Les préférences des clients existants et potentiels seront analysées pour définir le niveau de performance visé. Le *benchmarking* peut aider à intégrer les meilleures pratiques et veiller à ce que les objectifs locaux soient compatibles avec les indicateurs stratégiques de l'unité concernée.

Lorsqu'ils ont défini les indicateurs relatifs aux clients, aux processus internes et à l'apprentissage organisationnel, les managers peuvent ajuster les initiatives stratégiques concernant la qualité, la réactivité et les programmes de *reengineering*, de manière à réaliser l'avancée voulue dans la performance. Ainsi, avec le TBP, les programmes d'amélioration continue, de *reengineering* et de *transformation* trouvent une justification concrète, sont mis en avant et intégrés à l'activité. Au lieu de se contenter de procéder au remaniement de processus isolés où des gains sont faciles à obtenir, les efforts visent à améliorer et recomposer les processus qui jouent un rôle essentiel dans la performance stratégique. À l'inverse de ce qui se passe dans les programmes de *reengineering* classiques, qui visent une réduction massive des coûts, l'objectif d'un programme de transformation ne doit pas être mesuré uniquement en termes d'économies sur les coûts. Les objectifs stratégiques sont établis à partir de certains indicateurs du TBP, tels qu'une réduction spectaculaire des délais d'exécution des commandes, des délais de mise sur le marché plus courts pour les produits nouveaux, et le développement des compétences des salariés. La réduction des délais et l'amélioration du potentiel humain ne constituent pas, bien entendu, l'objectif ultime. Par une série de relations de cause à effet explicitées dans le TBP, ces progrès se traduisent par une performance financière supérieure.

Le TBP permet aussi à une entreprise d'intégrer la planification stratégique et la procédure budgétaire annuelle. Lorsque des objectifs à trois ou cinq ans sont définis pour les indicateurs stratégiques, les managers fixent également des jalons permettant de suivre l'évolution de chaque indicateur durant le prochain exercice fiscal ou au cours des douze mois de la première année du plan. Ces indicateurs intermédiaires constituent des points de repère pour évaluer les progrès à court terme dans le cadre de la trajectoire stratégique à long terme de l'unité.

Le processus de planification stratégique et de définition des objectifs permet à l'entreprise :

- de quantifier les résultats visés à long terme ;
- d'identifier les mécanismes permettant de les atteindre et de mettre en place les ressources nécessaires ;

• de fixer des jalons à court terme pour suivre l'évolution des indicateurs financiers et non financiers du TBP.

▶ Renforcer le retour d'expérience et le suivi stratégique

Le TBP sert de cadre à l'apprentissage organisationnel. C'est l'élément le plus novateur du système. Il permet en effet aux dirigeants de capitaliser les enseignements des actions menées. Aujourd'hui, les managers ne disposent d'aucun moyen de recevoir un *feed-back* sur leur stratégie et de tester les hypothèses sur lesquelles elle repose. Le TBP leur permettra de suivre et d'ajuster l'exécution de la stratégie et, le cas échéant, d'en modifier les postulats.

Grâce aux jalons intermédiaires établis pour tous les indicateurs du TBP, les résultats financiers peuvent toujours être examinés lors des réunions de direction mensuelles et trimestrielles. Et surtout, ils peuvent vérifier en détail si les unités atteignent leurs objectifs, par rapport aux clients mais aussi aux salariés. À l'occasion de ces réunions, les managers ne se contentent plus de faire le point sur les résultats obtenus : ils en tirent des enseignements pour anticiper. Ils ne dissèquent plus seulement ce qui a été réalisé, mais s'assurent que leurs hypothèses pour le futur restent cohérentes avec l'évolution de la situation.

Le suivi stratégique commence avec le premier processus illustré dans la figure 1.2, à savoir la clarification de la vision qui va guider l'entreprise vers son but. Le fait d'utiliser des indicateurs pour communiquer permet d'exprimer des concepts complexes et souvent nébuleux sous une forme plus précise, qui favorise le consensus au sein de la direction. Le processus de communication et d'harmonisation, le deuxième de la figure, mobilise tous les acteurs sur les actions destinées à atteindre les objectifs d'ensemble. L'importance accordée à l'identification des relations de cause à effet lors de la construction d'un tableau de bord prospectif conduit à un raisonnement systémique et dynamique. Elle permet à des acteurs disséminés dans l'entreprise de comprendre comment les pièces du puzzle s'emboîtent les unes dans les autres, comment leur action influe sur celle d'autres individus et, *in fine*, sur l'entreprise toute entière. La planification, la définition des objectifs et l'harmonisation des initiatives stratégiques, troisième processus de la figure, servent à fixer des objectifs de performance quantifiés dans toute l'entreprise, en fonction d'un ensemble cohérent de résultats et de déterminants de la performance. La comparaison des niveaux de performance attendus et des résultats réels met en lumière le déficit de performance que les initiatives stratégiques peuvent être appelées à combler. Le TBP ne mesure pas seulement le changement, il le favorise et l'oriente.

Les trois processus clés identifiés dans la figure 1.2 sont nécessaires mais non suffisants à la mise en œuvre de la stratégie. La théorie sur laquelle repose le modèle de management hiérarchique est que le capitaine (le P-DG) fixe la direction et la vitesse du navire (l'unité opérationnelle). L'équipage (les managers et les employés) exécutent les ordres et appliquent le plan défini par le capitaine. Des systèmes de contrôle sont mis en place pour vérifier que managers et employés respectent le plan stratégique formulé par les dirigeants. Ce processus linéaire, consistant à définir une vision et une stratégie, à les communiquer à tous les acteurs, puis à faire concorder les initiatives prises à tous les niveaux afin d'atteindre les objectifs stratégiques à long terme, est un exemple de *feedback* en boucle simple. Dans ce processus, l'objectif ne varie jamais. Les écarts aux prévisions ne remettent nullement en cause la pertinence de celles-ci, ni l'adéquation des méthodes utilisées aux objectifs visés. Les divergences par rapport à la trajectoire initiale sont traitées comme des défauts, qui entraînent des actions correctives afin de remettre l'entreprise dans le droit chemin.

Mais les entreprises de l'ère de l'information ne peuvent plus avoir de stratégies aussi linéaires ni aussi stables. Elles opèrent dans un environnement plus turbulent et les dirigeants doivent disposer d'un retour d'expérience pour affiner la stratégie. La stratégie d'origine, bien qu'initiée avec les meilleures intentions du monde, sur la base des informations les plus récentes et avec toutes les connaissances disponibles, peut ne plus être adaptée au contexte tel qu'il a évolué. L'entreprise ressemble davantage à un dériveur qui participe à une régate acharnée dans une mer agitée avec des vents changeants, qu'à un gros paquebot se dirigeant tout droit vers sa destination, sur une mer d'huile. Dans une course de dériveurs, il y a aussi un poste de commandement. Mais le barreur surveille sans cesse l'environnement, à l'affût du moindre changement dans le comportement et la tactique de ses rivaux, dans l'état de la mer et dans la force du vent, afin d'adapter sa propre tactique. Il reçoit donc des informations de multiples sources : observation personnelle, instruments de bord et autres appareils de mesure et, surtout, de la part des tacticiens qui, à bord, surveillent eux aussi les conditions de course, pour pouvoir profiter des changements éventuels et contrer les adversaires.

Dans un environnement en perpétuel mouvement, de nouvelles stratégies peuvent émerger, pour saisir des opportunités qui se présentent ou parer à des menaces qui n'existaient pas lors de la formulation de la stratégie initiale. Les managers proches de la base sont souvent les premiers à percevoir les opportunités[9]. Pourtant, les systèmes de management classiques n'encouragent pas et ne facilitent pas la formulation, la mise en œuvre et la mise à l'épreuve de la stratégie dans un contexte changeant.

Deux boucles de suivi stratégique sont nécessaires aujourd'hui[10]. La deuxième boucle correspond au réexamen par les managers de leurs hypothèses, afin de s'assurer que la théorie qui guidait leur action reste pertinente au regard des résultats, des observations et de l'expérience. Bien entendu, il faut qu'ils sachent si la stratégie est exécutée comme prévu ; ces informations leurs sont apportées par la première boucle. Mais il est plus important qu'ils puissent déterminer si cette stratégie reste viable et performante. D'où l'utilité de la deuxième boucle, qui permet de confirmer la pertinence des hypothèses établies lors de la formulation de la stratégie initiale.

Bien construit, le tableau de bord prospectif est la boussole qui guide l'entreprise. Il doit être fondé sur une série de relations de causes à effet dérivées de la stratégie, comprenant notamment des estimations sur les temps de réaction et le degré de corrélation entre les indicateurs. Par exemple, combien de temps faudra-t-il avant que l'amélioration de la qualité des produits et des délais de livraison se traduise par une augmentation du volume des ventes et des marges, et quelle sera l'ampleur de cette répercussion ? La quantification des liens unissant les axes stratégiques du TBP, la comparaison périodique des résultats aux prévisions et le suivi de la performance, permettent de tester la validité des hypothèses stratégiques.

Si les employés et les managers ont atteint les objectifs pour les déterminants de la performance – développement des compétences, systèmes d'information, création de nouveaux produits et services –, mais pas pour les indicateurs de résultats – augmentation du chiffre d'affaires ou du nombre de produits vendus par client...– c'est le signe que la théorie qui sous-tend la stratégie n'est peut-être pas pertinente. Le symptôme doit être pris au sérieux. Il appartient alors aux managers d'examiner en détail les conditions du marché, les réponses qu'ils apportent aux attentes des clients ciblés, le comportement de la concurrence et les capacités internes.

---

9. R. Simons, *Levers of Control : How Managers Use Innovative Control Systems to Drive Strategic Renewal* (Boston : Harvard Business School Press, 1995), p. 20.
10. Pour une description détaillée du suivi à une et deux boucles dans les processus de management, voir Chris Argyris et Donald A. Schön, *Organizational Learning II : Theory, Method and Practice* (Reading Mass. : Addison-Wesley, 1996) ; et « Teaching Smart People How to Learn », *Harvard Business Review* (mai-juin 1991), p. 99-109.

Cette analyse confirme la validité de la stratégie existante avec, toutefois, un ajustement des rapports quantitatifs entre les indicateurs stratégiques du TBP, ou fait apparaître au contraire la nécessité de définir une stratégie entièrement nouvelle – avec une double boucle de suivi –, à la lumière des nouvelles données concernant les conditions du marché et les processus internes. Dans l'un et l'autre cas, le TBP aura permis aux dirigeants d'affiner leur perception de la viabilité et de la validité de la stratégie. D'après notre expérience, ce processus de récolte d'informations, de mise à l'épreuve des hypothèses, de réflexion, de suivi stratégique et d'adaptation joue un rôle clé dans une bonne mise en œuvre de la stratégie d'entreprise.

Ce processus de retour d'expérience et de suivi stratégique complète la boucle décrite dans la figure 1.2. Il nourrit le processus suivant, celui de la clarification du projet et de la stratégie, durant lequel les valeurs-cibles des indicateurs des quatre axes sont examinées, actualisées et réajustées, en fonction de la vision la plus récente des mesures de résultats et des déterminants de la performance.

RÉSUMÉ

Les entreprises de l'ère informationnelle doivent investir dans des actifs intellectuels et savoir les gérer. La spécialisation fonctionnelle doit s'inscrire dans des processus opérationnels centrés sur la satisfaction des clients. La production de masse et l'offre de produits et de services standards doivent être remplacées par des produits et des services novateurs, de grande qualité, fabriqués ou fournis dans le cadre de processus flexibles et réactifs, adaptés à des clientèles ciblées. L'innovation et l'amélioration des produits, des services et des processus seront générées par la réorientation des compétences et l'apprentissage organisationnel, par des systèmes d'information performants et par l'harmonisation des procédures au sein de l'entreprise.

Le succès (ou l'échec) des entreprises qui investiront dans l'acquisition de ces nouvelles capacités ne peut être mesuré, à court terme, par le modèle comptable traditionnel. Ce modèle financier, créé pour les sociétés de négoce et les entreprises de l'âge industriel, mesure les événements passés, et non les investissements dans ce qui peut apporter une valeur future.

Le TBP constitue un cadre nouveau qui permet d'intégrer des indicateurs stratégiques : en plus des indicateurs financiers de la performance passée, il propose des déterminants de la performance financière future. Ces déterminants, relatifs aux clients, aux processus internes et à l'apprentissage organisationnel, s'appuient sur une traduction claire et rigoureuse de la stratégie en objectifs et en indicateurs concrets. Le TBP n'est pas seulement un nouveau système de mesure. Il peut aussi constituer l'ossature des processus de management. Les entreprises peuvent en bâtir un qui réponde à des objectifs relativement limités : clarifier la vision, obtenir le consensus sur la stratégie, puis communiquer celle-ci à toute l'entreprise. Toutefois, le TBP donne sa pleine mesure lorsqu'il est transformé en système de management. Mieux elles connaîtront le TBP, mieux les entreprises pourront l'utiliser pour :

• clarifier la stratégie et réunir un consensus autour d'elle ;
• la faire connaître à toute l'entreprise ;
• faire concorder les objectifs des unités et des individus avec la stratégie de l'entreprise ;
• relier les intentions stratégiques aux objectifs à long terme et aux budgets annuels ;
• identifier et harmoniser les initiatives stratégiques ;
• procéder régulièrement et de façon systématique à des bilans stratégiques ;
• assurer un retour d'expérience sur la stratégie et l'affiner progressivement.

Le TBP comble le vide dont pâtissent la plupart des systèmes de management, qui n'offrent pas de procédure systématique pour suivre la mise en œuvre de la stratégie. Les processus de management articulés autour de ce système permettent à l'entreprise de rendre cohérente et de piloter la mise en œuvre de la stratégie à long terme. Utilisé dans cet esprit, le tableau de bord prospectif devient la pierre angulaire du management des entreprises de l'ère informationnelle.

Chapitre 2

POURQUOI UN TABLEAU
DE BORD PROSPECTIF ?

Ce qui ne se mesure pas ne peut pas se gérer. Mesurer est donc essentiel. Le système de mesure d'une entreprise influe fortement sur le comportement de ceux qui participent à sa vie, à l'intérieur comme à l'extérieur. Pour survivre et prospérer dans l'environnement concurrentiel de l'ère de l'information, les entreprises doivent utiliser des systèmes de mesure et de management compatibles avec leur stratégie et leurs capacités. Malheureusement, beaucoup adoptent des stratégies axées sur la satisfaction du client, le recentrage des activités et le développement des capacités, alors que leurs systèmes de motivation et d'évaluation de la performance reposent exclusivement sur des indicateurs financiers. Le tableau de bord prospectif conserve ces critères car ils sont révélateurs des résultats opérationnels, mais il s'appuie sur un ensemble plus global et mieux intégré d'indicateurs, reliant la performance concernant les clients, les processus internes, les salariés et les systèmes à la performance financière à long terme.

LES INDICATEURS FINANCIERS

Depuis toujours, la performance des entreprises est mesurée par les résultats financiers. Les chiffres ne sont-ils pas « la langue de l'entreprise » ? Les Égyptiens, les Phéniciens et les Sumériens utilisaient déjà des registres pour mieux suivre les transactions commerciales. Des siècles plus tard, à l'âge des grandes découvertes, les comptables consignaient les activités des grandes compagnies de négoce dans des registres à double entrée. La révolution industrielle, au XIXe siècle, vit naître les premiers géants du textile, des chemins de fer, de l'acier, des machines-outils et du commerce de détail. Les innovations introduites dans la mesure de la performance financière de ces grandes entreprises ont joué un rôle clé dans leur réussite[1]. Au début du XXᵉ siècle, de nouvelles méthodes comme le calcul du retour sur investissement, les budgets de fonctionnement et la gestion de trésorerie, ont pris une large part à la prospérité de groupes comme DuPont et General Motors [2]. Après la Seconde Guerre mondiale, la diversification des activités a fait naître dans les entreprises un besoin de suivi et d'évaluation de la performance des divisions ou des unités. Cette pratique s'est largement répandue dans de grands groupes comme General Electric, mais l'exemple le plus connu reste celui du système rigoureux de présentation et de contrôle des données financières instauré par Harold Geneen chez IT&T.

On voit donc l'importance que revêt, en cette fin de siècle, l'aspect financier de la performance des entreprises. Toutefois, de nombreuses voix se sont élevées contre l'utilisation excessive, voire exclusive, d'indicateurs financiers pour apprécier la performance[3]. La principale critique porte sur le fait que la place prépondérante des résultats financiers à court terme peut inciter les entreprises à surinvestir dans les résultats immédiats et à sous-investir dans la création de valeur à long terme, notamment dans les actifs intangibles et intellectuels, ceux qui nourrissent la croissance future.

Voici un exemple typique : la société FMC Corporation, pendant les années 70 et 80, a affiché les meilleurs résultats financiers de toutes les grandes entreprises américaines. En 1992, pourtant, une nouvelle équipe dirigeante a entrepris un bilan stratégique afin de déterminer la voie à suivre pour maximiser la satisfaction des actionnaires. Elle a conclu que si la performance opérationnelle à court terme restait importante, il convenait toutefois de mettre en place une stratégie de croissance. Larry Brady, président de FMC, se souvient :

Notre entreprise étant très diversifiée, mesurer le rendement du capital investi était fondamental. À la fin de l'exercice, nous avons récom-

---

1. A.D. Chandler, *The Visible Hand : The Managerial Revolution in American Business* (Cambridge, mass. : Harvard University Press, 1977) ; H.T. Johnson et R.S. Kaplan, « Nineteenth-Century Cost Management Systems », chap. 2, dans Relevance Lost : *The Rise and Fall of Management Accounting* (Boston : Harvard Business School Press, 1987).

2. Johnson et Kaplan, « Controlling the Vertically Integrated Firm : The Du Pont Powder Company to 1914 », chap. 4, et « Controlling the Multidivisional Organization : General Motors in the 1920s », chap. 5, dans *Relevance Lost*.

3. Certaines de ces critiques sont mentionnées dans l'annexe à ce chapitre.

---

pensé les directeurs de départements qui avaient atteint le niveau de performance souhaité. L'entreprise, gérée avec rigueur depuis 20 ans, était saine. Mais les sources de la croissance future n'étaient plus aussi clairement identifiées, pas plus que les domaines dans lesquels nous devions faire de nouvelles avancées. Nous étions devenus les champions du retour sur investissement, mais notre potentiel de croissance future était affaibli. Nos états financiers ne traduisaient pas non plus clairement les progrès dans la mise en œuvre des initiatives à long terme [4].

Inéluctablement, le souci de produire des résultats financiers à court terme satisfaisants conduit à un rééquilibrage au détriment des investissements dans de nouvelles sources de croissance. Pire, l'obsession de la performance financière immédiate peut amener les entreprises à réduire les budgets affectés à la conception de nouveaux produits, à l'amélioration des processus, au perfectionnement du potentiel humain, aux systèmes d'information, aux bases de données et au développement de la clientèle et des marchés. Le modèle traditionnel de présentation de l'information financière fait apparaître ces réductions comme une augmentation des revenus, même si elles ont cannibalisé le stock d'actifs de l'entreprise et sa capacité à créer une valeur économique future. Une entreprise peut aussi maximiser ses résultats financiers à court terme en augmentant ses prix ou en réduisant les services offerts aux clients. Dans l'immédiat, ces initiatives améliorent les bénéfices portés au bilan, mais le manque de fidélité et l'insatisfaction de sa clientèle risquent de rendre l'entreprise extrêmement vulnérable à la concurrence.

Le cas de Xerox est lui aussi exemplaire. Jusqu'au milieu des années 70, Xerox possédait un monopole de fait sur les photocopieurs utilisant du papier ordinaire. Xerox ne vendait pas ses machines : elle les louait et faisait un bénéfice sur chaque copie produite. La marge générée par la location des machines et la vente de fournitures (papier et cartouches d'encre) était confortable et croissait régulièrement. Mais les clients, obligés faute d'alternative de passer par Xerox malgré le coût élevé des copies, étaient mécontents des pannes fréquentes et des nombreux problèmes de fonctionnement de ces machines coûteuses [5]. Au lieu de modifier les machines de manière à les rendre plus fiables, les dirigeants de Xerox ont vu dans cette situation la possibilité d'accroître encore leurs bénéfices. Ils ont

---

4. « Implementing the Balanced Scorecard at FMC Corporation : An Interview with Larry D. Brady », Harvard Business Review (septembre-octobre 1993), p. 143-147.
5. Adapté de Joseph M. Juran, « Made in U.S.A. : À Renaissance in Quality », *Harvard Business Review* (juillet-août 1993), p. 45.

autorisé l'achat direct de leurs machines, puis mis en place un vaste service technique, créant ainsi un centre de profit indépendant, pour réparer les machines en panne chez les clients. Très sollicité, ce département a vite contribué à accroître les bénéfices de Xerox. De plus, aucune copie ne pouvant être faite tant que le technicien n'avait pas réparé la machine en panne, les entreprises achetaient souvent des photocopieurs de secours, augmentant encore le chiffre d'affaires et les bénéfices de Xerox. En résumé, tous les indicateurs financiers – croissance du chiffre d'affaires et des bénéfices, retour sur investissement – confirmaient le succès de la stratégie.

Mais les clients étaient toujours mécontents et frustrés. Ils ne voulaient pas un fournisseur doté d'un excellent service de réparation mais des machines fiables à un prix raisonnable. Lorsque de nouveaux entrants japonais et américains ont proposé des machines produisant des copies de qualité égale ou supérieure, qui ne tombaient pas en panne et coûtaient moins cher, ils ont été accueillis à bras ouverts par les clients mécontents de Xerox. Ainsi, l'un des fleurons de l'industrie américaine pendant vingt ans, de 1955 à 1975, s'est retrouvé au bord de la faillite. Il a fallu un nouveau patron, animé par une passion de la qualité et du client qu'il a su faire partager à toute l'entreprise, pour réaliser un spectaculaire redressement dans les années 80.

Les indicateurs financiers ne suffisent pas à guider et évaluer la trajectoire de l'entreprise dans un environnement concurrentiel. En effet, ces indicateurs des performances passées ne traduisent pas une grande part de la valeur créée ou détruite par les actions des managers durant la dernière période comptable. Ils reflètent une partie seulement de leurs retombées et n'apportent pas suffisamment d'informations pour guider celles qui doivent être menées dans l'immédiat et dans l'avenir afin de créer une valeur financière future.

LE TABLEAU DE BORD PROSPECTIF

Le TBP fournit aux dirigeants un cadre de travail complet pour traduire le projet d'avenir et la stratégie de l'entreprise en un ensemble cohérent d'indicateurs de la performance. Beaucoup d'entreprises ont eu recours à un énoncé de leurs missions pour communiquer les valeurs et les convictions qui guident leur action. Cet énoncé exprime des principes directeurs, identifie des marchés et des produits cibles. Par exemple :

Être la compagnie de transport aérien la plus performante.
Être l'institution financière offrant le plus grand nombre d'agences sur
nos marchés cibles.

Les énoncés des missions doivent être une source d'inspiration. Ils doivent dynamiser et motiver l'entreprise [6]. Mais cela ne suffit pas. Ainsi que l'observait Peter Senge : « Beaucoup de leaders ont leur propre vision, qui ne devient jamais une vision collective capable de galvaniser une entreprise, faute d'une étape intermédiaire. »

Un exemple est donné par Norman Chambers, P-DG de Rockwater, entreprise de construction sous-marine qui, durant deux mois, a développé avec ses collaborateurs et chefs de projets un énoncé des missions détaillé. Peu après qu'il ait été diffusé dans l'entreprise, Chambers a reçu l'appel d'un chef de projet basé sur une plate-forme de forage, en mer du Nord : « J'adhère complètement à l'énoncé des missions et je veux m'y conformer. Je suis en contact direct avec le client. Que dois-je faire ? Quelle doit être mon attitude, au quotidien, pendant toute la durée de ce projet ? » Ce jour-là, Chambers a compris qu'il y avait un fossé entre l'énoncé des missions et les activités quotidiennes des salariés.

Le TBP décline la mission et la stratégie en objectifs et en mesures qui s'inscrivent sur quatre axes : l'axe financier, celui des performances vis-à-vis des clients, celui des processus internes et celui de l'apprentissage organisationnel. C'est un cadre de travail, un moyen de communiquer la mission et la stratégie de l'entreprise ; il s'appuie sur des indicateurs pour faire connaître aux salariés les déterminants de la performance présente et future. En reliant les résultats que l'entreprise souhaite atteindre et les facteurs qui les déterminent, les dirigeants peuvent canaliser les énergies, les compétences et le savoir de tous les acteurs vers la réalisation des objectifs à long terme.

La mesure est souvent considérée comme un outil de contrôle des comportements et d'évaluation de la performance passée. On a vu au chapitre 1 que les indicateurs du TBP doivent servir à autre chose : à formuler la stratégie de l'entreprise, à la communiquer et à mettre en cohérence les initiatives des individus, des départements et de l'entreprise pour atteindre un objectif commun. Contrairement aux systèmes de contrôle classiques, il n'a pas pour finalité de veiller à la bonne applica-

---

6. R. Simons, *Levers of Control : How Managers Use Innovative Control Systems to Drive Strategic Renewal* (Boston : Harvard Business School Press, 1995), p. 134.

tion par les salariés et les services d'un plan préétabli. Il doit être conçu comme un outil de communication, d'information et d'apprentissage organisationnel, pas comme un moyen de contrôle.

Les quatre axes du TBP permettent d'établir un équilibre entre les objectifs à long terme, les résultats souhaités et les déterminants de ces résultats, entre des mesures objectives et des mesures subjectives. Si la multiplicité des indicateurs peut apparaître de prime abord comme une source de confusion, on verra que s'il est judicieusement construit, le TBP poursuit un but cohérent car tous les indicateurs visent à atteindre une stratégie commune.

L'axe financier

Le TBP s'appuie toujours sur les indicateurs financiers pour évaluer efficacement les effets économiques quantifiables des actions passées. Ils permettent de déterminer si les intentions et la mise en œuvre de la stratégie contribuent à améliorer le résultat financier. En général, les objectifs financiers portent sur la rentabilité, mesurée par exemple par le bénéfice d'exploitation, le retour sur les capitaux engagés ou, plus récemment, par la valeur ajoutée économique. Ils peuvent aussi viser une croissance rapide du chiffre d'affaires ou la génération de liquidités. On verra, au chapitre 3, les liens entre la stratégie d'une entreprise et ses objectifs et indicateurs financiers.

L'axe « clients »

Grâce à l'axe « clients » du TBP, les managers identifient les segments de marché visés par leur département, ainsi que les indicateurs de performance sur ces segments cibles. Cet axe comprend généralement plusieurs indicateurs génériques de ce que doit être le résultat d'une stratégie clairement formulée et mise en œuvre avec rigueur. Ces indicateurs clés de résultats concernent la satisfaction et la fidélité des clients existants, l'extension de la base de clientèle, la rentabilité par catégorie de clients, la part de marché sur les segments ciblés. Mais l'axe « clients » doit aussi comporter des indicateurs spécifiques qui mesurent la pertinence de la prestation pour les clients ciblés. Les indicateurs spécifiques représentent les déterminants de la fidélité des clients à leurs fournisseurs. Par exemple, certains clients privilégient les délais et la ponctualité des livraisons ; d'autres l'innovation dans les produits et services ; d'autres encore la capacité du fournisseur à anticiper leurs besoins et à développer des produits et des solutions qui y répondent. Les indicateurs clients permettent aux managers de formuler la stratégie de marché qui produira la performance financière optimale dans le futur. Le chapitre 4 traite, dans le détail, de la définition des objectifs et des indicateurs concernant les clients.

L'axe « processus internes »

Les dirigeants s'appuient sur l'axe des « processus internes » pour identifier les processus clés de l'entreprise, ceux où elle doit exceller, car ils lui permettent :

- d'offrir une prestation qui attirera et fidélisera les clients des segments de marché ciblés ;
- d'assurer aux actionnaires le rendement financier qu'ils attendent.

Ces indicateurs se focalisent sur les processus qui auront la plus forte incidence sur la satisfaction des clients et la réalisation des objectifs financiers de l'entreprise.

Cet axe révèle deux différences fondamentales entre la démarche du tableau de bord prospectif et celle des systèmes classiques de mesure de la performance, dont le rôle est de surveiller et d'améliorer les processus existants. Ils vont parfois au-delà du seul aspect financier en incorporant des indicateurs de qualité et de temps, mais ils restent axés sur l'amélioration des processus existants. Le TBP, au contraire, met en lumière des processus entièrement nouveaux, que l'entreprise doit parfaitement maîtriser pour atteindre les objectifs qu'elle s'est fixée, tant financiers qu'à l'égard de ses clients. Par exemple, une entreprise peut s'apercevoir qu'elle doit se doter d'un processus lui permettant d'anticiper les besoins des clients, ou d'un autre pour offrir de nouveaux services attendus par les clients ciblés. Les indicateurs « processus internes » du TBP révèlent les processus, dont certains n'existent peut-être pas encore, qui jouent véritablement un rôle clé dans la performance stratégique de l'entreprise.

La seconde différence est l'incorporation des processus d'innovation dans cette catégorie d'indicateurs (voir figure 2.1). Les systèmes classiques de mesure de la performance se focalisent sur les processus qui entrent dans la fourniture des produits et services existants aux clients existants. Ils s'efforcent de contrôler et d'améliorer les opérations existantes, qui représentent la phase courte de la création de valeur, celle qui commence à la réception d'une commande d'un client connu, pour un produit (ou un service) connu et s'achève avec la livraison du produit au client. L'entreprise crée de la valeur par la fabrication et la livraison de ce produit ainsi que par le service qu'elle assure au client, pour un coût inférieur au prix qu'elle reçoit en contrepartie.

Mais les déterminants de la performance financière à long terme peuvent conduire une entreprise à créer des produits et des services nouveaux répondant aux besoins futurs des clients actuels et à venir. Le processus d'innovation, *phase longue* de la création de valeur, est, pour nombre d'entreprises, un déterminant bien plus important de la performance financière future que la phase courte. La capacité d'une entreprise à conduire sur plusieurs années un processus de développement de produits ou à atteindre de nouvelles catégories de clients se révèle souvent beaucoup plus fondamentale pour la performance économique future que son aptitude à gérer les opérations existantes avec efficacité, rigueur et   réactivité.

Les managers n'ont toutefois pas à choisir entre ces deux processus clés. Le TBP comprend des objectifs et des indicateurs tant pour la phase longue du cycle d'innovation que pour la phase courte du cycle d'exploitation.   Le chapitre 5 propose plusieurs méthodes employées par des entreprises pour définir des objectifs et des indicateurs de la performance des processus.

L'axe « apprentissage organisationnel »

Le quatrième axe du TBP concerne les infrastructures que l'entreprise doit mettre en place pour améliorer la performance et générer la croissance à long terme. Les axes « clients » et « processus internes » identifient les facteurs clés de la performance actuelle et future. Les entreprises ont peu de chances de pouvoir atteindre leurs objectifs à long terme concernant leurs

Figure 2.1. L'axe « processus internes » – La chaîne de processus

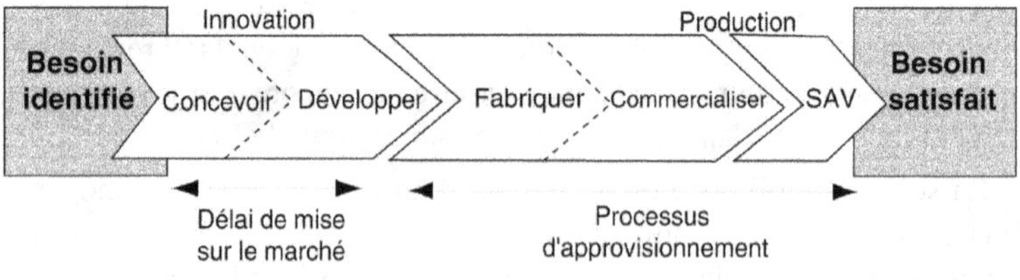

Processus internes

Processus d'innovation
- Conception du produit
- Développement du produit

Processus de production
- Fabrication
- Commercialisation
- Service après-vente

clients et leurs processus internes avec les technologies et les capacités d'aujourd'hui. De plus, la concurrence mondiale les contraint à améliorer sans cesse leur aptitude à répondre aux attentes des clients et des actionnaires. L'apprentissage organisationnel a trois composantes : les hommes, les systèmes, les procédures. Les axes « financiers », « clients » et « processus internes » du TBP révéleront le fossé entre les capacités actuelles des hommes, des systèmes et des procédures, et celles qui sont nécessaires à une véritable avancée dans la performance. Pour combler ce fossé, les entreprises doivent investir afin de donner de nouvelles compétences à leurs salariés, d'améliorer les systèmes d'information et d'ajuster les procédures et les pratiques. Ces objectifs s'articulent autour de l'axe « apprentissage organisationnel ». Comme sur l'axe « clients », des indicateurs génériques de résultats – satisfaction, fidélité, formation et compétence des employés – sont associés à des déterminants de la performance propres à l'activité, comme le recensement des compétences spécifiques requises par le nouvel environnement concurrentiel. Les capacités des systèmes d'information peuvent être mesurées par la possibilité de communiquer en temps réel des informations essentielles sur les clients et les processus aux salariés qui doivent prendre des décisions et agir. Les procédures peuvent faire le point sur l'adéquation des dispositifs d'incitation des salariés par rapport aux déterminants du succès de l'entreprise dans son ensemble, et aux taux d'amélioration mesurés concernant les clients et les processus. Ces sujets sont traités en détail au chapitre 6.

Le TBP traduit la vision et la stratégie de l'entreprise en objectifs et en indicateurs articulés autour de l'ensemble cohérent formé par les quatre axes. Il permet de suivre à la fois les résultats souhaités et les processus qui permettent de les atteindre.

RELIER LES INDICATEURS À UNE STRATÉGIE

Dans nombre d'entreprises, les dirigeants utilisent déjà une panoplie d'indicateurs financiers et non financiers dans leurs discussions mais aussi dans leurs échanges avec le conseil d'administration. Depuis quelques années, en particulier, le regain d'intérêt pour les clients et la qualité des processus a conduit les entreprises à mettre en place, suivre et faire connaître des indicateurs sur la satisfaction et les réclamations des clients, les défauts des produits et des processus, les problèmes de livraison. En

France, les entreprises utilisent depuis plus de vingt ans un outil appelé le tableau de bord, qui réunit un ensemble d'indicateurs clés de la performance. Cet outil est destiné à aider les salariés à « piloter » l'entreprise en identifiant les facteurs clés de succès, en particulier ceux qui peuvent être mesurés par des paramètres physiques [8]. Peut-on qualifier de « prospectif » un tableau de bord composé d'indicateurs financiers et autres ?

L'expérience a montré que le TBP est plus qu'une simple collection d'indicateurs clés ou de déterminants de la performance. Les multiples indicateurs retenus doivent constituer un ensemble d'objectifs et de mesures qui soit à la fois cohérent et générateur de synergies. Plus qu'à un tableau de bord, le TBP peut être comparé à un simulateur de vol. Comme un simulateur de vol, il doit intégrer l'ensemble des rapports de cause à effet entre les paramètres clés, ainsi que les indicateurs avancés, les mesures de résultat et des boucles de suivi stratégique, qui décrivent ensemble la trajectoire – le plan de vol – de la stratégie. Les indicateurs doivent tenir compte à la fois des relations de cause à effet, des mesures de résultat et des déterminants de la performance.

Les relations de cause à effet

Une stratégie est un ensemble d'hypothèses sur des causes et leurs effets. Le TBP doit mettre en évidence les relations (hypothèses) entre les objectifs (et les indicateurs) dans les différents domaines suivis, pour que ces objectifs soient validés et qu'ils servent à guider les actions. Les relations de cause à effet doivent être visibles sur les quatre axes de ce système. Par exemple, le retour sur le capital engagé peut constituer un indicateur de la performance financière. Les déterminants de cet indicateur seront le maintien et l'augmentation du volume d'affaires avec les clients existants, expression de leur fidélité. Celle-ci est donc incorporée au TBP (sur l'axe « clients ») en raison de l'incidence notable qu'elle peut avoir sur le rendement du capital engagé. Mais comment fidéliser la clientèle ? L'analyse des préférences des clients peut révéler que la ponctualité des livraisons revêt une grande importance. En ce cas, l'amélioration de ce facteur devrait renforcer leur fidélité et, par conséquent, contribuer à améliorer les résultats financiers. La fidélité des clients et la ponctualité des livraisons sont donc intégrées à l'axe « clients » du TBP.

L'enchaînement des relations de cause à effet se poursuit par l'identification des processus qui entrent en jeu dans la ponctualité des livraisons. Pour

---

8. M. Lebas, « Managerial Accounting in France : Overview of Past Tradition and Current Practice », *European Accounting Review* 3, n° 3 (1994), p. 471-487.

garantir celle-ci, l'entreprise peut être amenée à réduire la durée des cycles de production et à améliorer la qualité des processus internes, deux facteurs qui peuvent apparaître sur l'axe « processus internes ». Comment améliorer la qualité et réduire la durée des cycles ? Par la formation et le développement des compétences des opérateurs, un objectif qui peut figurer sur l'axe « apprentissage organisationnel ». On voit clairement comme une chaîne de relations de cause à effet peut constituer le fil conducteur entre les quatre axes du TBP :

Dans la même veine, une étude récente de la chaîne de rentabilité du tertiaire a mis en évidence la relation de cause à effet entre la satisfaction des salariés et celle des clients, la fidélité de ceux-ci, la part de marché et, *in fine*, les résultats financiers [9].

Un tableau de bord prospectif doit être le miroir de la stratégie de l'entreprise. Il doit identifier et clarifier les hypothèses qui sous-tendent les relations de cause à effet entre la mesure des résultats et les déterminants de la performance. Chaque indicateur retenu doit constituer un élément de la chaîne de relations de cause à effet qui communique la stratégie à l'ensemble de l'entreprise.

9. J. Heskett, T. Jones, G. Loveman, E. Sasser et L. Schlesinger, " Putting the Service Profit Chain to Work », *Harvard Business Review* (mars-avril 1994), p. 164-174.

Les déterminants de la performance

Un bon TBP doit comporter des mesures de résultats et des déterminants de la performance. Les premières, si elles ne sont pas associées aux seconds, n'indiquent pas comment obtenir les résultats. Elles n'envoient pas non plus de signaux sur la bonne mise en œuvre de la stratégie. Inversement, des déterminants de performance – durée des cycles, taux de défauts... – non assortis de mesures des résultats, peuvent permettre à l'entreprise d'améliorer à court terme la performance opérationnelle, mais n'indiqueront pas si cette amélioration s'est traduite par un accroissement du volume d'affaires avec la clientèle existante, l'acquisition de nouveaux clients et, par conséquent, une meilleure performance financière. Un TBP efficace doit donc associer des indicateurs *a posteriori* (mesure des résultats) et des indicateurs avancés (déterminants de performance), pour valider la pertinence de la stratégie.

Le chapitre 7 montre plus en détail en quoi le TBP n'est pas uniquement un ensemble d'indicateurs financiers et non financiers. Il traduit la stratégie en un ensemble de mesures qui définissent à la fois les objectifs stratégiques à long terme et les mécanismes permettant de les atteindre.

FAUT-IL SUPPRIMER LES INDICATEURS FINANCIERS ?

On peut même se demander si les indicateurs financiers d'un TBP sont vraiment appropriés pour piloter la performance de l'entreprise à long terme. On reproche souvent aux managers de se focaliser sur le court terme et on attribue généralement cette obsession à l'obligation d'atteindre des objectifs donnés, pour des indicateurs tels que le retour sur le capital engagé, le bénéfice par action, voire même le cours de l'action. Plusieurs spécialistes ont proposé de supprimer purement et simplement les indicateurs financiers des systèmes de mesure de la performance, estimant que dans l'environnement concurrentiel actuel, dans lequel la technologie et le client tiennent une place prépondérante, les indicateurs financiers ne sont plus appropriés pour guider la stratégie de l'entreprise. Ils incitent les managers à faire porter leurs efforts sur l'amélioration de la satisfaction des clients, de la qualité, de la durée des cycles, ainsi que des compétences et de la motivation des salariés. Selon eux, à mesure que les entreprises apporteront des améliorations de fond à leurs opérations, les résultats financiers suivront d'eux-mêmes.

Toutes les entreprises ne sont pas en mesure de traduire en termes financiers les progrès accomplis dans la qualité des produits ou des services et dans la satisfaction des clients. En témoigne le cas de ce fabricant de composants électroniques qui, entre 1987 et 1990, a réussi à améliorer très sensiblement sa performance dans la qualité et la ponctualité des livraisons. Les taux de défauts ont été divisés par dix, les rendements doublés et la proportion de délais de livraison non tenus réduite de 30 à 4 %. Pourtant, ces progrès remarquables ne se sont pas répercutés sur les résultats financiers : dans cette même période, la société, dont les bénéfices n'avaient cessé d'augmenter jusque là, a accusé une performance financière décevante et le cours de son titre a chuté de 70 %, au grand dam des actionnaires.

Comment expliquer cette anomalie ? Les programmes d'amélioration de la qualité et de la productivité augmentent souvent fortement la capacité de production de l'entreprise. À mesure que les entreprises, comme celle que l'on vient de citer, font des progrès en termes de qualité et de réactivité, elles suppriment les activités de contrôle et de reprise des produits défectueux et n'ont plus besoin de personnel ou de systèmes pour réorganiser la production et exécuter en urgence les commandes en retard. En règle générale, lorsque les entreprises éliminent le gaspillage et les défauts et parviennent à mieux intégrer leurs fournisseurs, leurs propres opérations et leurs clients, elles sont capables d'assurer le même volume de production avec beaucoup moins de ressources. Mais à court et moyen termes, l'entreprise a déjà engagé la majeure partie de ses ressources et se trouve donc avoir des coûts fixes élevés. Produire autant avec moins de ressources génère par conséquent une capacité inutilisée mais ne réduit pas substantiellement les dépenses.

Quels sont les effets de l'amélioration de la satisfaction des clients grâce à la livraison dans les délais de produits sans défauts ? Si les ventes sont stables ou en déclin, l'entreprise ne pourra pas récompenser ses meilleurs fournisseurs en augmentant ses commandes. L'entreprise décrite plus haut était déjà le premier fournisseur de nombre de ses clients. Les clients souhaitent parfois conserver un ou plusieurs fournisseurs de secours, afin de ne pas dépendre d'une seule source d'approvisionnement. S'ils ne peuvent ou ne veulent pas accroître leurs achats à un fournisseur, et si celui-ci ne veut pas réduire ses effectifs (logiquement, d'ailleurs, puisque les salariés sont à la source de l'amélioration de la qualité, de la productivité et du service), les améliorations opérationnelles ne sont pas faciles à traduire en gains de rentabilité. Autrement dit, de meilleurs résultats financiers ne sont pas l'aboutissement automatique des programmes d'amélioration de la qualité et de la durée des cycles d'exploitation.

Les états et les indicateurs financiers doivent continuer à jouer un rôle essentiel, ne serait-ce que pour rappeler aux dirigeants qu'une meilleure qualité, des cycles plus courts, des gains de productivité et de nouveaux produits ne sont pas une fin en soi, mais uniquement les moyens d'atteindre cette fin. Ces améliorations ne sont bénéfiques que si elles se traduisent par l'augmentation du chiffre d'affaires, la réduction des charges d'exploitation ou une meilleure utilisation de l'actif. Toutes les stratégies à long terme ne sont pas profitables. IBM, Digital Equipment Corporation et General Motors, dans les années 80, ne manquaient pas de vision à long terme. Ces entreprises ont fait d'énormes investissements dans des technologies de production ultramodernes, l'amélioration de la qualité et la recherche-développement. Mais la vision qui les guidait et leur modèle stratégique ne concordaient pas avec ce que leurs marchés appréciaient. Elles n'ont pas compris assez vite que l'absence de répercussion de leur stratégie sur leurs indicateurs financiers était un signal d'alarme qui aurait dû les conduire à revoir les hypothèses sous-jacentes de leur stratégie. Les améliorations opérationnelles qui ne se traduisent pas par un progrès de la performance financière devraient inciter les dirigeants à repenser la stratégie de l'entreprise ou sa mise en œuvre.

Les entreprises qui parviennent à améliorer sensiblement leur performance opérationnelle doivent trouver le moyen de vendre davantage à leurs clients établis, de lancer de nouveaux produits dotés de caractéristiques attractives et de vendre leurs produits et services sur de nouveaux segments de marché. Ces nouveaux segments, peut-être inaccessibles auparavant, peuvent se révéler porteurs grâce à l'amélioration des capacités de l'entreprise, en termes de coût, de performance, de qualité, de délais et de service.

Un système de mesure et de management, pour être complet, doit mettre en évidence le rapport entre l'amélioration des processus, du service aux clients, les nouveaux produits et services, et l'amélioration des résultats financiers par l'augmentation du chiffre d'affaires et des marges, l'accélération de la rotation des actifs et la réduction des charges d'exploitation. Le TBP doit conserver leur place aux indicateurs financiers, et les relations de cause à effet de tous les indicateurs qu'il contient doivent être rapportées à des objectifs financiers. Ainsi, ce système tire parti des avantages des indicateurs financiers, sans les distorsions qu'entraîne l'obsession de la performance financière.

QUATRE AXES SONT-ILS SUFFISANTS ?

Les quatre axes du TBP se sont révélés parfaitement appropriés pour un large éventail d'entreprises et de secteurs d'activité. Ils n'ont toutefois rien d'un carcan ; ils constituent plutôt une trame. Aucun théorème mathématique n'affirme qu'ils sont à la fois nécessaires et suffisants. Néanmoins, nous ne connaissons pas une seule entreprise qui utilise moins de quatre axes. Par contre, selon les caractéristiques d'un secteur d'activité et la stratégie d'une entreprise, d'autres les complètent parfois. Par exemple, certains ont noté que le TBP veille expressément aux intérêts des actionnaires et des clients, mais n'est pas aussi vigilant à l'égard de ceux d'autres acteurs importants, comme les salariés, les fournisseurs et la collectivité. Le salarié est pris en compte dans tous les TBP qui ont été réalisés, sur l'axe « apprentissage organisationnel ». De même, si des relations étroites avec les fournisseurs font partie de la stratégie visant à améliorer la performance à l'égard des clients et/ou les résultats financiers, les mesures des résultats et les déterminants de la performance concernant ces relations doivent être intégrés à l'axe « processus internes ». Toutefois, nous ne pensons pas que tous les acteurs aient automatiquement droit à une place dans le TBP. Les indicateurs doivent s'appliquer aux facteurs susceptibles de générer un avantage concurrentiel et des avancées dans la performance de l'entreprise.

Prenons l'exemple d'une entreprise de produits chimiques qui souhaitait créer une nouvelle catégorie d'indicateurs afin de mesurer l'impact de son activité sur l'environnement. Nous avons cherché à en savoir plus :

Protéger l'environnement est certes important. Les entreprises doivent se conformer à la loi et aux réglementations en la matière, mais cette conformité ne semble pas être de nature à générer un avantage concurrentiel.

Le P-DG et son équipe ont immédiatement réagi :

Nous ne sommes pas d'accord. L'autorisation d'exercer notre activité est fortement remise en question dans de nombreuses communautés où nous sommes installés. Notre stratégie est d'aller au-delà des exigences légales, afin d'apparaître partout non seulement comme une entreprise respectueuse de la loi, mais aussi comme une entreprise citoyenne , jugée sur sa capacité à protéger l'environnement mais éga-

47

lement à créer des emplois bien rémunérés, sûrs et productifs. Si la réglementation devient plus sévère, certains de nos concurrents perdront sans doute le droit de poursuivre leur activité, mais nous voulons gagner le droit de continuer la nôtre.

Aux yeux de ces dirigeants, la perspective environnementale et sociale était un élément essentiel de la stratégie de l'entreprise et devait donc être intégrée à son TBP.

Ainsi, les intérêts de tous les acteurs, dès lors qu'ils jouent un rôle clé dans la performance stratégique de l'entreprise, peuvent être intégrés au TBP. Mais les objectifs de ces acteurs ne doivent pas être accolés au système sous la forme de mesures isolées, « placées sous le contrôle » des managers. D'autres systèmes de mesure et de contrôle permettent d'instituer des paramètres de diagnostic et de vérification bien plus efficacement que le TBP[10]. Les indicateurs du système doivent tous être intégrés à la chaîne des relations de cause à effet qui détermine et explicite la stratégie de l'entreprise.

UN TBP PAR UNITÉ OPÉRATIONNELLE

Certaines entreprises se cantonnent dans un secteur d'activité. De fait, certaines des premières applications du tableau de bord prospectif ont été conçues pour des entreprises opérant sur des créneaux pointus de l'industrie des semi-conducteurs, comme Advanced Micro Devices (AMD) et Analog Devices, ou sur un segment particulier de l'informatique, comme Apple Computer. Elles ont toutes bâti un TBP global pour l'ensemble de leurs unités. Mais la plupart des entreprises sont suffisamment diversifiées pour qu'il leur soit difficile de construire d'emblée un tel système. Elles ont davantage intérêt à élaborer un TBP par unité opérationnelle. Dans l'idéal, l'unité qui s'y prête le mieux est celle dont les activités couvrent une chaîne de valeur complète : innovation, production, marketing, distribution, vente et service. Cette unité a ses propres produits, sa propre clientèle, ses circuits de commercialisation et de distribution, ses sites de production. Et, surtout, sa stratégie.

Une fois qu'un TBP a été développé pour une unité, il sert de modèle pour bâtir celui des départements et services de cette unité. La mission et

---

10. Simons, *Levers of Control.*

la stratégie des départements et services peuvent être définies dans le cadre tracé par la mission, la stratégie et le TBP de l'unité. Les responsables des départements et services peuvent ensuite bâtir leur propre TBP, qui sera ainsi conforme au projet et à la stratégie de l'unité et qui en facilitera le déploiement. Il y a donc un effet de cascade du TBP de l'unité vers l'ensemble des centres de responsabilités, qui peuvent ainsi agir en cohérence avec les objectifs de l'unité. Avant de demander à un département ou un service de construire son propre TBP, il faut déterminer s'il a (ou devrait avoir) une mission, une stratégie mais aussi des clients (internes ou externes) et des processus qui lui permettent de remplir sa mission ou de mener à bien sa stratégie. Dans l'affirmative, ce département ou service a toutes les raisons de se doter d'un tel système.

Si l'unité est trop vaste, notamment si son activité dépasse celle d'une unité opérationnelle, il peut être difficile de définir pour elle une stratégie cohérente et intégrée. Les objectifs et les indicateurs du TBP risquent en effet de représenter un compromis, une « moyenne », ou encore un mélange plus ou moins hétéroclite de stratégies diverses. Un exemple : nous avons un jour essayé d'aider une entreprise produisant des gaz industriels à créer un TBP global. Cette entreprise possédait de fait trois « unités d'exploitation » distinctes, ayant chacune un circuit de distribution, une stratégie et des clients différents. Il a été beaucoup plus simple de construire un TBP pour chaque unité, identifiée par son circuit de distribution.

Or, il est fréquent que les entreprises, même lorsqu'elles sont constituées de plusieurs unités relativement indépendantes, commencent par bâtir un TBP global. Il constitue un cadre commun, une trame, sur les problématiques et les visions communes à intégrer aux TBP locaux. Le système global établit également de quelle manière l'entreprise, en tant que tout, apporte une valeur dépassant la somme des valeurs créées par les unités prises séparément. Ce rôle de création de valeur de l'entreprise est ce que Goold et d'autres appellent « l'avantage de la parenté »[11]. Le chapitre 8 revient sur l'intégration des TBP dans celui, plus large, qui englobe toute l'entreprise.

---

[11]. M. Goold, A. Campbell et M. Alexander, Corporate-Level Strategy : *Creating Value in the Multibusiness Company* (New York : John Wiley & Sons, 1994).

QUELLE BASE POUR LÀ STRATÉGIE ?

Dans ce livre, nous montrerons qu'on définit la stratégie après avoir choisi les segments de marché que l'entreprise souhaite servir, identifié les processus clés qui concourent à la satisfaction des clients des segments ciblés, et sélectionné les ressources humaines et matérielles nécessaires pour atteindre les objectifs concernant les processus internes, les clients et les résultats financiers. Cette démarche concorde avec l'analyse sectorielle et concurrentielle développée dans plusieurs des ouvrages de Michael Porter sur la stratégie d'entreprise[12]. Nous en avons observé les effets positifs dans des dizaines d'entreprises, comme nous le montrerons dans les prochains chapitres.

Certaines entreprises suivent une autre démarche, qui consiste à appuyer leur avantage concurrentiel sur des capacités, des ressources et des compétences exclusives[13]. Honda, par exemple, exploite son savoir en matière de conception et de fabrication de moteurs sur les segments du marché— motos, automobile, tondeuses, véhicules utilitaires — où cette compétence spécifique lui donne un avantage concurrentiel. Canon, spécialiste de l'optique et de la miniaturisation dans les appareils photographiques, a étendu ce savoir à d'autres produits comme les photocopieurs, les télécopieurs et les imprimantes. Les entreprises qui déploient une stratégie fondée sur des compétences pointues ou sur des capacités exclusives entament souvent leur processus de planification stratégique en identifiant ces compétences et ces capacités, pour établir les indicateurs « processus internes », puis définissent leurs indicateurs « clients » en sélectionnant les segments de marché où leurs compétences et leurs capacités sont essentielles pour satisfaire les clients.

---

12. M.E. Porter, *Competitive Strategy : Techniques for Analyzing Industries and Competitors* (New York : Free Press, 1980) et *Competitive Advantage : Creating and Sustaining Superior Performance* (New York : Free Press, 1985).
13. C.K. Prahalad et G. Hamel, « The Core Competence of the Corporation », *Harvard Business Review* (mai-juin 1990), p. 79-91 ; R. Hayes, « Strategic Planning — Forward in Reverse », Harvard Business Review (novembre-décembre 1985), p. 111-119 ; et D.J. Collis et C.A. Montgomery, « Competing on Ressources : Strategy in the 1990s », *Harvard Business Review* (juillet-août 1995), p. 118-128.

Le TBP est avant tout un outil qui permet de mettre en œuvre la stratégie, pas de l'élaborer[14]. Il peut s'adapter aux deux démarches de déploiement d'une stratégie, dont l'une prend comme base le client et l'autre les processus. Quelle que soit celle choisie par les dirigeants des unités, le TBP leur permettra de traduire la stratégie en objectifs, en indicateurs et en valeurs-cibles spécifiques, puis d'en suivre la mise en œuvre.

---

14. Beaucoup d'entreprises, lorsqu'elles commencent à bâtir un tableau de bord prospectif, constatent l'absence de consensus sur la stratégie de leurs unités. La définition des objectifs et des indicateurs du TBP permet alors aux dirigeants de s'accorder sur une formulation plus structurée de la stratégie.

ANNEXE : LIMITER LES INDICATEURS FINANCIERS

Plusieurs études ont souligné la place trop importante que tiennent les indicateurs financiers dans l'évaluation de la performance des entreprises. Le projet mené par le *Harvard Business School Council on Competitiveness* a identifié les différences suivantes entre les principes qui régissent les investissements des entreprises américaines et japonaises :

- Les entreprises américaines sont moins enclines à investir à long terme, en raison de l'importance qu'elles accordent aux rendements à court terme qui influent sur le cours de leur action.

- Elles privilégient les formes d'investissement dont le rendement est facilement mesurable ; d'où un déficit d'investissement dans les actifs intangibles – innovation dans les produits et les processus, savoir-faire des employés, satisfaction des clients – dont le rendement à court terme est plus difficile à quantifier.

- Elles surinvestissent dans des actifs dont la valeur est facile à déterminer (au travers de fusions et acquisitions, par exemple) et sous-investissent dans les efforts de développement interne, plus délicats à évaluer.

- Le système américain permet aux entreprises dotées de bases d'actifs très solides (par exemple, les entreprises spécialisées dans l'exploitation des ressources naturelles ou les biens de consommation qui jouissent d'une large notoriété, ou encore les sociétés de production ou les chaînes de télévision) de ne pas exploiter pleinement leurs actifs sous-évalués, au détriment de leur rentabilité, tant que les bénéfices à court terme sont satisfaisants. Pour réaliser la valeur de ces actifs, ces entreprises doivent prendre dans le domaine financier des initiatives risquées et coûteuses : OPA hostiles, RES et émission de « junk bonds [15] ».

D'autres signaux sont émis par les investisseurs extérieurs, mécontents des états financiers classiques qui ne présentent que la performance passée. Ils souhaitent disposer d'informations qui les aident à anticiper la performance future des entreprises dans lesquelles ils ont placé (ou envisa-

---

15. Michael E. Porter, « Capital Disadvantage : America's Failing Capital Investment System », *Harvard Business Review* (septembre-octobre 1992), p. 73.

gent de placer) leur capital. Peter C. Lincoln, vice-président du fonds de pension *U.S. Steel and Carnegie Pension Fund*, dit par exemple : « Des indicateurs de performance non financiers, qui mesureraient la satisfaction des clients ou la vitesse de mise sur le marché des nouveaux produits, seraient très utiles pour les investisseurs et les analystes. Les entreprises devraient fournir ce genre d'information pour donner une image complète de leur activité [16]. »

L'inquiétude que suscite la prééminence des indicateurs financiers a même gagné la principale association professionnelle américaine d'experts comptables. Un comité spécial de haut niveau sur la présentation de l'information financière de l'*American Institute of Certified Public Accountants* a souligné les risques inhérents à la mesure de la performance des entreprises sur les seuls paramètres financiers : « C'est le futur qui intéresse les analystes, mais les entreprises, aujourd'hui, ne fournissent d'informations que sur la performance passée. Ces informations apportent des indications utiles sur ce que pourrait être la performance future, mais les analystes ont besoin de données prospectives. » Le comité a souligné l'importance d'indicateurs de la manière dont les entreprises créent la valeur future et a recommandé de relier les mesures de performance à la vision stratégique : « Beaucoup d'analystes veulent voir l'entreprise par les yeux de la direction, afin de comprendre ses choix et ses orientations et savoir où cela la mènera. » Il a ajouté que les indicateurs financiers doivent jouer un rôle clé : « La direction doit communiquer les mesures financières et non financières qu'elle utilise pour quantifier les effets des actions et des événements principaux [17]. »

Le comité a conclu son analyse en recommandant aux entreprises d'adopter une démarche plus « équilibrée » et prospective :

Pour répondre à l'évolution des besoins des analystes, les entreprises doivent :

• *Fournir davantage d'informations sur les projets, les opportunités, les risques et les incertitudes.*

• *Accorder une plus grande attention aux facteurs qui génèrent la valeur à long terme, et notamment aux indicateurs non financiers représentatifs de la performance opérationnelle de leurs processus clés.*

---

16. The AICPA Special Committee on Financial Reporting. *Improving Business Reporting - À Customer Focus : Meeting the Information Needs of Investors and Creditors* (New York : American Institute of Certified Public Accountants, 1994), p. 9.

17. Ibid., p. 10.

• *Veiller à une meilleure cohérence entre les informations diffusées à l'extérieur et celles qui sont communiquées en interne aux dirigeants pour piloter l'activité* [18].

L'utilisation du tableau de bord prospectif pour la communication externe de l'information financière est abordée au chapitre 9.

---

18. Ibid., p. 30.

Première partie

Évaluer la stratégie

L es entreprises dont le tableau de bord prospectif est la pierre angulaire d'un nouveau système de management stratégique doivent d'abord bâtir le système puis l'exploiter. Ce livre est articulé autour de ces deux étapes. La première partie (chapitres 3 à 8) explique comment construire un TBP. La seconde partie (chapitres 9 à 12) montre comment des entreprises utilisent leur TBP comme système intégré de management stratégique. Bien entendu, ces deux étapes ne sont pas indépendantes. À mesure qu'ils l'utilisent, les responsables acquièrent une connaissance approfondie du TBP et identifient les indicateurs qui ne sont pas représentatifs, ceux qu'il convient de modifier et ceux qui doivent y être ajoutés.

Les chapitres 3 à 6 détaillent les règles de définition des objectifs et des indicateurs des quatre axes du TBP : résultats financiers, clients, processus internes et apprentissage organisationnel. Dans chaque chapitre, nous citons des indicateurs génériques que l'on retrouve dans le TBP de la plupart des entreprises, par exemple :

Axes	Indicateurs génériques
Financiers	Retour sur investissement et valeur ajoutée économique
Clients	Satisfaction, fidélisation, part de marché et part du porte-feuille clients
Processus Internes	Qualité, réactivité, coût et lancement de nouveaux produits
Apprentissage	Satisfaction des salariés et système d'informations

Mais nous tenons à insister sur l'importance d'y incorporer des indicateurs spécifiques à la stratégie de l'entreprise. Nous montrerons, exemples à l'appui, comment les objectifs et les indicateurs de chacun des quatre axes ont été définis de manière à communiquer la stratégie et à en favoriser la mise en œuvre.

Le chapitre 7 explique comment intégrer le TBP et la stratégie en montrant à quel point il est essentiel que les objectifs, les indicateurs et la stratégie soient reliés. L'articulation entre les indicateurs des quatre axes montre clairement que le système n'est pas une simple série d'indicateurs avec lesquels les managers doivent jongler et trouver des compromis. Dans un TBP bien construit, les mesures sont articulées de manière à traduire un petit nombre d'intentions stratégiques, comme la croissance de l'activité, la réduction du risque ou l'amélioration de la productivité. Dans ce chapitre, les indicateurs stratégiques présentés aux chapitres 3 à 6 sont rassemblés en un ensemble organisé qui constitue un bon tableau de bord prospectif.

Les chapitres 3 à 7 décrivent des TBP applicables à une unité opérationnelle. Le chapitre 8 étend le concept à une entreprise composée de plusieurs unités. Nous nous appuyons sur la notion de stratégie globale, à l'échelle de l'entreprise, pour identifier les paramètres généraux qui permettent au tout (l'entreprise) d'être supérieur à la somme de ses parties (les unités opérationnelles). Nous analysons les incidences de la stratégie sur les TBP bâtis pour des unités affiliées mais décentralisées et pour les services fonctionnels du siège. Le chapitre 8 montre également comment des TBP ont été appliqués à des services administratifs et des associations à but non lucratif.

▶ Les pionnières du TBP

Tout au long de ce livre, nous illustrons les innovations introduites par de nombreuses entreprises dans leurs systèmes de mesure de la performance. Mais l'évolution du tableau de bord prospectif est retracée au travers de l'expérience de cinq grandes entreprises, que nous avons observées attentivement pendant trois ans : Rockwater, Metro Bank, Pioneer Petroleum, National Insurance et Kenyon Stores.

Rockwater est une entreprise de construction sous-marine qui pèse plusieurs centaines de millions de dollars, dont les principaux clients sont les grandes compagnies pétrolières, gazières et de travaux maritimes. Basée à Aberdeen en Écosse, Rockwater est une division opérationnelle de Brown & Root Energy Services qui fait elle-même partie de Halliburton Corporation, une multinationale de la construction, basée à Dallas (Texas). Rockwater est née en 1989 de la fusion de deux entreprises de construction indépendantes, l'une britannique et l'autre néerlandaise. Le premier président de Rockwater, Norman Chambers, a eu recours au TBP en 1992, pour harmoniser la culture et la philosophie des deux entreprises et permettre à la nouvelle de se positionner face à la concurrence par la qualité, la sécurité, la valeur ajoutée apportée aux clients et non par les prix. En 1994, Norman Chambers a été promu président de Brown & Root Energy Services, où il continue à utiliser le TBP comme outil de management de la stratégie ; il l'applique au groupe et à chaque filiale d'exploitation.

Metro Bank est la banque grand public d'une importante institution financière, avec 8 000 salariés, une part de 30 % du marché des comptes de dépôt de la région et des recettes d'environ 1 milliard de dollars. La maison-mère est née de la fusion de deux grandes banques très compétitives. Le P-DG de Metro Bank a commencé à mettre en œuvre le tableau de bord prospectif pour communiquer et renforcer la nouvelle stratégie de la banque grand public issue de la fusion, qui visait, au-delà de ses activités et services existants, à offrir une gamme complète de produits et services financiers à des catégories de clients ciblés.

Pioneer Petroleum est la division américaine de marketing et de raffinage d'un grand groupe pétrolier international. Son P-DG a mis en place un TBP en 1993, pour remplacer la méthode d'analyse financière et de contrôle de gestion suivie jusque là par un nouveau processus de management de la performance stratégique. Un TBP a été créé à l'échelle de la division, sur la base de segments de marché ciblés et de paramètres généraux, puis il a été étendu à chaque unité et service de la division.

National Insurance est la division assurance-dommages d'une des premières compagnies d'assurance américaines. En 1993, lorsque le projet de TBP a été lancé, National employait 6 500 salariés et annonçait un chiffre d'affaires de 4 milliards de dollars. Mais ses résultats d'exploitations étaient tellement catastrophiques (les pertes se chiffraient en centaines de millions de dollars) que la maison-mère envisageait de fermer cette division, voire l'ensemble de l'activité assurance-dommages. Le siège, faisant un dernier effort, a recruté une nouvelle équipe dirigeante, qui a décidé d'abandonner la stratégie généraliste classique pour une stratégie de spécialisation. Elle a bâti un TBP pour clarifier la nouvelle stratégie, et pour établir et coordonner les programmes de mise en œuvre indispensables. Cet effort a également été étendu au développement d'un nouveau système de management stratégique, grâce auquel National a retrouvé le chemin du profit.

Kenyon Stores est l'un des tout premiers distributeurs américains de vêtements, avec dix chaînes de distribution, plus de 4 000 points de vente et un chiffre d'affaires annuel de quelques 8 milliards de dollars. Chaque chaîne est indépendante, avec un minimum de coordination ou d'intégration au niveau central. Le P-DG de Kenyon s'est tourné vers le TBP en 1994, dans le cadre de sa nouvelle stratégie visant à capitaliser sur les ressources et la direction du siège pour atteindre un objectif de vente très ambitieux de 20 millions de dollars d'ici à l'an 2000, essentiellement par croissance interne.

Outre ces cinq entreprises, nous nous sommes également inspirés de l'expérience de Analog Devices et FMC Corporation, qui ont été parmi les toutes premières à adopter le tableau de bord prospectif.

Chapitre 3

L'AXE « FINANCIER »

La création d'un tableau de bord prospectif doit être l'occasion pour les unités opérationnelles d'harmoniser leurs objectifs financiers et la stratégie de l'entreprise. L'axe financier sert en effet de fil conducteur aux objectifs et aux indicateurs des autres axes du TBP. Chaque indicateur sélectionné doit faire partie d'une chaîne de relations de cause à effet dont le but ultime est d'améliorer la performance financière. Le TBP doit « raconter » la stratégie, en exposant d'abord les objectifs financiers à long terme puis en les reliant à la série d'initiatives à déployer en relation avec les résultats financiers, les clients, les processus internes, les salariés et les systèmes afin de parvenir à la performance économique à long terme visée. Pour la plupart des entreprises, les paramètres financiers que sont l'accroissement du chiffre d'affaires, la réduction des coûts et l'amélioration de la productivité, l'optimisation de l'utilisation de l'actif et la réduction du risque, peuvent servir de traits d'union entre tous les axes du TBP.

Beaucoup d'entreprises fixent les mêmes objectifs financiers à toutes leurs divisions et leurs unités. Par exemple, un retour sur le capital engagé de 16 %, objectif établi pour l'ensemble de l'entreprise, sera attendu de chaque unité. Ou bien, si l'entreprise a choisi comme paramètre la valeur ajoutée économique[1], chaque unité peut se voir imposer de maximiser celle-ci pour chaque période comptable. Si cette démarche uniforme a le mérite d'être pratique, cohérente et, en un certain sens, équitable puisque tous les responsables d'unités sont évalués selon le même critère, elle ne tient pas compte du fait que les unités peuvent avoir des stratégies différentes. Il est même peu probable qu'un indicateur unique, surtout d'ordre

---

1. Voir, par exemple, G. Bennett Stewart, *The Quest for Value* (New York : Harper Business, 1991) et G.B. Stewart, « EVA™ : Fact and Fantasy », *Journal of Applied Corporate Finance* (été 1994) : 71-84.

financier, soit adapté à un large éventail d'unités. Par conséquent, lorsqu'ils entreprennent de définir les indicateurs financiers de leur TBP, les responsables d'unités doivent choisir des mesures adaptées à leur stratégie. Les objectifs et les indicateurs financiers ont un double rôle : ils définissent la performance financière attendue de la stratégie, et ils servent de fils conducteurs pour ceux des autres axes du TBP.

RELIER LES OBJECTIFS FINANCIERS À LÀ STRATÉGIE OPÉRATIONNELLE

Les objectifs financiers peuvent varier très sensiblement à chaque stade du cycle de vie d'une unité. Des stratégies différentes peuvent être suivies, qui vont d'une croissance agressive de la part de marché au maintien de l'activité et à la gestion du déclin [2]. Pour simplifier, nous nous limitons à trois phases :

- Croissance
- Maintien
- Récolte

Les unités qui sont au début de leur cycle de vie suivent une stratégie de *croissance*. Leurs produits ou services offrent un fort potentiel de progression. Pour capitaliser sur ce potentiel, elles peuvent être amenées à engager des ressources très importantes pour développer de nouveaux produits et services ; construire et agrandir des sites de production ; renforcer les compétences opérationnelles ; investir dans des systèmes, des infrastructures et des réseaux de distribution adaptés à une activité mondiale ; enfin, entretenir et élargir leur clientèle. Les unités en phase de croissance peuvent opérer avec des flux de trésorerie négatifs et des retours sur investissement faibles (qu'elles investissent dans des actifs intangibles ou dans des immobilisations corporelles pour leur développement interne). Les investissements à long terme peuvent absorber davantage de liquidités que ce que génèrent, à ce stade du cycle de vie, les produits, services et clients existants. L'objectif financier global pour les

---

2. C.W. Hofer et D.E. Schendel, *Strategy Formulation : Analytical Concepts* (St. Paul : West Publishing, 1978) ; I.C. MacMillan, « Seizing Competitive Initiative », *Journal of Business Strategy* (printemps 1982), p. 43-57 ; et P. Haspeslagh, « Portfolio Planning : Uses and Limits », *Harvard Business Review* (janvier-février 1982), p. 58-73.

entreprises en phase de croissance sera d'accroître le chiffre d'affaires, les ventes sur des marchés ciblés, auprès de segments spécifiques dans des régions ciblées.

Mais il y a de fortes chances pour que la majorité des unités d'une entreprise se trouvent dans la phase de *maintien de l'activité*, donc qu'elles nécessitent encore des investissements et des réinvestissements, pour lesquels on peut exiger cependant un taux de rendement du capital investi élevé. Ces unités sont censées maintenir leur part de marché et, éventuellement, l'améliorer légèrement d'une année sur l'autre. Les projets d'investissement seront destinés à supprimer des goulots d'étranglement, à accroître la capacité de production et à renforcer les efforts d'amélioration continue, plus qu'ils ne viseront à favoriser la croissance, objectif de la phase précédente.

La plupart des unités en phase de *maintien* adopteront un objectif financier de rentabilité. Il peut être traduit en indicateurs de résultat d'exploitation et de marge brute. Dans certaines unités, le capital investi est considéré comme un élément exogène et les managers sont incités à maximiser le revenu que peut générer ce capital. Dans d'autres, plus autonomes, on cherche non seulement à gérer les flux de revenus mais aussi le niveau du capital investi. Les indicateurs de ce type d'unités associent le chiffre d'affaires généré et le niveau du capital investi ; le retour sur investissement, le retour sur le capital engagé et la valeur ajoutée économique font partie des indicateurs utilisés pour évaluer la performance de ces unités.

Certaines unités ont atteint la *maturité* dans leur cycle de vie et souhaitent récolter les fruits des investissements réalisés pendant les deux phases précédentes. Elles n'appellent plus d'investissements importants, juste ce qu'il faut pour maintenir en l'état l'appareil de production, mais pas pour agrandir ou construire de nouvelles installations. Leur but est surtout de générer le maximum de liquidités au profit de l'ensemble de l'entreprise. Les objectifs financiers généraux de ces unités seront de maximiser la trésorerie (avant le *déclin*) et de réduire le besoin en fonds de roulement.

On voit que les objectifs financiers des unités, selon qu'elles se trouvent dans l'une ou l'autre de ces trois phases, sont très différents. En phase de croissance, elles visent l'augmentation du chiffre d'affaires – grâce à de nouveaux marchés, clients, produits et services – le maintien de niveaux de dépenses suffisants pour le développement des produits et des processus, des systèmes, de la compétence des salariés ainsi que la mise en place de nouveaux circuits de marketing, vente et distribution. Dans la phase de maintien de l'activité, les objectifs financiers sont davantage axés sur des indicateurs financiers classiques tels que le retour sur le capital engagé, le résultat d'exploitation et la marge brute. Dans cette phase, les projets d'investissement sont évalués par la méthode de l'actualisation et par l'analyse des budgets de dépenses en capital. Certaines entreprises utilisent des paramètres plus récents, comme la valeur ajoutée économique et la satisfaction des actionnaires. Ces paramètres renvoient tous à l'objectif financier classique, à savoir un rendement élevé du capital investi. Enfin, les objectifs financiers des unités en phase de récolte se concentrent sur les flux de trésorerie : tout investissement doit générer des liquidités immédiates. Les mesures comptables comme le retour sur investissement, la valeur ajoutée économique et le résultat d'exploitation sont moins pertinents à ce stade, car les grands investissements ont déjà été réalisés. Le but n'est pas de maximiser le retour sur investissement, qui peut inciter les managers à demander des investissements supplémentaires en vue de retours hypothétiques, mais plutôt de maximiser les retours de tous les investissements effectués dans le passé. Il n'y aura pratiquement plus de dépenses en recherche-développement, ni dans l'extension des capacités de production, compte tenu du peu de temps restant à courir dans le cycle économique de ces unités.

La création d'un tableau de bord prospectif doit donc commencer par un dialogue entre le responsable de l'unité concernée et le directeur financier de l'entreprise, sur la phase du cycle économique dans laquelle se trouve l'unité et sur ses objectifs financiers. Cette concertation permettra d'identifier le rôle de l'unité dans l'entreprise. Elle suppose de part et d'autre une vision claire de la stratégie financière de l'unité. Bien entendu une division ne reste pas éternellement au même stade de son cycle de vie. Une progression logique sera établie sur plusieurs décennies, qui suivra les phases de croissance, de maintien, de récolte et, en dernier lieu, de gestion du déclin [4]. Il peut arriver toutefois qu'une unité ayant atteint le stade de la récolte voit brusquement s'ouvrir une perspective de croissance. Une brusque évolution de la technologie, du marché ou de la réglementation peut redonner à un produit ou service en phase de maturité un fort poten-

---

4. Certaines unités ne coïncident plus avec les objectifs stratégiques de l'entreprise ou ne sont plus capables de générer un chiffre d'affaires ou un rendement suffisant. Elles doivent donc être maintenues à flot jusqu'à ce que l'entreprise s'en défasse. Dans la phase de gestion du déclin, les indicateurs financiers doivent se focaliser sur le maintien de la valeur existante. Ils doivent être fondés sur ce que les dirigeants estiment nécessaire pour préparer une cession dans les meilleures conditions et au meilleur prix. Les facteurs susceptibles de réduire la valeur marchande de l'unité alourdissement du passif, gaspillage, déchets, pollution ou clients déçus - seront étroitement surveillés.

tiel de croissance. Cette transformation peut modifier radicalement les objectifs financiers et d'investissement de l'unité. C'est pourquoi les objectifs financiers de toutes les unités doivent être revus périodiquement, au moins une fois par an, afin de confirmer ou d'adapter la stratégie financière.

La gestion du risque

Une bonne gestion financière doit tenir compte du risque autant que du rendement. Les objectifs liés à la croissance, à la rentabilité et aux flux de trésorerie mettent l'accent sur le rendement de l'investissement. Mais il est important que les unités évaluent les retours attendus en fonction de la gestion et du contrôle du risque. Ainsi, beaucoup d'unités intègrent à l'axe financier de leur TBP un objectif tenant compte du risque inhérent à leur stratégie, en prévoyant, par exemple, de diversifier les sources de revenus en ne se cantonnant pas à un segment de marché, une ou deux lignes d'activités ou une zone géographique. En règle générale, la gestion du risque est un objectif complémentaire de toute stratégie de rendement.

Orientations stratégiques pour l'axe financier

On a vu qu'à chaque phase du cycle économique – croissance, maintien de l'activité et récolte – trois objectifs financiers spécifiques guident la stratégie :

- Croissance et diversification du chiffre d'affaires,
- Réduction des coûts/amélioration de la productivité,
- Stratégie d'utilisation de l'actif et d'investissement.

La croissance et la diversification impliquent l'expansion de l'offre de produits et de services, la conquête de nouveaux clients et marchés, la transition vers des gammes de produits et services à plus forte valeur ajoutée, l'ajustement des paramètres de fixation des prix. Réduire les coûts et améliorer la productivité supposent un effort de réduction des coûts directs et indirects et le partage des ressources communes à plusieurs unités. En ce qui concerne l'utilisation de l'actif, les managers s'efforcent de réduire le besoin en fonds de roulement nécessaire pour financer un certain volume et un certain éventail d'activités. Ils cherchent aussi à utiliser davantage l'actif immobilisé, en appuyant leurs nouvelles activités sur des ressources dont la capacité n'est pas encore pleinement exploitée, en utilisant de manière plus efficiente les ressources rares et en se défaisant des actifs dont le retour est insuffisant par rapport à la valeur marchande.

Toutes ces actions permettent à l'unité d'améliorer le rendement de ses actifs financiers et physiques.

La figure 3.1 présente les déterminants des objectifs financiers globaux sous forme d'un tableau récapitulatif à double entrée, selon la phase dans laquelle se trouvent l'unité et les paramètres financiers choisis.

▶ Croissance et répartition du chiffre d'affaires

En matière de chiffre d'affaires, la mesure de progression la plus courante, pour les unités en phase de croissance ou de récolte, est le taux d'augmentation du chiffre d'affaires et la part de marché pour des régions, des marchés et des clients ciblés.

▶ Nouveaux produits

Les unités en phase de croissance mettent en général l'accent sur l'expansion des gammes de produits existantes ou sur l'offre de produits et services nouveaux. Cet objectif est souvent mesuré par le pourcentage de contribution au chiffre d'affaires des nouveaux produits et services lancés sur une certaine période, par exemple deux ou trois ans. Cette mesure a été largement utilisée par des entreprises innovantes comme Hewlett-Packard et 3M Corporation. Bien entendu, il y a une bonne et une mauvaise façon d'atteindre cet objectif. Dans l'idéal, le nouveau produit ou l'élargissement de la gamme doit constituer une amélioration spectaculaire par rapport à l'offre existante, afin d'attirer de nouveaux clients et pas seulement de remplacer les ventes des produits existants. Mais si une trop grande place est accordée à ce seul indicateur (le risque est moindre avec un TBP), l'unité pourra obtenir de bons résultats dans ce domaine en améliorant progressivement les produits existants jusqu'à ce qu'ils soient remplacés par un nouveau produit, mais sans que les améliorations opérées n'offrent d'avantage significatif du point de vue des clients. Ou bien, mais c'est introduire un dysfonctionnement dans la stratégie, une unité peut tout simplement arrêter la vente d'un produit mature et à forts volumes, de manière à augmenter la part d'un nouveau produit dans le chiffre d'affaires total. Pour savoir si le nouveau produit ou service constitue une amélioration sensible par rapport à la gamme existante, certaines entreprises surveillent de près les prix ou les marges brutes des nouveaux produits et services, en misant sur le fait que les gammes qui offrent davantage de fonctionnalités et une valeur ajoutée plus forte aux clients permettront de dégager une marge supérieure à celle des produits matures existants.

▶ Nouvelles applications

Créer de nouveaux produits est souvent coûteux et très long, en particulier dans les secteurs pharmaceutique et la chimie agricole, car les cycles de développement sont longs et les produits doivent passer par un processus d'agrément extrêmement rigoureux. Les entreprises en phase de maintien peuvent dont accroître leur chiffre d'affaires en trouvant de nouvelles applications à des produits existants. Pour ce faire, l'entreprise doit démontrer la validité de la nouvelle application, mais elle n'a plus à inventer la formule de base, à prouver son innocuité ni à mettre au point son procédé de fabrication. Si le développement de nouvelles applications est un objectif stratégique, la part du chiffre d'affaires qu'elles représentent sera un indicateur utile du TBP.

▶ Nouveaux clients, nouveaux marchés

Introduire des produits existants sur de nouveaux marchés peut aussi être un moyen d'accroître le chiffre d'affaires. Des indicateurs comme le

Figure 3.1. Identifier les axes stratégiques financiers

		Axes stratégiques		
		Croissance et diversification du chiffre d'affaires	**Réduction des coûts/amélioration de la productivité**	**Utilisation de l'actif**
Phase du cycle de vie	**Croissance**	Taux de croissance du CA par segment Part du CA générée par les nouveaux produits, services et clients	CA par employé	Investissements (% des ventes) R & D (% des ventes)
	Maintien	Part des clients et marchés ciblés Ventes croisées Part des nouvelles applications dans le CA Rentabilité par catégorie de clients et gamme de produits	Coût de revient par rapport à celui des concurrents Taux de réduction des coûts Frais indirects (en % des ventes)	Ratios du fonds de roulement (cycle de trésorerie) RCE par catégories d'actifs Taux d'utilisation de l'actif
	Récolte	Rentabilité par catégorie de clients et gamme de produits Pourcentage de clients non rentables	Coûts unitaires (par unités de production, par transaction)	Point d'équilibre Marge

pourcentage du chiffre d'affaires représenté par les clients, les segments de marché et les régions nouvellement gagnés montrent s'il convient ou non de mettre l'accent sur ces nouvelles sources de revenus. Il existe dans beaucoup d'industries des informations précises sur la taille du marché total et les parts de marché de chaque acteur. L'augmentation de la part de marché d'une unité sur certains segments ciblés est un indicateur souvent utilisé ; il permet aussi à l'unité de déterminer si l'accroissement en volume est lié à une offre plus compétitive de sa part ou à l'augmentation de la taille du marché. Augmenter le chiffre d'affaires alors que la part de marché diminue peut indiquer des faiblesses dans la stratégie de l'unité ou un manque d'attrait de ses produits et services.

▶ Nouvelles synergies internes

Certaines entreprises ont tenté de générer des synergies entre leurs différentes unités, en les associant dans le développement de nouveaux produits ou dans la vente de projets à des clients. Lorsque la stratégie de l'entreprise est d'accroître les transferts de technologie entre les divisions ou d'augmenter le volume d'activité entre certains segments de clientèle et différentes unités, l'objectif peut être traduit en termes de chiffre d'affaires généré par la coopération entre les unités.

Rockwater, par exemple, était l'une des six divisions techniques de Brown & Root Energy Services. Elles fournissaient toutes, le plus souvent à de grandes compagnies pétrolières et gazières, une gamme de prestations techniques allant de projets de recherche fondamentale et appliquée à la fabrication de pipelines en passant par l'installation (Rockwater) et la maintenance des conduites. Depuis toujours, ces divisions opéraient en toute indépendance. Lorsque Norman Chambers est passé de la présidence de Rockwater à celle de Brown & Root Energy Services, il a demandé à chacune de ces divisions d'adopter comme objectif financier un accroissement du volume d'activité issu de la collaboration. Son but à long terme était de proposer des prestations clé en main aux clients, depuis la conception du projet jusqu'à l'exploitation et à la maintenance des installations.

C'est un exemple des entreprises qui tentent de passer d'une offre non différenciée, essentiellement fondée sur les prix, à une offre de produits et services répondant à des besoins spécifiques. Or, une unité qui annonce une stratégie de différenciation tout en mesurant sa performance financière en s'appuyant uniquement sur le chiffre d'affaires global, les bénéfices et le retour sur le capital engagé, atteindra sans doute ses objectifs financiers à court terme, mais pas son objectif stratégique. Pour cela, elle doit faire la distinction entre le chiffre d'affaires généré par ses produits bon marché et celui réalisé dans le cadre d'une relation privilégiée et durable avec un segment de marché bien identifié, avec des produits dotés de caractéristiques ou accompagnés de prestations à forte valeur ajoutée.

▶ Nouveau mix de produits et services

Par extrapolation, les unités peuvent décider d'augmenter leur chiffre d'affaires en modifiant leur mix de produits et services. Par exemple, une unité peut considérer qu'elle a un net avantage de prix de revient sur certains segments et qu'elle est donc à même de prendre des clients à ses concurrents en abaissant sensiblement ses prix de vente. Si elle opte pour cette stratégie, il lui faudra mesurer l'augmentation des ventes dans les segments visés. Ou bien, une unité peut choisir une stratégie plus différenciée, en ne misant pas exclusivement sur le prix et en adoptant un mix plus spécifiquement orienté vers les besoins de sa clientèle. Dans ce cas, elle pourra mesurer la croissance des ventes et le pourcentage du chiffre d'affaires représenté par ces produits. La stratégie de Metro Bank, par exemple, était d'augmenter le nombre de produits générateurs de commission et elle a évalué sa performance stratégique en mesurant la contribution de ces produits et services à la progression du chiffre d'affaires.

▶ Nouvelle stratégie de prix

Enfin, l'accroissement du chiffre d'affaires, particulièrement dans les unités matures, ayant éventuellement atteint la phase de récolte, peut être assuré par l'augmentation des prix pour les produits, services et segments de marché déficitaires. Une telle anomalie est aujourd'hui beaucoup plus facile à détecter grâce aux systèmes d'imputation des coûts par activité qui permettent de suivre les coûts, le bénéfice et les ressources employées par produit, par service et par client. Certaines entreprises ont découvert, en particulier dans le cas de produits spécialisés ou de clients particulièrement exigeants, qu'elles peuvent majorer leurs prix ou supprimer les remises sans réduire leur part de marché, afin de les rentabiliser. La rentabilité par produit, par service et par client, ou le pourcentage de produits et de clients qui ne génèrent pas de profit, sont indicatifs (sans être nécessairement les seuls signaux) de l'opportunité de réviser les prix et de la réussite ou de l'échec des stratégies de prix suivies jusque là. Pour les produits et services très homogènes, un simple indice, comme le prix net par tonne, par commande ou encore le prix unitaire, suffira à indiquer l'évolution de la stratégie de tarification de l'entreprise et de son secteur d'activité.

▶ Réduction des coûts/amélioration de la productivité

Une unité peut associer la croissance et la diversification de son chiffre d'affaires à la réduction des coûts et à l'amélioration de la productivité.

▶ Améliorer la productivité

En phase de croissance, le premier souci des unités ne sera pas de réduire les coûts. En effet, les programmes visant à abaisser les coûts par l'automatisation et la standardisation des processus ne sont pas toujours compatibles avec la flexibilité requise pour adapter les nouveaux produits et services destinés à de nouveaux marchés. Par conséquent, l'objectif de productivité doit se focaliser sur l'accroissement du chiffre d'affaires – par salarié notamment – afin de favoriser la transition vers des produits et services à plus forte valeur ajoutée, et de renforcer les capacités des ressources physiques et humaines de l'entreprise.

▶ Réduire les coûts unitaires

Pour les unités en phase de maintien, parvenir à des niveaux de coûts compétitifs, améliorer les marges et maîtriser les coûts indirects et logistiques leur permet d'accroître la rentabilité et les taux de retour sur investissement. L'objectif de réduction des coûts le plus simple et le plus clair peut consister à diminuer le coût unitaire du travail ou de la production. Pour les entreprises qui ont une production relativement homogène, établir un objectif simple peut suffire. Une entreprise de produits chimiques peut fixer des objectifs de coût par litre ou par kilo produit ; une banque grand public peut viser la réduction du coût unitaire des transactions (opérations de dépôt ou de retrait) et l'abaissement du coût par compte ; une compagnie d'assurance peut mesurer le coût en termes de primes versées ou de sinistres indemnisés. Mais le coût du travail ou de la production pouvant intégrer des ressources et impliquer l'intervention de plusieurs services, un système d'imputation des coûts par activité basé sur les processus nécessitera sans doute une mesure précise du coût unitaire des opérations de transformation et de production.

▶ Diversifier les circuits de vente

Certaines entreprises traitent avec leurs clients *via* plusieurs circuits. Par exemple, les clients d'une banque grand public peuvent faire des opérations directement au guichet, aux guichets automatiques ou encore par téléphone ou par ordinateur. Pour la banque, les coûts de gestion des transactions varient fortement en fonction du circuit utilisé. Pour les entreprises industrielles, les commandes aux fournisseurs peuvent être effectuées de la manière classique, par un appel d'offres suivi de l'évaluation des propositions, du choix du moins-disant et de la négociation du contrat. Mais elles peuvent aussi instaurer des relations de longue durée avec des fournisseurs privilégiés, mettre en place un système électronique d'échange de données entre l'unité de production et le fournisseur, celui-ci étant chargé de fournir les matières nécessaires en temps voulu et directement à l'unité demandeuse. Le coût d'une transaction par ce système est beaucoup plus faible que celui d'un achat effectué selon la méthode classique. Ainsi, une méthode particulièrement intéressante pour réduire les coûts consiste à transférer les clients et les fournisseurs d'un circuit traditionnel très coûteux à des circuits électroniques bon marché. Si une unité adopte cette stratégie de réduction des coût, elle peut mesurer le pourcentage d'opérations traitées par les différents circuits, le but étant de réduire la part des plus coûteux pour augmenter celle des moins chers. De cette manière, sans améliorer l'efficience des processus sous-jacents (mais c'est une hypothèse peu réaliste), le simple transfert vers des circuits plus efficients est susceptible d'accroître la productivité et de réduire le coût des transactions dans des proportions appréciables.

▶ Réduire les frais d'exploitation

Beaucoup d'entreprises s'efforcent de réduire les frais commerciaux, généraux et administratifs [5]. Le succès de ces efforts peut être mesuré par le montant en termes absolus de ces dépenses ou par leur part dans les charges ou les produits totaux. Par exemple, si les managers estiment que leurs dépenses logistiques sont trop élevées par rapport à leurs concurrents et aux avantages générés pour le client, ils peuvent fixer comme objectif, par exemple, de réduire à un certain pourcentage du chiffre d'affaires les frais administratifs ou encore les frais de distribution, de marketing ou commerciaux. Toutefois, ces objectifs doivent être compensés, dans le TPB, par des indicateurs de satisfaction des clients, de qualité et de performance, afin d'éviter que la réduction des coûts n'entrave des objectifs importants liés aux clients et aux processus internes.

Nous admettons cependant ne pas être totalement satisfaits de ce type de mesure, car elle suppose implicitement que ces frais sont une « charge » que l'entreprise doit maîtriser et, *in fine*, éliminer. Dans l'idéal,

---

5. S.L. Mintz, " Spotlight on SG & À ", CFO Magazine (décembre 1994), p. 63-65.

les entreprises devraient s'efforcer d'évaluer le fruit des dépenses indirectes et logistiques. Il ne faut pas qu'elles se contentent de réduire les montants et les ressources qui y sont consacrés, mais qu'elles augmentent plutôt leur efficacité - plus de clients, plus de ventes, plus de transactions traitées, plus de nouveaux produits, de meilleurs processus – et leur rendement – volumes et bénéfices générés par ces ressources – en fonction du niveau alloué. Ces mesures imposent à l'entreprise d'analyser le travail accompli au moyen des ressources logistiques, de quantifier, si possible, leur production, puis d'en tirer des indicateurs de quantité et de qualité sur cette « production » ainsi que le ratio production/ressources consommées. L'analyse des coûts par activité permet précisément de faire ce lien entre les frais indirects, logistiques et administratifs, les activités correspondant à ces dépenses et leurs résultats en termes de produits et services. Vu sous cet angle, la distinction un peu artificielle entre coûts directs et indirects qui subsiste dans nombre d'entreprises peut être éliminée.

▶ Stratégie d'utilisation de l'actif et d'investissement

Des objectifs comme le retour sur le capital engagé, le retour sur investissement et la valeur ajoutée économique fournissent des mesures globales sur les résultats des stratégies financières visant à accroître le chiffre d'affaires, à réduire les coûts et à améliorer l'utilisation de l'actif. Les entreprises peuvent aussi identifier les déterminants spécifiques sur lesquels elles s'appuieront pour optimiser l'exploitation des actifs.

▶ Le cycle de trésorerie

Le fonds de roulement est un élément important pour beaucoup d'entreprises industrielles, commerciales et de distribution, et en particulier les postes comptes clients, stocks et comptes fournisseurs. Une gestion efficace du fonds de roulement se juge notamment par le cycle de trésorerie, mesuré par la formule suivante : nombre de jours de vente de stock, plus nombre de jours de vente dans les comptes clients moins nombre de jours de vente dans les comptes fournisseurs (voir figure 3.2). La théorie sur laquelle repose cette mesure est simple. L'entreprise achète des matières ou des produits (et, pour celles qui fabriquent, payent le coût des salaires et des opérations de transformation des matières nécessaires pour arriver au produit fini). Le laps de temps qui s'écoule entre le moment où les achats sont effectués et celui où les produits sont vendus représente la durée pendant laquelle le capital est immobilisé en stock. On peut en soustraire le délai entre l'achat des matières, le paiement des salaires et des opérations de transformation et la date à laquelle ces opérations doivent être réglées (exprimé en nombre de jours de vente dans les comptes fournisseurs). Le nombre de jours de vente dans les comptes clients mesure le décalage entre la vente et la réception du paiement correspondant. Le cycle de trésorerie représente donc le temps qu'il faut à l'entreprise pour convertir les paiements aux fournisseurs en encaissements provenant des clients. Certaines entreprises opèrent avec des cycles de trésorerie négatifs : elles payent leurs fournisseurs après avoir été payées par leurs clients. En effet, en faisant concorder étroitement leurs stocks et le volume des ventes, en recouvrant rapidement leurs factures et en négociant des conditions avantageuses avec les fournisseurs, elles parviennent à générer du capital, au lieu d'en consommer, dans leur cycle d'exploitation. Si beaucoup d'entreprises jugent difficile, voire impossible, de parvenir à un cycle de trésorerie nul ou négatif, la réduction de ce cycle peut être un excellent objectif pour améliorer le rendement du fonds de roulement.

Les entreprises qui ont des cycles d'exploitation longs, dans la construction par exemple, ont également tout intérêt à bien gérer leur fonds de roulement. Elles doivent suivre les paiements intermédiaires qu'elles reçoivent et les comparer aux dépenses correspondant aux travaux déjà effectués. La gestion des comptes clients pose un problème particulier à Rockwater, la compagnie de construction sous-marine. Il lui faut souvent attendre plus de 100 jours avant de recevoir le solde du paiement d'un projet. L'un des principaux objectifs financiers que s'est fixé cette entreprise est de réduire sensiblement ce délai, car le retour sur le capital engagé, qui fait également partie de ses objectifs financiers [6], s'en trouverait très nettement amélioré.

▶ Mieux utiliser l'actif

Les objectifs concernant la meilleure utilisation de l'actif peuvent porter sur l'amélioration des procédures d'investissement, à la fois pour accroître la productivité des projets d'investissement et pour accélérer le processus d'engagement des capitaux, afin de réduire le temps de retour de ces investissements ; en fait, le but est de réduire le cycle de trésorerie pour les investissements en capital physique et intellectuel.

---

6. Nous décrivons au chapitre 5 la façon dont Rockwater a résolu le problème du délai de paiement. La solution retenue a conduit à améliorer les relations entre les managers et les clients. Cet exemple démontre l'importance de l'articulation des objectifs des différents axes du TBP.

Une grande partie des ressources de l'entreprise constitue l'infrastructure des opérations de conception, de production, de vente et de management. Ces ressources supposent des investissements considérables, portant sur des actifs physiques : systèmes d'informations, machines spécialisées, installations de distribution, bâtiments et autres installations physiques. Mais les investissements portent aussi sur le capital intellectuel et humain : techniciens de haut niveau, bases de données, spécialistes de la gestion des marchés et de la clientèle. Les entreprises peuvent optimiser l'effet de levier de ces investissements infrastructurels en les mettant au service de plusieurs unités. Outre les avantages potentiels, en termes de revenus, de ce partage des compétences et des clients, des réductions de coût peuvent être obtenues en évitant la multiplication d'actifs physiques et intellectuels identiques dans plusieurs unités. Ainsi, les entreprises qui souhaitent réaliser des économies d'échelle ou de champ dans leurs investissements en capital physique et intellectuel peuvent se fixer comme objectif d'accroître le pourcentage des ressources mises en commun par plusieurs unités.

Il faut accorder une attention particulière à l'utilisation des ressources rares et coûteuses. Pour revenir une fois encore à Rockwater, l'un des investissements les plus importants effectués par cette compagnie a été l'achat de navires spéciaux destinés aux activités de construction sous-marine. Rockwater s'est fixé comme objectif d'accroître le taux d'utilisation de ces bateaux pour souligner l'importance de l'élimination du temps non productif de cette ressource très coûteuse. La même philosophie a

Figure 3.2. Cycle de trésorerie

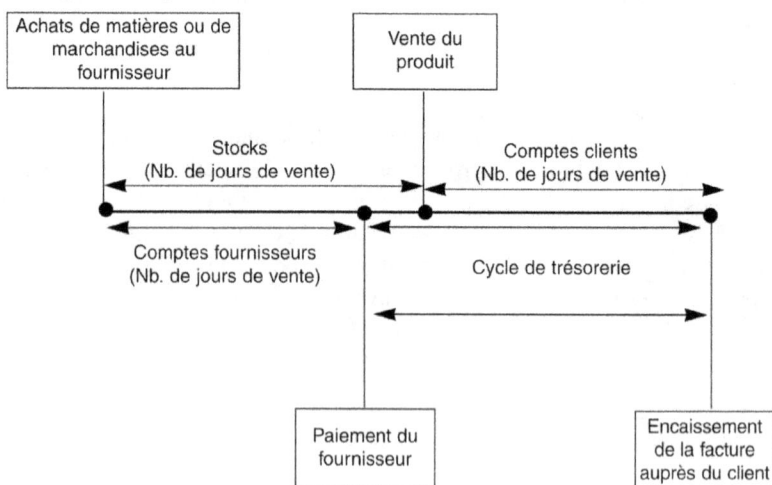

conduit une grande compagnie pétrolière à retenir parmi ses objectifs financiers une mesure d'utilisation de ses raffineries.

Le retour sur les investissements en actifs intellectuels – programmes de R&D, développement des compétences des employés et amélioration des systèmes d'information - contribuera aussi à accroître le ROI global de l'entreprise. Nous remettons toutefois la discussion des objectifs concernant ces actifs aux chapitres 5 et 6, où nous étudions en particulier les objectifs et indicateurs concernant l'innovation, les salariés et les systèmes.

▶ Objectifs et indicateurs de gestion du risque

On a observé qu'au souci de la plupart des entreprises d'accroître le chiffre d'affaires - par la croissance, la réduction des coûts, l'amélioration de la productivité et de l'utilisation de l'actif –, s'ajoute celui de maîtriser le risque et la volatilité inhérents à l'activité. Lorsqu'elles y voient un intérêt stratégique, ces entreprises intègrent des objectifs spécifiques de gestion du risque dans leurs indicateurs financiers. Metro Bank a retenu comme objectif financier l'augmentation de la part des recettes générées par les services rémunérés par une commission, non seulement pour augmenter son chiffre d'affaires (objectif dont on a déjà parlé), mais aussi pour réduire la place très importante des dépôts et des transactions bancaires dans celui-ci. Certaines recettes fluctuaient considérablement en fonction des taux d'intérêt. La banque a estimé que la volatilité de son flux de revenus d'une année sur l'autre pouvait être atténuée par une contribution plus forte des commissions. Ainsi, un objectif d'élargissement des sources de revenus peut constituer à la fois un objectif de croissance et de gestion du risque.

Le risque est un élément essentiel de l'activité des compagnies d'assurance. C'est pourquoi National Insurance, spécialiste de l'assurance–dommages, a adopté des indicateurs concernant le risque de perte et l'adéquation des provisions destinées à couvrir les plafonds de perte. Une entreprise à forte intensité de capital s'est fixé comme objectif de couvrir par les liquidités dégagées à la fin d'un cycle économique les dépenses de maintenance de l'actif physique ainsi que le coût des programmes d'amélioration des processus et des produits.

Certaines entreprises sont conscientes de leurs insuffisances en matière de prévision des résultats d'exploitation. Des résultats réels très inférieurs à ce qui était attendu peuvent conduire à emprunter plus que prévu, et le risque pour les unités s'en trouve accru. Les unités qui se trouvent dans cette situation peuvent se fixer pour objectif de réduire l'écart entre les résultats prévisionnels et réels. De toute évidence, si cet indicateur est le seul retenu pour l'axe financier du TBP, les managers ont tendance à faire des prévisions conservatrices qu'ils sont certains d'atteindre. Toutefois, d'autres indicateurs financiers incitant à atteindre les objectifs de croissance du chiffre d'affaires et de rentabilité des actifs peuvent venir contrebalancer l'objectif de fiabilisation des prévisions. Par exemple, augmenter le portefeuille de commandes est l'objectif de réduction du risque choisi par une entreprise convaincue qu'un portefeuille très important contribuait à assurer les rentrées et à fiabiliser les prévisions.

RÉSUMÉ

Les objectifs financiers représentent l'objectif à long terme de l'entreprise : assurer des rendements élevés, fondés sur le capital investi. L'utilisation du tableau de bord prospectif ne va pas à l'encontre de cet objectif vital. Il permet en effet d'expliciter les objectifs financiers et de les adapter aux unités, aux différents stades de leur cycle de vie. Chaque exemple que nous avons étudié s'appuie sur des indicateurs financiers de rentabilité, de rendement des actifs et d'accroissement du chiffre d'affaires. Ainsi se trouvent renforcés les liens étroits entre le TBP et les objectifs à long terme des unités.

Même s'il se limite aux indicateurs financiers, le TBP permet aux dirigeants des unités de préciser non seulement les paramètres selon lesquels la performance à long terme est évaluée, mais également les variables considérées comme véritablement essentielles pour définir et piloter les objectifs à long terme. Les déterminants de la performance financière doivent être adaptés au secteur d'activité, à l'environnement concurrentiel et à la stratégie de l'unité concernée. Nous avons suggéré aux unités de choisir des objectifs financiers à partir d'une grille de paramètres comme l'accroissement du chiffre d'affaires, l'amélioration de la productivité et la réduction des coûts, l'utilisation de l'actif et la gestion du risque.

Tous les objectifs et tous les indicateurs des autres axes du TBP doivent être articulés à un ou plusieurs objectifs de l'axe financier – un sujet sur lequel nous revenons au chapitre 7. Cette articulation avec les objectifs financiers indique clairement que l'objectif à long terme de l'unité est d'assurer un bon rendement aux investisseurs, et que l'ensemble des stratégies, des programmes et des initiatives doit permettre à l'unité d'atteindre ses objectifs financiers. Chaque indicateur retenu doit faire partie d'une chaîne de relations de cause à effet aboutissant aux objectifs financiers, qui constituent un des axes stratégiques de l'unité. Utilisé ainsi, le TBP n'est plus une panoplie d'objectifs isolés, déconnectés, voire conflictuels. Il doit exprimer la stratégie, en commençant par les objectifs financiers, qu'il relie à la série d'actions à engager concernant les méthodes comptables, les clients, les processus internes, les salariés et les systèmes, pour réaliser la performance économique visée à long terme. Pour la plupart des entreprises, les objectifs financiers tels que l'accroissement du chiffre d'affaires, la réduction des coûts et l'amélioration de la productivité, la meilleure utilisation de l'actif et la réduction du risque peuvent fournir les liens indispensables entre les quatre axes du TBP.

Chapitre 4

L'AXE « CLIENTS »

L'axe « clients » du tableau de bord prospectif identifie les segments de marché sur lesquels l'entreprise souhaite se positionner, ceux qui généreront le chiffre d'affaires nécessaire à la réalisation des objectifs financiers. Les indicateurs de cet axe permettent aux entreprises d'établir des mesures-clés de la performance concernant les clients - satisfaction, fidélité, conservation, acquisition et rentabilité – parfaitement adaptés aux segments visés. Ils leur permettent aussi de cerner et d'évaluer explicitement leur offre, dont les caractéristiques sont les déterminants de la performance vis-à-vis des clients.

Autrefois, les entreprises pouvaient concentrer leurs efforts sur le développement de leurs capacités internes, l'amélioration de la performance des produits et l'innovation technologique. Toutefois, celles qui n'étaient pas à l'écoute des besoins du marché pouvaient être mises en difficulté par des concurrents offrant des produits ou des services mieux adaptés. La priorité est désormais externe : satisfaire au mieux les attentes des clients. Il n'est d'ailleurs pas rare aujourd'hui que ce soit l'objectif ultime énoncé dans les projets d'entreprise. Certes, toutes les entreprises ne peuvent pas être « le » meilleur fournisseur de leurs clients, mais concentrer l'énergie de tous les salariés vers ce but théorique est une intention plus que louable. Il est évident, en effet, que pour réaliser durablement une performance financière de haut niveau, les entreprises doivent créer et offrir des produits et des services appréciés des clients.

Mais au-delà de la simple satisfaction du client, les responsables d'unités doivent, sur l'axe « clients » du TBP, traduire leur mission et leur stratégie en objectifs spécifiques au marché et aux clients. Les entreprises qui veulent exceller en tout finissent généralement par n'être à la hauteur nulle part. Les unités doivent segmenter précisément leur base de clientèle existante et potentielle, puis identifier les segments sur lesquels elles souhaitent se positionner. Bien cerner les caractéristiques qui ont de la valeur aux yeux des catégories de clients ciblées est essentiel à l'élaboration des objectifs et des indicateurs de l'axe « clients ». Celui-ci traduit donc la mission et la stratégie d'une entreprise en objectifs précis sur les segments de marché ciblés et permet de les communiquer dans toute l'entreprise.

SEGMENTATION DU MARCHÉ

En règle générale, les clients existants et potentiels ne se ressemblent guère. Leurs préférences ne sont pas les mêmes et ils n'attribuent pas la même valeur aux caractéristiques du produit ou du service. Un effort de formulation de la stratégie, fondé sur une analyse approfondie du marché, devrait faire apparaître les différents segments de marché, ainsi que leurs préférences en matière de prix, de qualité, de fonctionnalité, d'image, de réputation, de relations et de service. L'entreprise peut alors définir sa stratégie en fonction des segments qu'elle vise. Le tableau de bord prospectif, qui reflète la stratégie de l'entreprise, doit identifier les objectifs pour chaque catégorie de clients.

Certains managers se refusent à privilégier certains segments de marché, préférant essayer de les satisfaire tous. Avec une telle démarche, ils courent le risque de ne satisfaire personne. La stratégie ne consiste pas seulement à choisir la bonne voie mais aussi à éviter de faire fausse route [1].

Lorsqu'ils ont créé leur TBP, les dirigeants de Rockwater ont fait une enquête auprès de leurs clients existants et potentiels. Certains souhaitaient conserver le statu quo, c'est-à-dire définir en interne les paramètres de leurs projets, lancer l'appel d'offres et choisir, parmi les soumissionnaires qualifiés, le moins-disant. L'un de ces clients a déclaré à cette occasion :

Nous n'avons ni les moyens ni le temps de collaborer avec nos fournisseurs. La guerre des prix et la compression des marges ont rendu la concurrence très dure dans notre activité depuis quelques années, et nous devons impérativement réduire les coûts. Nous sommes bien obligés de choisir le fournisseur le moins cher.

Rockwater avait pour règle de se positionner comme le fournisseur le moins-disant auprès de cette catégorie de client.

---

1. Voir R. Simons, *Levers of Control : How Managers Use Innovative Control Systems to Drive Strategic Renewal*, Harvard Business School Press, p. 47-55, 156, 1995.

L'enquête a toutefois révélé que plusieurs gros clients, comme Chevron, BP et Amerada Hess, attendaient davantage de leurs fournisseurs que des prix bas :

Nous devons réduire les coûts partout où nous le pouvons. Mais nous attendons de nos fournisseurs qu'ils nous aident à le faire. S'il est financièrement plus intéressant pour nous qu'ils se chargent de certaines tâches techniques, nous avons tout intérêt à les leur confier et à réduire nos équipes. Par ailleurs, notre métier est de rechercher des gisements de pétrole et de gaz, de les mettre en valeur et de commercialiser la production, pas de construire les infrastructures sous-marines. Nous voulons des fournisseurs capables d'imaginer de nouvelles formes de collaboration et de développer les technologies correspondantes. Les meilleurs sauront anticiper nos besoins et répondre à ces besoins par de nouvelles technologies, des méthodes originales de gestion de projet et des montages financiers innovants.

L'évolution rapide de la technologie et un marché de plus en plus concurrentiel pour leurs produits finaux ont incité ces entreprises à impliquer les fournisseurs dans leur effort de réduction des coûts. Le prix reste un facteur déterminant, mais la capacité à proposer des solutions innovantes et offrant un meilleur rapport coût-avantages devient un critère important de la sélection des fournisseurs. Rockwater, tout en souhaitant continuer à servir la première catégorie de clients, a adopté une stratégie de croissance de sa part de marché sur le segment sensible à la qualité de la prestation. Elle a donc concentré les indicateurs de part de marché, de conservation, de conquête et de satisfaction des clients sur ceux qui attendaient d'elle une valeur ajoutée. Pour communiquer cette stratégie et évaluer la réussite, Rockwater a décidé de mesurer le pourcentage de son chiffre d'affaires généré par cette catégorie de clients.

Metro Bank avait aussi pour politique d'offrir un service peu coûteux, efficace et de grande qualité à ses clients. Devant le fléchissement de son résultat d'exploitation et de ses marges, mais aussi sous la pression du progrès technologique et de la concurrence, la banque a décidé de faire le point sur sa stratégie. Elle est parvenue à la conclusion que la clientèle qu'elle visait ne recherchait pas des services au meilleur prix, mais un large éventail de produits et de services financiers, les conseils de spécialistes et une gestion rigoureuse, quitte à payer un prix raisonnable, mais pas nécessairement le plus bas.

Parmi les exemples de segmentation du marché, on peut citer celui de Pioneer Petroleum, l'un des tous premiers raffineurs et distributeurs d'essence et de lubrifiants pour automobiles aux États-Unis. Avant de définir sa stratégie clients, Pioneer a réalisé une étude de marché et identifié cinq catégories de clients.

▶ **Catégorie 1 : 16 % des acheteurs**

Des hommes d'âge moyen, aisés, qui parcourent entre 40 000 et 80 000 kilomètres par an, règlent leurs achats de super avec une carte de crédit, achètent souvent des sandwichs et des boissons et font parfois laver leur voiture à la station-service.

▶ **Catégorie 2 : 16 %**

Généralement des hommes et des femmes ayant des revenus moyens, fidèles à une marque et parfois à une station-service, qui achètent souvent du super qu'ils payent en espèces.

▶ **Catégorie 3 : 27 %**

Des hommes et des femmes qui se déplacent beaucoup, dont la moitié a moins de 25 ans, utilisant énormément leur voiture et s'approvisionnant essentiellement dans les supermarchés.

▶ **Catégorie 4 : 21 %**

Généralement des femmes au foyer qui font de nombreux trajets en voiture avec leurs enfants dans la journée et prennent de l'essence aux stations-service du centre-ville ou à celles qui se trouvent sur leur route.

▶ **Catégorie 5 : 20 %**

Ils ne sont généralement attachés à aucune marque ou station-service et achètent rarement du super. Disposent souvent de petits budgets.

Pioneer a conclu de cette étude que toutes les compagnies pétrolières se focalisaient depuis des années sur le cinquième groupe. Or il ne représente que 20 % de l'ensemble des acheteurs d'essence, avec la plus faible marge bénéficiaire. Pioneer a alors décidé de concentrer ses efforts sur les 59 % les plus rentables (catégories 1, 2 et 3), avec un mix produits conçu pour attirer et fidéliser cette clientèle.

Une fois identifiés les segments de marché visés, les objectifs et les indicateurs correspondant à ces segments peuvent être définis. Les entreprises sélectionnent en général deux séries d'indicateurs sur l'axe « clients ». La première est composée de mesures génériques que toutes, ou presque, utilisent : satisfaction du client, part de marché, fidélité de la clientèle. Comme elles apparaissent dans la majorité des systèmes d'évaluation de la performance, elles constituent ce que nous appelons les *indicateurs clés*. La seconde est composée des déterminants de la performance – les facteurs de différenciation. Ils sont destinés à répondre à la question suivante : que faire pour offrir aux clients des produits et services conformes à leurs attentes, pour parvenir à des taux de satisfaction élevés, fidéliser la clientèle, gagner de nouveaux clients et *in fine* des parts de marché ? Les déterminants de la performance cernent les caractéristiques de l'offre de l'entreprise aux segments de marché qu'elle a ciblés.

Les indicateurs clés

Il s'agit de mesures génériques que l'on retrouve dans toutes les entreprises. Elles sont au nombre de cinq :

• Part de marché
• Conservation de la clientèle
• Acquisition de nouveaux clients
• Satisfaction des clients
• Rentabilité par segment

Ces mesures peuvent être articulées dans une relation de cause à effet (voir figure 4.1).

Communs à tous les types d'entreprises, ces indicateurs doivent toutefois être adaptés aux segments ciblés dont l'entreprise espère les taux de croissance et de rentabilité les plus élevés.

▶ Part de marché et part du portefeuille clients

Mesurer la part de marché est relativement facile une fois que le groupe de clients ou le segment de marché est identifié. Les associations professionnelles, les statistiques officielles, etc. publient régulièrement des estimations sur la taille du marché total. Rockwater mesure sa part de marché sur les clients du groupe 1, ceux avec lesquels elle entretient des relations durables. C'est avec ce type d'indicateurs que le TBP sert expliciter et à surveiller la stratégie d'une unité. Avec des mesures strictement financières, Rockwater aurait peut-être réussi, à court terme, à atteindre son objectif de croissance du chiffre d'affaires, de rentabilité et de retour sur le capital engagé vis-à-vis d'une clientèle acquise uniquement grâce à des prix compétitifs. Par contre, la mesure de la part de marché du groupe 1 indiquerait peut-être que Rockwater ne mène pas une stratégie totalement efficace, à savoir qu'elle n'augmente pas le volume de l'activité avec les clients à plus forte valeur ajoutée. Pour mesurer la part de marché sur des segments ciblés, il faut *contrebalancer* les indicateurs purement financiers par d'autres types d'indicateurs, qui signalent la nécessité de revoir la mise en œuvre de la stratégie.

Une fois que les entreprises ont ciblé des clients ou des segments de marché, elles peuvent utiliser un deuxième indicateur : la proportion de l'activité de chacun d'eux qui lui revient (parfois appelée la part du « portefeuille clients »). Le premier indicateur, celui de la part de marché, lié au volume d'affaires réalisé avec ces clients, varie en fonction du volume d'affaires de chacun d'eux : en effet, ce volume peut diminuer si chacun de ces clients réduit ses commandes auprès de l'ensemble de ses fournisseurs. Les entreprises peuvent mesurer, client par client (s'ils sont peu

Figure 4.1. Les indicateurs clés de l'axe « clients »

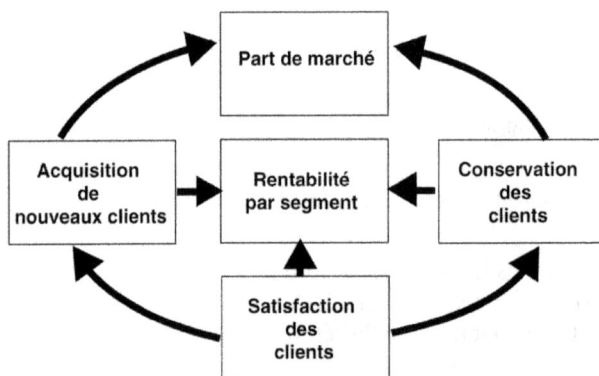

Part de marché	Indique la part (exprimée en nombre de clients, en chiffre d'affaires ou en volume d'achat) d'un certain marché revenant à une entreprise.
Acquisition de nouveaux clients	Mesure, en termes absolus ou relatifs, le nombre de clients attirés ou gagnés.
Conservation des clients	Indique, en termes absolus ou relatifs, si une entreprise entretient des relations durables avec ses clients.
Satisfaction des clients	Évalue le niveau de satisfaction des clients en fonction de critères de performance liés à leurs attentes.
Rentabilité par segment	Mesure le bénéfice net généré par un client ou une catégorie de clients, déduction faite des coûts correspondants.

nombreux comme dans le cas de Rockwater) ou segment par segment (lorsqu'elles opèrent sur de vastes marchés comme Metro Bank et Pioneer Petroleum), quelle part de l'activité de ces clients et de ces segments de marché elles reçoivent. Une institution financière comme Metro Bank peut mesurer sa « part du portefeuille » à partir du pourcentage de l'ensemble des opérations financières d'une catégorie de clients qui lui revient. Un fabricant de boissons peut le faire à partir de sa part du total des achats de boissons, un vendeur de vêtements de sa part de l'ensemble des achats d'habillement et une entreprise de bâtiment du nombre de maisons qu'elle construit par rapport à toutes les mises en chantier dans ses segments de marché. Cette mesure est un indicateur éclairant pour l'entreprise qui souhaite être le numéro un, dans sa catégorie de produits et de services, pour les catégories de clients qui l'intéressent.

▶ Conservation des clients

La meilleure façon de maintenir ou d'accroître la part de marché sur les segments ciblés est de conserver la clientèle existante. Des études sur la chaîne de rentabilité du tertiaire ont démontré l'importance de cette préoccupation [2]. Les entreprises qui peuvent identifier facilement tous leurs clients – par exemple les entreprises industrielles, les distributeurs et les grossistes, les éditeurs de revues et magazines, les entreprises de services informatiques en direct, les banques, les sociétés de cartes de crédit et les fournisseurs de services téléphoniques longue distance – peuvent mesurer avec précision la fidélité de leur clientèle d'une période sur l'autre. Beaucoup d'entreprises la mesurent aussi par le pourcentage de croissance du volume d'activité réalisé avec les clients existants.

▶ Acquisition de nouveaux clients

En général, pour accroître le volume d'activité, les entreprises s'efforcent d'élargir leur base de clientèle sur certains segments. La progression dans ce domaine est mesurée, en termes absolus ou relatifs, par le rythme auquel une unité augmente le nombre de ses clients ou son volume d'activité. L'acquisition de nouveaux clients peut être mesurée par le nombre de clients gagnés ou par le total du chiffre d'affaires réalisé avec de nouveaux clients sur ces segments. Les entreprises de services – cartes de crédit et de paiement, abonnements de revues, services de téléphonie mobile, chaînes de télévision câblées, services bancaires et autres services finan-

---

2. J. Heskett, T. Jones, G. Loveman, E. Sasser et L. Schlesinger, « Putting the Service Profit Chain to Work », *Harvard Business Review*, mars-avril 1994, p. 164-174.

ciers – prospectent une nouvelle clientèle par des campagnes marketing à large diffusion, souvent très onéreuses. Elles peuvent ensuite décompter le nombre de réponses aux sollicitations et déterminer le taux de conversion en divisant le nombre de clients gagnés par le nombre de sollicitations. Elles peuvent mesurer le coût de prospection par nouveau client gagné et le coefficient de chiffre d'affaires sur les nouveaux clients par franc dépensé en prospection.

▶ Satisfaction des clients

Pour conserver ses clients et en conquérir de nouveaux, l'entreprise doit être capable de répondre à leurs besoins. Des indicateurs spécifiques permettent de mesurer la performance dans ce domaine. On ne saurait trop insister sur l'importance de ces indicateurs. Une étude récente a montré qu'une performance moyenne ne suffit pas à fidéliser la clientèle ni à atteindre des niveaux de rentabilité élevés. Pour qu'ils renouvellent leurs achats, il faut que les clients soient complètement satisfaits des produits ou services qui leur ont été fournis [3].

Certaines entreprises ont la chance d'avoir des clients qui donnent d'eux-mêmes des notes à leurs fournisseurs, comme Hewlett-Packard par exemple. Ford décerne des récompenses à ses meilleurs fournisseurs. Plusieurs multinationales adressent à toutes les banques avec lesquelles elles travaillent un mémorandum dans lequel elles donnent une appréciation sur la performance de chacune en matière de crédit, de services financiers et de conseil. Rockwater reçoit chaque mois de ses clients du groupe 1 une appréciation de sa performance pour les paramètres clés préalablement identifiés par le client.

Les entreprises ne peuvent cependant pas attendre de tous leurs clients ciblés qu'ils prennent l'initiative de leur donner des informations sur leur performance. Beaucoup, dont British Airways, Hewlett-Packard, Xerox, Procter & Gamble, Motorola, Pepsi, Boeing et 3M, procèdent systématiquement à des sondages auprès de leurs clients. S'il est relativement simple de rédiger un questionnaire, obtenir une réponse d'un pourcentage significatif de clients exige généralement une technique particulière. Trois méthodes sont couramment employées : les sondages par courrier, les entretiens téléphoniques et les entretiens en tête à tête. Leur coût n'est pas le même, mais la quantité et la valeur des réponses obtenues non plus. Les enquêtes de satisfaction sont un secteur en pleine expansion dans les cabi-

---

3. T.O. Jones et W.E. Sasser, « Why Satisfied Customers Defect », *Harvard Business Review*, novembre-décembre 1995, p. 88-89.

nets d'étude de marché, avec un chiffre d'affaires annuel de près de
200 millions de dollars et un taux de croissance de 25 % par an. Ce service spécialisé peut mobiliser des psychologues, des spécialistes en études
de marché, des statisticiens ainsi qu'un cortège d'informaticiens et d'importants moyens informatiques, capables de produire des indicateurs
détaillés sur la satisfaction des clients.

▶ Rentabilité par segment

Une bonne performance dans les quatre premiers indicateurs clés –
part de marché, conservation, acquisition et satisfaction des clients – ne
garantit pas la rentabilité de la clientèle. Vendre des produits et des services très bon marché est une façon d'avoir des clients très satisfaits (et
des concurrents furieux). Un taux de satisfaction élevé et une part de marché importante n'étant que des moyens d'accroître les bénéfices, les entreprises souhaitent pouvoir mesurer non seulement le volume d'affaires
qu'elles réalisent avec leurs clients, mais aussi la rentabilité de cette activité, en particulier sur les segments ciblés. Les systèmes d'imputation des
coûts par activité permettent de mesurer la rentabilité globale et par catégorie de clients [4]. Les entreprises doivent veiller à ce que leurs clients
soient non seulement satisfaits mais aussi rentables. Un indicateur financier comme la rentabilité des différentes catégories de clients aide à ne pas
se focaliser sur la satisfaction des clients au détriment du profit. On ne
peut préserver la rentabilité si on satisfait toutes leurs attentes. Des services particulièrement complexes ou difficiles peuvent obliger l'unité soit
à refuser de traiter avec un client soit à augmenter ses prix pour compen-
ser le coût des ressources à mettre en œuvre pour répondre à ses souhaits.
Et si le client, ou la nature de sa demande, revêt une importance particulière pour l'entreprise et que la modification des tarifs appliqués n'est pas
une option viable, le système d'imputation des coûts par activité permet
tout de même de suivre les relations qui ne sont pas rentables. Ce signal
aide l'entreprise à savoir comment restructurer les processus qui jouent un
rôle clé dans la fabrication du produit ou la prestation du service, afin de
pouvoir satisfaire le client sans perdre de l'argent.

L'indicateur de rentabilité peut montrer que certaines catégories de
clients ne sont pas rentables, notamment les nouveaux, l'effort financier
consenti pour les conquérir n'étant pas encore compensé par les marges sur
les produits et services vendus. Dans ce cas, la rentabilité sur la durée du

---

4. R. Cooper et R.S. Kaplan, « Profit Priorities from Activité-Based Costing », *Harvard Business Review*, mai-juin 1991, p. 130-135.

cycle de vie devient le critère dominant pour conserver ou décourager les clients. Certains nouveaux clients, même s'ils ne sont pas rentables dans l'immédiat, restent intéressants en raison de leur potentiel de croissance. Mais pour les plus anciens, il faudra instaurer des indicateurs particuliers (crédibilité, possibilité de formation) pour les transformer en actifs.

La figure 4.3 présente une façon simple de tenir compte à la fois de l'importance stratégique d'un segment et de sa rentabilité.

Deux de ces cases ne posent pas de problème : conserver et éliminer. Une entreprise cherche toujours à garder les clients rentables de ses segments ciblés et ne fait pas d'effort pour les clients non rentables des segments non ciblés. Les autres cases présentent des situations plus intéressantes. Les clients non rentables dans les segments ciblés peuvent être convertis en clients rentables. Comme nous l'avons dit, il faut parfois suivre de nouveaux clients pendant un certain temps pour déterminer si l'augmentation de leurs achats peut les rendre rentables. Les clients plus anciens et non rentables peuvent conduire à restructurer les prix des produits ou des services qu'ils consomment le plus, ou à améliorer les processus de fabrication ou de fourniture de ces produits/services. Les clients rentables des segments non ciblés peuvent certainement être conservés, mais il faut les surveiller pour vérifier que de nouvelles demandes de leurs part, de services ou de caractéristiques de produits, ou une évolution de leurs pratiques d'achat ne nuit pas à leur rentabilité. Les indicateurs de part de marché et de rentabilité par segment apportent aux managers des informations utiles sur la validité de leur stratégie de segmentation.

Mesurer la qualité perçue des prestations

La qualité perçue des prestations est l'ensemble des attributs qu'offre le fournisseur, au travers de ses produits et services, pour fidéliser et satisfaire les segments de marché ciblés. C'est un concept clé pour comprendre les déterminants de la performance en matière de satisfaction, d'acquisition et de conservation des clients, ainsi que de part de marché globale et par segment.

Figure 4.2. Segments ciblés et rentabilité par segment

Clients	Rentables	Non rentables
Segment ciblé	Conserver	Convertir
Segment non ciblé	Suivre	Éliminer

Si les critères de satisfaction des clients diffèrent selon les secteurs d'activité et les segments de marché dans chaque secteur, il existe un ensemble de paramètres communs à tous les clients de toutes les entreprises. On peut distinguer trois catégories (voir figure 4.3) de paramètres.

• Attributs des produits/services
• Relations avec les clients
• Image de marque

▶ Attributs des produits/services

Ils comprennent la fonctionnalité du produit/service, son prix et sa qualité. Par exemple, les deux catégories de clients identifiées par Rockwater sont représentatives de la distinction classique entre les clients achetant des produits à bas prix et ceux qui souhaitent un fournisseur capable d'offrir des produits/services spécifiques. Les clients du groupe 2 ne voulaient ni gadgets ni produits personnalisés, mais un produit simple, livré en temps et en heure, sans défaut et le moins cher possible. En revanche, ceux du groupe 1 étaient prêts à payer un peu plus pour des caractéristiques ou des services qu'ils considéraient comme essentiels à leur stratégie concurrentielle. De même, Metro Bank a segmenté sa base de clientèle en plusieurs groupes. L'un d'eux recherchait uniquement le fournisseur de produits bancaires de base le moins cher du marché. Un autre, par contre, souhaitait trouver dans sa banque tous les produits et services financiers dont il avait besoin et était prêt à payer un certain prix, dans la limite du raisonnable. Les deux catégories de clients, toutefois, attendaient un service de qualité (zéro défaut).

▶ Relations avec les clients

Les indicateurs sur la qualité des relations avec les clients portent sur la fourniture du produit ou du service, avec notamment le temps de réaction et le délai de livraison, et l'impression que le client retire de son expérience avec l'entreprise. Metro Bank s'était fixé comme objectif d'améliorer la qualité des relations avec les clients. Elle a donc défini les trois paramètres clés de qualité.

1. La compétence des employés : la banque se différencierait de ses concurrents par un personnel capable d'identifier les besoins des clients et de les satisfaire.
2. La facilité d'accès : les clients auraient accès aux services bancaires ou à leurs comptes 24 h sur 24.
3. La réactivité : les clients devraient être servis rapidement. La rapidité de la réponse devrait être égale ou supérieure à ce qu'attend le client pressé.

Une chaîne de distribution comme Nordstrom met en exergue la qualité du service offert à ses clients ciblés. Le succès de Intuit, une PME informatique leader du marché des logiciels de gestion en direct des comptes bancaires, est certainement dû à la satisfaction que ses clients tirent de la transparence et de la facilité d'utilisation de ses produits. Les relations avec les clients comprennent aussi des engagements à long terme – couplage des systèmes informatiques du fournisseur et du client, avec l'échange électronique de données – destinés à faciliter un éventail d'activités dans le cadre de la relation achat/vente : collaboration dans la conception de produits, programmes de fabrication coordonnés, systèmes électroniques de commande, de facturation et de paiement. Le fournisseur

Figure 4.3. La qualité perçue des prestations

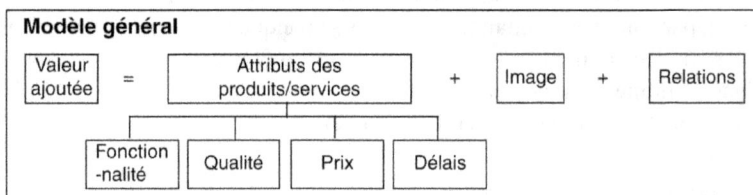

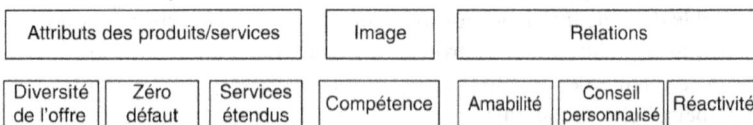

peut être autorisé à livrer directement ses produits aux postes de travail, en court-circuitant les étapes de réception, d'inspection, de manutention et de stockage. Certaines entreprises vont jusqu'à déléguer la fonction achat à des fournisseurs agréés qui, installés chez le client, gèrent les flux de matières de sorte que les quantités et les références nécessaires parviennent aux postes de travail en fonction des besoins. Ce genre de relations est typiquement un critère de choix des fournisseurs qui ne repose pas sur le seul prix.

▶ Image de marque

L'image de marque reflète les facteurs intangibles qui attirent un client vers un fournisseur. Certaines entreprises (Marlboro, Coca-Cola, Disney) parviennent, au travers de la publicité et de la qualité des produits et services qu'elles fournissent, à susciter chez leurs clients une fidélité plus forte que n'auraient pu le faire les seules caractéristiques physiques de ces produits ou services. Metro Bank voulait bâtir sa réputation à la fois sur la compétence et la qualité de l'accueil de ses conseillers financiers et sur l'éventail des produits et services financiers offerts. Pioneer Petroleum, qui souhaitait démarquer son produit de l'image d'un produit ordinaire, a fait connaître par la publicité certaines caractéristiques invisibles de son produit, comme la pureté, qui contribue à la propreté des moteurs. Diverses banques d'affaires proposent des conseils et des services financiers personnalisés et sophistiqués. Les six premières sociétés de commissaires aux comptes (les « Big Six ») s'efforcent de se construire une réputation de qualité et d'intégrité pour se démarquer de leurs concurrents locaux.

La mesure de l'image de marque permet à une entreprise de définir ce qu'elle représente aux yeux de ses clients. Rockwater, par exemple, souhaitait changer une image datant de la période euphorique du début des années 70, où les sociétés de construction sous-marine étaient assimilées aux équipes de plongeurs assurant la maintenance des plates-formes pétrolières en Mer du Nord. La construction d'un TBP, la définition d'objectifs clients et la mise en place d'un dispositif de retour d'expérience sur la qualité perçue des prestations offertes aux clients visaient à améliorer le professionnalisme des méthodes de travail. Ces initiatives faisaient partie de la tactique de Rockwater pour montrer à ses clients du groupe 1 qu'il était un partenaire à la pointe de la technologie, digne de confiance et fiable, capable de nouer avec ses clients des relations à long terme.

Kenyon Stores, grande chaîne de boutiques de mode, a établi le portrait-robot du cœur de sa cible.

• Femmes entre 20 et 40 ans (âge cible : 29 ans)

• Ayant fait des études supérieures

• Cadres supérieurs travaillant à plein temps
• Aimant les vêtements à la pointe de la mode
• Sûres d'elles, dotées du sens de l'humour

Kenyon a ensuite projeté cette image dans ses campagnes de publicité et de PLV.

La chaîne permet ainsi à sa clientèle existante et potentielle de s'approprier l'image projetée par les produits Kenyon qui leur procurent des vêtements de qualité, à la mode, pour un prix raisonnable, mais aussi un style. Les entreprises qui s'appuient sur leur réputation commencent donc par définir le client idéal puis tentent d'influencer ses comportements d'achat par le biais de l'image associée à leurs produits.

Voici comment Kenyon, Rockwater et Pioneer Petroleum s'appuient sur la qualité perçue de leurs prestations, fondée sur les attributs des produits et services, les relations avec la clientèle et l'image de marque.

KENYON STORES : VENTE AU DÉTAIL À UN MARCHÉ DE MASSE

Avant de se fixer un objectif clients, Kenyon Stores a commencé par définir une stratégie clients :

1. Accroître la part de la marque dans la garde-robe de ses clientes.

2. Cette part sera élargie grâce à la fidélisation des clientes : elles doivent fréquenter nos boutiques toute l'année, en toutes saisons, pour tous leurs besoins vestimentaires.

3. Pour susciter cette fidélité :

   • Nos produits doivent correspondre à nos clientes, à leurs besoins et l'image qu'elles souhaitent donner d'elles.

   • Notre marque doit répondre aux envies de nos clientes et à leur style de vie.

   • L'expérience de la cliente dans la boutique doit favoriser sa fidélité.

4. Identifier avec précision les clientes et leurs comportements d'achat.

Kenyon a utilisé des indicateurs de fidélité et de satisfaction des clientes comme mesures de résultats. Les déterminants de la perfor-

mance correspondant à ces indicateurs ont été établis d'après la stratégie. Ils étaient issus des trois composantes de la qualité perçue des prestations.

Attributs des produits

Kenyon a identifié trois attributs essentiels que ses produits devaient
posséder pour correspondre aux attentes des clientes : le prix, la mode et
la qualité. L'objectif de prix était exprimé ainsi :

*Offrir aux clientes des articles qu'elles percevront comme « mode » et
de qualité, à un prix raisonnable.*

Les indicateurs de cet objectif étaient le prix unitaire moyen que le
point de vente voulait appliquer (hors soldes) et le nombre d'articles vendus par boutique.

En matière de mode, l'objectif était :

*D'offrir une gamme d'articles à la mode répondant aux envies et aux
besoins de nos clientes.*

Cet objectif n'était pas facile à traduire en indicateurs opérationnels.
Kenyon a décidé de suivre la croissance annuelle moyenne des achats
d'articles représentant le mieux l'image Kenyon et la marge réelle dégagée par le point de vente sur le prix d'achat, nette de toute remise.
L'amélioration de cette marge constituerait une mesure de résultats (indicateur *a posteriori*) de la capacité d'une boutique à maintenir des marges
intéressantes, grâce à l'image « mode » de ses produits.

L'objectif qualité :

*Assurer la meilleure qualité et la cohérence de l'offre, par collection et
pour toute la gamme.*

Il était mesuré par le taux de retour des articles, indicatif de la satisfaction des clientes quant à la qualité des produits et au rapport qualité/prix.

L'expérience d'achat

Le déroulement de l'achat, considéré comme extrêmement important,
était évalué par deux paramètres clés : le choix et l'accueil. Les boutiques
devaient avoir en stock les principaux modèles demandés par les clientes.
Le choix était mesuré par un questionnaire succinct remis à chaque
cliente, qui lui demandait si elle était satisfaite de l'éventail des tailles et

des couleurs. La qualité de l'accueil était mesurée sur la base de six critères, représentant la perfection :

1. Des boutiques au décor agréable et moderne.
2. Un accueil par des vendeuses souriantes et habillées à la mode.
3. Des indications claires sur les offres spéciales.
4. Des employés connaissant parfaitement les produits.
5. Les clientes fidèles accueillies par leur nom.
6. Remerciement chaleureux et invitation à revenir.

L'objectif était de remplir ces six critères chaque fois qu'une cliente entrait dans une boutique. Des enquêtes effectuées par des « acheteuses anonymes » permettaient de s'assurer qu'il était atteint.

Marque et image

Kenyon, on l'a vu, a défini très précisément la « cliente idéale ». Ce portrait-robot indique à tous les employés les attentes des clientes en matière de mode. L'objectif de Kenyon concernant l'image de marque était exprimé dans ces termes :

Nous ferons de Kenyon une grande marque sur le marché national, en connaissant précisément notre cible et en lui offrant des produits répondant exactement à ses besoins.

Les indicateurs de performance concernant le développement de la marque étaient la part de marché pour les articles de base et la marge sur les produits de la marque. La réussite était mesurée par le différentiel de prix entre des articles sans marque ou génériques de type et de qualité comparables et les produits Kenyon.

Les mécanismes de communication des objectifs et des mesures relatifs à la qualité perçue des prestations (voir figure 4.4) ont été définis parallèlement aux indicateurs « processus internes », qui seront abordés au prochain chapitre.

ROCKWATER : VENTE DIRECTE À DES CLIENTS INDIVIDUELS

Sur l'axe « clients » de son TBP, Rockwater a utilisé deux indicateurs des résultats essentiels : un sondage annuel pour se situer par rapport à ses concurrents, et la part du marché représentée par le groupe 1. À l'intention des clients du groupe 2, plus soucieux du prix que d'autres considérations, Rockwater a établi une grille tarifaire pour les appels d'offres. L'entreprise voulait conserver une partie de cette clientèle afin de mieux gérer sa capacité de production et de constituer un portefeuille de commandes pouvant contribuer à stabiliser les résultats financiers.

Pour mesurer la qualité perçue des prestations par les clients du groupe 1, Rockwater a développé un indice de satisfaction « sur mesure », tenant compte des attributs des produits et services ainsi que de la nature des relations entre le personnel et les clients. Rockwater a identifié seize paramètres liés au lancement d'un projet (voir figure 4.5). Chaque client, à chaque projet, sélectionne parmi ces seize paramètres ceux auxquels il attache le plus d'importance. Les paramètres peuvent être pondérés, afin de tenir compte de leur importance relative. Ensuite, comme le montre la figure 4.6, dans l'appréciation décernée chaque mois par les clients, l'équipe de projet est notée de 1 à 10 pour chaque paramètre, puis une note pondérée est ensuite calculée. Rockwater reste ainsi en phase avec les objectifs prioritaires de chaque client.

Rockwater, en plus de la note de satisfaction mensuelle sur chaque projet mené avec un client du groupe 1, établit la note moyenne de chacun des seize paramètres. Elle signale les domaines dans lesquels les équipes de projets sont performantes et ceux pour lesquels, dans l'ensemble, l'entreprise ne répond pas aux attentes de ses meilleurs clients.

Figure 4.4. Qualité perçue des prestations – Kenyon Stores

Qualité perçue des prestations

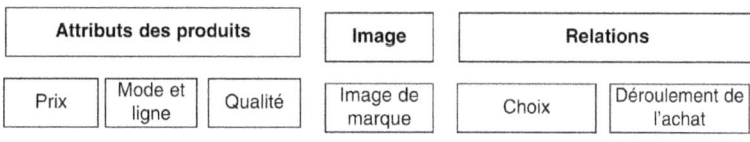

Attributs des produits			Image	Relations	
Prix	Mode et ligne	Qualité	Image de marque	Choix	Déroulement de l'achat

Indicateurs stratégiques

- Prix de vente unitaire moyen
- Taux de marque
- Taux de retours
- Part de marché (principaux articles)
- Articles épuisés (%) (principaux articles)

- Acheteuse anonyme (évaluation)
- Nombre de ventes par boutique
- Taux de croissance visé par article
- Préférence pour la marque

Indicateurs clés

- Fidélité des clientes (croissance annuelle des achats)
- Satisfaction des clientes (enquête)

PIONEER PETROLEUM : VENTE INDIRECTE
À UN MARCHÉ DE MASSE

Pioneer Petroleum utilise un axe « clients » très intéressant. C'est une entreprise représentative de celles qui approvisionnent des détaillants, des distributeurs et des grossistes. Elles ont deux catégories de clients à satisfaire : leurs clients immédiats, ceux qui leur achètent des produits/services pour les revendre, et les clients de ces clients. Pour de telles entreprises, nous recommandons de diviser l'axe « clients » en deux segments : les clients immédiats et les clients finaux. Par exemple, les fabricants de produits finis comme Procter & Gamble, Coca-Cola et Pillsbury, doivent tenir compte des besoins des détaillants, des grossistes et des distributeurs, mais aussi des goûts et des préférences des consommateurs.

Les revendeurs de Pioneer sont des entreprises indépendantes, pas des salariés. Comme ils ont leurs propres objectifs financiers, essentiellement la rentabilité, ils attendent de leur fournisseur (Pioneer) qu'il leur apporte une formation sur les produits et les aide dans la gestion de leur activité. Ils souhaitent que Pioneer leur fournisse, outre un produit – l'essence – un

Figure 4.5. Qualité perçue des prestations – Rockwater (clients du groupe)

Attributs des produits				Image	Relations
Fonctionnalité	Qualité	Prix	Ponctualité	Professionnalisme	**Relations**
■ Sécurité ■ Service technique	■ Révision minimum des procédures ■ Rapport qualité attendue / performance réelle ■ Qualité des matériels fournis ■ Qualité du personnel ■ Qualité de production	■ Heures ouvrées ■ Rapport qualité / prix ■ Innovation pour réduire les coûts	■ Respect des délais ■ Information en temps voulu du client sur les modes d'opération		■ Honnêteté et rigueur du fournisseur ■ Flexibilité ■ Réactivité ■ Esprit/travail d'équipe

éventail de services comme des postes de lavage des voitures, une gamme de lubrifiants et d'accessoires et un magasin de produits divers, en bref une image forte associée à la marque, pour se différencier de leurs concurrents. Pioneer a donc défini pour son axe « clients » des objectifs de satisfaction, de conservation et d'acquisition. La compagnie a identifié ensuite pour ses revendeurs cibles les déterminants de la performance. Les attributs des produits et des services comportent des objectifs pour les nouveaux produits et services (fonctionnalité) et la rentabilité des revendeurs (prix, qualité, fonctionnalité). Les indicateurs liées aux relations avec les clients mettent l'accent sur l'aide que Pioneer peut apporter aux revendeurs pour la formation et le développement des compétences, l'image de marque étant mesurée par la promotion de la marque (voir figure 4.7).

Des études de marché ont montré à Pioneer que les clients finaux de ses groupes cibles font le plein d'essence de préférence dans des stations-service offrant de bonnes conditions de sécurité, propres et avec un personnel aimable et serviable. Une autre catégorie importante de clients attache beaucoup de valeur à la rapidité du service. Pioneer a mesuré la satisfaction des clients avec un programme d'évaluation par des ache-

Figure 4.6. Évaluation de la satisfaction des clients – Rockwater

Critères	Clients						Satisfaction Moyenne
	A	B	C	D	E	F	
1. Sécurité	9	8	8	10		8	8,6
2. Respect des délais	9	6	7				7,3
3. Ratio heures ouvrées/ pannes	9	5	4				6,0
4. Information en temps voulu du client sur les modes d'opération	9	5	4				6,0
5. Minimum de révision des procédures	9	5	6				6,7
6. Honnêteté et rigueur du fournisseur	4	7	7	10	9		8,3
7. Flexibilité	9	4	7		9		7,3
8. Réactivité contractuelle	8	5	7				6,7
9. Service technique	8	7	7				7,3
10. Souci de qualité/ performance qualité	10	6	8		8	7	7,8
11. Rapport qualité/prix	7	6	6	10	9	7	7,2
12. Qualité des matériels fournis	9	7	7			8	7,8
13. Qualité du personnel	10	7	7	10		8	8,5
14. Volonté d'innover et de réduire les coûts					7		7,0
15. Qualité de la production				10			10.
16. Esprit/travail d'équipe			7				7,0
Indice de satisfaction	8,8	5,9	6,6	10,0	8,4	7,6	7,9

teurs anonymes, selon trois paramètres : propreté, accueil, rapidité du service. Les déterminants de la performance en matière de satisfaction du client comprennent des indicateurs concernant ces trois paramètres.

Compte tenu de la nature du produit vendu par Pioneer, les acheteurs n'attachent pas une grande valeur à des attributs spécifiques lors du choix entre plusieurs fournisseurs. Les clients ciblés (autre que ceux choisissant sur la seule base du prix) affichent une préférence marquée pour la qualité de l'accueil. Mais Pioneer a établi par sondage l'importance aux yeux des clients de la qualité du produit et de l'image de marque, et a inclus à son TBP un indicateur de chacun de ces paramètres. La qualité perçue des prestations de Pioneer pour le cœur de sa cible est présentée dans la figure 4.7.

Le TBP de Pioneer ne comprend pas d'objectifs vis-à-vis des revendeurs et des consommateurs. Ils avaient déjà été définis à partir d'études de marché. Mais le système a contribué à les faire ressortir et à les articuler pour la direction. Le TBP permet toutefois de préciser et de faire connaître dans toute l'entreprise les segments ciblés de revendeurs et de consommateurs ainsi que la qualité de prestation attendue par chacun. Les objectifs et les indicateurs de l'axe « clients » constituent la base d'un pro-

Figure 4.7. Qualité perçue des prestations – Pioneer Petroleum

gramme de communication visant plus de 5 000 salariés. Le TBP a mis en évidence le lien entre l'amélioration de la performance vis-à-vis des clients (immédiats et finaux) et les résultats stratégiques : chaque salarié peut comprendre d'une part la stratégie et, d'autre part, sa contribution personnelle à la réalisation des objectifs de l'entreprise et, *in fine*, à l'amélioration de la performance financière.

RÉACTIVITÉ, QUALITÉ ET PRIX

L'étude des cas de Kenyon, Rockwater et Pioneer Petroleum montre comment des objectifs peuvent être fixés pour répondre aux attentes des clients ciblés. Bien qu'il appartienne à chaque entreprise de définir les paramètres de l'offre qu'elle souhaite intégrer à l'axe « clients » de son TBP, nous avons constaté que la quasi-totalité des TBP comprend des indicateurs de réactivité, de qualité et de prix des processus internes qui concourent à la satisfaction du client. L'annexe à ce chapitre reprend les indicateurs capables de traduire les composantes rapidité, qualité et prix de la relation avec les clients.

RÉSUMÉ

Une fois les indicateurs de l'axe « clients » établis, les managers ont une idée précise de l'identité des segments de marché qui constituent leur cible, et disposent d'un ensemble de mesures – part de marché, conservation des clients existants et acquisition de nouveaux clients, satisfaction des clients et rentabilité par segment – pour chacun. Ces indicateurs traduisent les objectifs pour les activités marketing, commerciales, logistiques et développement de produits et services. Ils ont toutefois les inconvénients des indicateurs financiers classiques, car ils donnent des informations *a posteriori*, de sorte qu'au moment où la performance en matière de satisfaction ou de conservation des clients est connue, il est trop tard pour influer sur le résultat. De plus, ces indicateurs ne montrent pas aux salariés comment adapter leurs méthodes de travail pour obtenir les résultats visés.

Les managers doivent aussi identifier ce que les clients de chaque segment apprécient et composer l'offre appropriée. Ils peuvent ensuite sélectionner des objectifs et des indicateurs dans trois catégories de paramètres qui, combinés, permettront à l'entreprise de conserver et d'élargir son activité avec ses cibles :

- Attributs des produits/services : fonctionnalité, qualité et prix
- Relations avec les clients : déroulement de l'achat et qualité de l'accueil
- Image de marque

Les objectifs et les indicateurs spécifiques retenus dans ces trois catégories permettent aux managers de piloter leur action de manière à offrir une prestation supérieure à leurs clients cibles.

ANNEXE :
LES DÉTERMINANTS DE LÀ PERFORMANCE
VIS-À-VIS DU CLIENT

Les entreprises peuvent utiliser différents indicateurs pour surveiller les composantes réactivité, qualité et prix de l'axe « clients » de leur TBP.

RÉACTIVITÉ

La réactivité est devenue une arme concurrentielle majeure. Savoir répondre rapidement et précisément à la demande d'un client est souvent essentiel pour conquérir et conserver sa clientèle. Hertz, par exemple, a lancé la Carte N° 1 qui permet aux voyageurs pressés de prendre directement livraison de leur véhicule, dans lequel le loueur a préalablement déposé tous les papiers, ouvert le coffre et branché la climatisation ou le chauffage. Le client n'a plus qu'à s'identifier en présentant son permis de conduire à la sortie du parking. Dans un tout autre domaine, les banques accélèrent le processus d'autorisation des prêts ; les délais ont été réduits de plusieurs semaines à quelques minutes. Et les constructeurs automobiles japonais peuvent livrer une voiture personnalisée devant la porte du client en moins de temps (une semaine) qu'il n'en faut à l'acheteur pour obtenir un permis de stationnement pour riverain auprès de la mairie... L'incorporation dans le TBP d'indicateurs du temps de réaction montre l'importance de la réactivité aux attentes des clients ciblés.

Certaines catégories de clients attachent davantage de prix à la ponctualité qu'aux délais de livraison. Par exemple, nombreuses sont les entreprises qui privilégient le transport par la route plutôt que par le rail, non pour des raisons de prix ou de rapidité, mais parce que beaucoup de compagnies de chemin de fer sont incapables de livrer dans les délais annoncés. Les fournisseurs (et leurs clients) préfèrent donc un moyen de transport plus coûteux, plus lent mais qui garantit la livraison au jour dit. Cette fiabilité est particulièrement importante pour les entreprises fonctionnant en flux tendus. Honda et Toyota veulent être livrées dans une fourchette d'une heure. On voit souvent des camions de livraison tourner autour d'une usine automobile jusqu'à ce que l'unité de fabrication soit prête à recevoir les produits qu'ils transportent. Si la fourchette de temps est dépassée, le retard peut provoquer l'arrêt de toute une usine qui tourne sans aucun stock de matières premières ou de pièces. Dans le secteur des services, on imagine la colère d'un consommateur qui quitte son travail deux heures plus tôt que d'habitude pour attendre en vain le livreur ou l'installateur. Si la ponctualité des livraisons est essentielle, un indicateur spécifique constitue un déterminant de la performance vis-à-vis des clients. Il doit être établi à partir des attentes du client. Sachant que Honda et Toyota disposent seulement d'une marge d'une heure dans leur processus de production, une entreprise annonçant des délais de livraison « à un jour près » n'a guère de chance de faire partie des fournisseurs de ces deux constructeurs très exigeants.

Les hôpitaux et les cabinets médicaux qui achètent ou louent des appareils de diagnostic très coûteux exigent des matériels fiables et rapidement opérationnels. Un fabricant a défini deux indicateurs pour ce type de clients : le temps de montage du matériel et le temps moyen de réponse à une demande d'entretien. La volonté de s'améliorer sur ces deux points a conduit ce fabricant à équiper ses produits d'un système émettant automatiquement un signal pour demander une visite d'entretien, afin de prévenir les pannes.

Les délais ne sont pas seulement importants pour les produits et services existants. Nombreux sont les consommateurs qui privilégient les fournisseurs capables de renouveler régulièrement leur offre. Sur ces segments, la rapidité de mise sur le marché des nouveautés peut constituer un déterminant important de la performance en matière de satisfaction des clients. L'objectif peut être mesuré par le temps écoulé entre le moment où le nouveau besoin est détecté et celui où le nouveau produit ou service est mis à la disposition du client. Nous reviendrons sur cet indicateur lorsque nous étudierons l'axe « processus internes », au chapitre 5.

QUALITÉ

Avantage compétitif majeur durant les années 80, la qualité joue toujours un rôle de premier plan. Toutefois, vers le milieu des années 90, elle est passée du statut d'atout stratégique à celui d'impératif concurrentiel. Les entreprises incapables de fournir des produits/services sans défaut ont été reléguées en queue de peloton. Compte tenu de tous les efforts accomplis depuis quinze ans pour l'améliorer, il est possible que la qualité n'offre plus qu'un intérêt limité d'un point de vue concurrentiel. Car c'est aujourd'hui un acquis : les consommateurs jugent normal que les entreprises fabriquent des produits ou fournissent des services conformes aux normes. Néanmoins, pour certaines industries, régions ou segments de marché, l'excellence de la qualité peut encore constituer un facteur de différenciation. Dans ce cas, des indicateurs de la qualité perçue doivent absolument être inclus au TBP.

La qualité des produits finis peut être mesurée par le taux de défauts. Le célèbre programme Zéro Défaut de Motorola vise à réduire le nombre de défauts à moins de 10 ppm. Souvent, ce sont des évaluations indépendantes qui fournissent des indications sur la qualité. La société J.D. Power a établi un classement des entreprises automobiles et des compagnies aériennes en fonction des taux de défauts et de la qualité perçue. Le ministère des Transports publie des statistiques sur la ponctualité des vols à l'arrivée et les bagages perdus par ligne aérienne.

Les produits retournés par les clients, les mises en jeu de garanties et les demandes d'intervention du service de dépannage sont également des indicateurs de qualité. Les sociétés de service ont un problème particulier, que ne connaissent pas les entreprises industrielles. Lorsqu'un produit ou un équipement ne fonctionne pas ou ne satisfait pas, le client le renvoie ou demande au fabricant de le réparer. En revanche, lorsqu'un service ne donne pas satisfaction, le client n'a rien à retourner et, généralement, ne sait à qui s'adresser pour se plaindre. Son seul recours est de cesser de traiter avec le prestataire du service. Celui-ci peut noter un recul du volume d'activité ou de la part de marché, mais l'alerte est donnée *a posteriori* et il est quasiment impossible de redresser la situation. En général, l'entreprise ne connaît même pas l'identité des clients qui n'ont pas été satisfaits par ses prestations et ont décidé de ne plus faire appel à elle. C'est pourquoi de nombreuses sociétés de service proposent une garantie [5] de type « Satisfait ou remboursé », qui présente plusieurs avantages. Tout d'abord, elle leur permet de conserver un client qu'elles risquaient de perdre définitivement. Ensuite, l'entreprise recueille par ce biais des informations sur la fréquence des défaillances et peut ainsi entreprendre un ensemble d'actions correctives. Enfin, l'existence de la garantie incite à éviter des défauts susceptibles de déclencher sa mise en jeu. Par conséquent, les entreprises qui offrent une telle garantie intègrent généralement à l'axe « clients » de leur TBP des indicateurs de la fréquence et du coût des mises en jeu.

---

5. C. Hart, « The Power of Unconditional Service Guarantees », *Harvard Business Review*, juillet-août 1988, p. 54-62 ; J. Heskett, E. Sasser et C. Hart, *Service Breakthroughs : Changing the Rules of the Game*, New York, Free Press, 1990.

Le respect des délais peut aussi être considéré comme un aspect de la qualité. La mesure de la ponctualité dont on a parlé plus haut est en fait un indicateur de la performance de l'entreprise en matière de livraison.

PRIX

Compte tenu de la place occupée par les délais, la réactivité et la qualité, on se demande si le client accorde encore quelque importance au prix ! Quelle que soit la stratégie de l'entreprise, qu'elle se positionne par le prix ou opte pour la différenciation, le prix du produit ou du service a *toujours* de l'importance. Sur les segments de marché où le prix a une influence majeure sur la décision d'achat, les entreprises peuvent comparer leur prix de vente net (toutes remises déduites) à celui de leurs concurrents. Si le produit ou le service est vendu dans le cadre d'un appel d'offres, le nombre de concours remportés, en particulier sur les segments ciblés, est indicatif de la compétitivité des prix pratiqués.

Même les clients sensibles au prix privilégient parfois non pas les fournisseurs qui proposent un prix bas mais ceux dont le produit ou service entraîne le coût d'acquisition et d'utilisation le moins élevé. Cette distinction entre prix et coût n'est pas une coquetterie sémantique : entre ces deux notions la nuance est de taille. Prenons une entreprise industrielle qui achète une pièce à un fournisseur extérieur. Le choix du sous-traitant qui offre le plus bas prix peut, en fait, coûter très cher. En effet, s'il n'honore que les commandes en nombre, l'acheteur doit disposer de vastes espaces de stockage, de personnel pour réceptionner et manutentionner les expéditions, à quoi s'ajoute le coût du capital immobilisé par l'obligation d'acheter et de payer les pièces bien avant qu'elles ne servent. Le sous-traitant bon marché peut aussi ne pas être un fournisseur agréé ; il n'est donc pas garanti que les pièces soient conformes aux normes de l'acheteur. Par conséquent, celui-ci devra inspecter les pièces à l'arrivée, retourner celles qui présentent un défaut et commander des pièces de rechange (qui devront aussi être vérifiées). Il est possible aussi que le sous-traitant ne soit pas très ponctuel dans ses livraisons. Son incapacité à livrer en temps et en heure peut contraindre l'acheteur à commander plus de pièces qu'il n'en a besoin et à conserver un stock-tampon pour parer aux retards de livraison. Ceux-ci entraînent des coûts supplémentaires liés à la réorganisation du programme de production. Enfin, si le sous-traitant n'est pas relié par ordinateur à son client, les procédures de commande et de paiement seront plus coûteuses.

À l'inverse, un fournisseur à faible coût peut pratiquer des prix de vente légèrement supérieurs mais livrer des produits sans défaut directement sur les postes de travail, au moment précis où ils sont nécessaires (*juste-à-temps*). Il peut aussi avoir des procédures de commande et de règlement électroniques. L'acheteur n'a virtuellement aucun frais de commande, de réception, d'inspection, de stockage, de manutention, de relance, de réorganisation du programme de fabrication, de retouche des produits et de règlement. Certaines entreprises vont jusqu'à déléguer leur fonction achat et ne deviennent propriétaires des pièces qu'à partir du moment où elles sont livrées, juste-à-temps, au poste de travail qui en a besoin. Les fournisseurs doivent s'efforcer d'organiser leurs processus opérationnels de manière à pouvoir fournir au coût le plus bas. Ils peuvent choisir de se positionner par le coût (pour le client) et pas seulement par le prix, en se fixant comme objectif de réduire au minimum le coût d'acquisition de leurs produits.

Mais dans plusieurs secteurs d'activité, les entreprises peuvent faire mieux encore que d'être des fournisseurs au moindre coût. Si le client est un revendeur, un grossiste, un distributeur ou un détaillant, le fournisseur peut faire en sorte de devenir celui qui lui assure la meilleure rentabilité. S'il utilise lui-même un système d'imputation des coûts par activité, il peut aider son client à mettre en place un système similaire pour calculer la rentabilité par fournisseur. Par exemple, Maplehurst, fabricant de gâteaux surgelés, travaille directement avec ses clients – les boulangeries-pâtisseries des supermarchés – pour calculer la rentabilité par ligne de produits : pain, gâteaux et viennoiseries ; plats préparés ; pâtisseries surgelées cuites sur place. Maplehurst a réussi à démontrer que les produits surgelés cuits ou réchauffés sur place sont parmi les plus rentables, une découverte qui amène invariablement une augmentation du volume d'affaires.

Dans la guerre que se livrent actuellement de grandes marques comme Coca-Cola et Pepsi-Cola et des marques-distributeurs comme President's Choice et Safeway Select, les deux parties se battent à coup de calculs de rentabilité des produits pour les vendeurs. Le calcul est plus complexe que la marge brute classique (prix de vente net moins prix d'achat) utilisée par la plupart des distributeurs, grossistes et détaillants pour déterminer la rentabilité par produit ou par fournisseur. Par exemple, les grandes marques livrent leurs produits directement au magasin et leurs employés garnissent eux-mêmes les rayons. Les fournisseurs de marques-distributeurs livrent leurs produits aux entrepôts, ce qui entraîne des frais de réception, manutention, stockage, inspection et mise en place pour l'acheteur. Mais les grandes marques sont les mieux placées dans les magasins, alors que les marques-distributeurs sont souvent reléguées en bas des rayons. Tous les coûts doivent donc être pris en compte dans la comparaison de la rentabilité respective des fournisseurs.

Les bénéfices qu'un fournisseur habile peut retirer du calcul de rentabilité de ses clients sont énormes. Quelle meilleure publicité que de prouver à un client que l'on est son fournisseur le plus rentable ? Ainsi, une entreprise qui approvisionne des clients qui stockent ou revendent ses produits ou services peut piloter sa stratégie en matière de satisfaction, de fidélisation et de conservation des clients en mesurant sa rentabilité à l'égard de ceux-ci et en devenant la meilleure dans ce domaine. Bien entendu, le fournisseur doit équilibrer cette mesure en calculant sa propre rentabilité par catégorie de clients. Favoriser la première au détriment de la seconde fera sans doute le bonheur des clients mais certainement pas celui des actionnaires et des banquiers !

Chapitre 5

L'AXE « PROCESSUS INTERNES »

Pour créer l'axe « processus internes », les managers identifient les processus essentiels à la réalisation des objectifs concernant les clients et les actionnaires. Les entreprises développent généralement les objectifs et les indicateurs de cet axe après ceux des axes « financiers » et « clients [1] ». Procéder dans cet ordre leur permet de se concentrer sur les indicateurs correspondant aux processus véritablement essentiels.

Dans la plupart des entreprises, les systèmes de mesure de la performance visent à améliorer les processus de production. Pour le tableau de bord prospectif, nous recommandons de prendre en compte l'ensemble des processus, depuis l'innovation jusqu'au service après-vente.

La définition d'objectifs et d'indicateurs concernant les processus internes est la différence majeure entre le TBP et les systèmes classiques de mesure de la performance, qui se focalisent sur le contrôle et l'amélioration des résultats des centres de responsabilité et des départements existants. Les limites des indicateurs financiers et des courbes mensuelles de variation utilisées pour piloter les opérations sont bien connues [2]. Heureusement, l'ana-

---

1. Les entreprises dont la stratégie est établie sur la base des ressources dont elles disposent (voir, par exemple, D. Collins et C. Montgomery, « Competing on Ressources : Strategy in the 1990 », *Harvard Business Review*, juillet août 1995, p. 118-128) peuvent définir les objectifs et les indicateurs de l'axe « processus internes » avant ceux des axes « clients » ou « financiers ». Lorsqu'elle fonde sa stratégie sur ses ressources, l'entreprise capitalise sur ses points forts pour créer un avantage concurrentiel durable. Pour ce faire, elle traduit le potentiel en objectifs et en indicateurs spécifiques pour les processus, qui peuvent ensuite être articulés à ceux de l'axe « clients » pour les segments de marché ciblés.

2. R S Kaplan, « Yesterday's Accounting Undermines Production », *Harvard Business Review*, juillet-août 1984, p. 95-101 ; H.T. Johnson et R.S. Kaplan, *Relevance Lost . The Rise and Fall of Management Accounting*, Boston, Harvard Business School Press, 1987 ; R. Howell, J. Brown, S. Soucy et A. Seed, Management Accounting in the New Manufacturing Environment, Montvale, N.J., National Association of Accountants et CAM-1, 1987 ; R. S. Kaplan, « Limitations of Cost Accounting in Advanced Manufacturing Environments », dans *Measures for Manufacturing Excellence Accounting*, éd. R.S. Kaplan, Boston, Harvard Business School Press, 1990, p. 15-38.

lyse des écarts appliquée aux résultats financiers n'est plus le principal outil d'évaluation et de pilotage des entreprises. Elles complètent leurs indicateurs financiers par des indicateurs de la qualité, du rendement, du volume de production et de durée des cycles [3]. Ces systèmes de mesure, plus complets, constituent un progrès mais ils ont encore essentiellement pour but d'améliorer la performance individuelle de chaque département sans vision globale des processus internes. Les systèmes plus récents mesurent la performance des processus sur la bases de critères transversaux, comme l'exécution des commandes, les achats, la planification de la production. En règle générale, on applique à ces processus internes des indicateurs concernant le coût, la qualité, la production et les délais [4].

Une panoplie d'indicateurs pour mesurer la performance des processus transversaux est une amélioration sensible par rapport aux systèmes de mesure classiques. Élargir l'éventail des indicateurs était notre but lorsque nous nous sommes lancés en 1990, avec une dizaine d'entreprises, dans la construction d'un système de mesure de la performance. C'est ce projet d'un an, s'inspirant de l'expérience de Analog Devices et d'autres entreprises, qui a donné naissance à un nouvel outil : le tableau de bord prospectif [5].

Des projets ultérieurs avec des entreprises innovantes nous ont montré les limites de ces systèmes améliorés de mesure de la performance. Utiliser des indicateurs financiers et non financiers uniquement pour suivre les processus existants ne permet pas aux entreprises d'améliorer sensiblement le résultat financier. Des indicateurs de performance greffés sur ces processus, même restructurés, peuvent ouvrir la voie à des améliorations locales, mais ne permettent pas à l'entreprise d'atteindre des objectifs ambitieux pour les clients et les actionnaires.

Toutes les entreprises, aujourd'hui, s'efforcent d'améliorer la qualité, de réduire la durée des cycles, d'accroître les rendements, de produire

---

3. Voir l'analyse de A. Nanni, J. Miller et T. Vollmann, « What Shall We Account For ? », *Management Accounting*, janvier 1988, p. 42-48 ; John Lessner , « Performance Measurement in a Just-in-Time Environment : Can Traditional Performance Measurements Still Be Used ? », *Journal of Cost Management*, automne 1982, p. 22-28 ; Kelvin Cross et Richard Lynch, « Accounting for Competitive Performance », *Journal of Cost Management* (printemps 1989, p. 20-28 ; A. Nanni, R. Dixon et T. Vollmann, « Strategic Control and Performance Measurement », Journal of Cost Management (été 1990), p. 33-42.

4. Établir des indicateurs transversaux n'est pas facile, mais définir des indicateurs de la qualité, du rendement, de la capacité de production et de la durée des cycles pour la plupart des processus ne présente pas de difficulté. Évaluer physiquement le *coût* est malaisé. Les systèmes de comptabilisation des coûts par activité apportent une aide précieuse pour mesurer le coût des processus.

5. R.S. Kaplan, « Analog Devices : The Half-Line System », 9-190-061, Boston, Harvard Business School Press, 1990 ; R.S. Kaplan et D.P. Norton, « The Balanced Scorecard : Measures That Drive Performance », *Harvard Business Review*, janvier-février 1992, p. 71-79.

davantage, d'abaisser le coût de leurs processus internes. À moins de disposer de processus véritablement plus performants que ceux des concurrents en termes de qualité, de réactivité, de productivité et de coût, ces améliorations fragmentaires favorisent la survie mais ne créent pas d'avantage concurrentiel durable [6].

Dans le TBP, les objectifs et les indicateurs de l'axe « processus internes » sont définis à partir de stratégies explicites, visant à répondre aux attentes des actionnaires et des clients ciblés. Cette démarche séquentielle, menée du sommet vers la base, révèle généralement des processus entièrement nouveaux, dans lesquels l'entreprise doit exceller.

L'expérience de Rockwater montre que la création de processus peut être nécessaire pour permettre à l'entreprise d'atteindre ses objectifs financiers et à l'égard des clients. Pour Rockwater, le délai de règlement du solde des projets était excessif. Certains clients adressaient le dernier paiement avec plus de cent jours de retard, d'où un portefeuille de comptes clients très important et un faible retour sur le capital engagé. Les dirigeants ont intégré a leurs objectifs financiers la réduction de la durée de ce cycle afin d'améliorer le retour sur le capital engagé. Lors de la construction du TBP, ils ont relié cet objectif à l'accélération du processus de recouvrement du solde des projets. Une analyse simpliste aurait identifié les déficiences du processus existant. Mais la cause profonde de ce problème ne se trouvait pas dans la gestion des comptes clients. Aucun programme d'amélioration ou de *reengineering* de ce processus, aussi rigoureux soit-il, ne pouvait réduire la durée de ce cycle. Les clients tardaient à effectuer le dernier paiement non par négligence mais parce qu'ils ne considéraient pas le projet comme terminé.

Quiconque a eu à traiter avec des entreprises de construction, en particulier pour faire bâtir ou rénover une maison, sait que la définition du mot « terminé » n'est pas la même pour l'entrepreneur ou le client. Ainsi, alors que les ingénieurs de Rockwater, ayant procédé aux dernières vérifications techniques considéraient leur travail – et le projet – comme terminé, il arrivait que le client, à tort ou à raison, soit d'un avis contraire. Or, suspendre le règlement du solde était le seul moyen pour lui de faire connaître son désaccord.

La solution du problème de Rockwater ne résidait pas non plus dans un effort supplémentaire de formation ou de modernisation des moyens

---

6. Robin Cooper, dans *When Lean Enterprises Collide : Competing through Confrontation*, Boston, Harvard Business School Press, 1995, estime que beaucoup d'entreprises japonaises préfèrent se positionner par rapport à leurs concurrents par le coût, la qualité, la fonctionnalité et la rapidité de mise sur le marché des nouveaux produits, plutôt que sur des segments de marché ciblés.

techniques utilisés pour gérer les comptes clients. La solution ne pouvait venir que d'une amélioration de la communication entre le chef de projet et le client, qui révélerait beaucoup plus rapidement les objections éventuelles de celui-ci concernant les travaux déjà réalisés. Dans l'idéal, à condition que le client soit tenu informé en permanence pendant la durée du projet et qu'il soit satisfait à chaque étape de celui-ci, le paiement du solde devait intervenir très rapidement. Rockwater a donc créé un nouveau processus, dans le cadre duquel les chefs de projet restent en contact permanent avec le client pour l'informer de l'avancement des travaux, recueillir son accord ou ses objections, lui indiquer la date d'achèvement de chaque étape et lancer la procédure de règlement correspondante. Ce processus oblige les ingénieurs à tenir compte du résultat financier du projet sans se limiter à ses aspects techniques. La nécessité de mettre en œuvre ce nouveau processus pour les ingénieurs et les chefs de projet est apparue lors de la définition de l'objectif financier concernant le retour sur le capital engagé.

Rockwater a créé un autre processus : la compagnie souhaitait en effet acquérir le statut de fournisseur privilégié auprès des clients du groupe 1, ceux avec lesquels elle entretient des relations à long terme. Pour accroître le volume d'activité avec ces clients, il fallait leur offrir des services à forte valeur ajoutée (technologies innovantes adaptées au travail dans des environnements sous-marins difficiles, nouvelles méthodes de financement des projets, amélioration des procédures de gestion des projets, etc.). Rockwater a défini un objectif pour ses processus internes : savoir anticiper et orienter les besoins futurs de ses clients. C'était une nouveauté pour cette entreprise qui, jusque-là, attendait la publication de l'appel d'offres, mettait sur pied un projet et faisait une proposition. Elle voulait désormais influer en amont sur le contenu des appels d'offres de ses clients.

Ainsi, l'articulation des objectifs concernant les processus internes à ceux des axes « financiers » et « clients » du TBP a fait apparaître la nécessité de créer deux nouveaux processus pour :

1. Gérer les relations avec le client directement sur le site afin de favoriser la liquidation rapide des derniers paiements.

2. Anticiper et orienter les demandes futures des clients.

La direction devait définir des objectifs et des indicateurs pour l'axe « processus internes » afin de traduire la stratégie en objectifs opérationnels. À cette occasion, les dirigeants ont identifié de nouvelles méthodes de travail susceptibles d'améliorer très sensiblement la performance vis-à-vis des clients et des actionnaires.

LA CHAÎNE DE PROCESSUS INTERNES

Chaque entreprise a sa propre chaîne de processus internes qui lui permet de répondre aux attentes des clients et de générer un bénéfice. Il existe toutefois un modèle générique de chaîne des processus constituant un cadre général, qui peut être adapté à chaque entreprise lors de la définition des indicateurs de l'axe « processus internes » (voir figure 5.1). Ce modèle comprend trois processus :

• L'innovation
• La production
• Le service après-vente

Dans le processus d'innovation, les entreprises identifient les besoins nouveaux ou latents des clients, puis créent les produits/services qui y répondent. Le processus de production est celui par lequel les produits/services existants sont fabriqués et fournis aux clients. Historiquement, c'est sur lui que se focalisaient les systèmes de mesure de la performance de la plupart des entreprises.

Améliorer la qualité et réduire les coûts de production et de prestation de services restent des objectifs de premier plan. Toutefois, la chaîne de processus représentée dans la figure 5.1 montre que la qualité n'est qu'une composante, et pas la plus déterminante peut-être, de la réalisation des objectifs financiers et clients.

Le troisième processus du modèle générique est le service assuré au client après l'acte d'achat. Certaines entreprises adoptent des stratégies expressément axées sur l'excellence du SAV et proposent des programmes de formation pour le personnel de l'entreprise-cliente, des services de dépannage sur site, etc. Un distributeur de produits chimiques industriels a créé un système de collecte des produits résiduaires qu'il

Figure 5.1. L'axe « processus internes » – Le modèle générique de chaîne de création de valeur

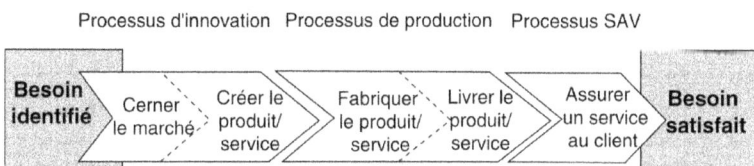

Processus d'innovation   Processus de production   Processus SAV

| Besoin identifié | Cerner le marché | Créer le produit/ service | Fabriquer le produit/ service | Livrer le produit/ service | Assurer un service au client | Besoin satisfait |

traite ou élimine lui-même, évitant ainsi à ses clients une opération délicate, coûteuse et extrêmement surveillée par les organismes de protection de l'environnement et de la santé. Toutes ces prestations apportent une forte valeur ajoutée aux produits et aux services offerts aux clients ciblés.

▶ Le processus d'innovation

Dans la chaîne des processus d'une entreprise, la R&D est parfois considérée comme un processus logistique et non comme un élément essentiel de la performance financière. Nous-mêmes, dans les premiers articles que nous avons publiés au sujet du tableau de bord prospectif, n'avions pas inclus l'innovation dans l'axe « processus internes ». Mais les projets réalisés ultérieurement avec les entreprises nous ont montré que l'innovation était un processus *interne* essentiel, dont l'efficacité, la rentabilité et la réactivité sont, pour beaucoup d'entreprises, plus importantes encore que celles de la production. L'importance de l'innovation par rapport à la production est particulièrement notable dans les entreprises ayant de longs cycles de création et de développement (produits chimiques agricoles, logiciels, électronique). Lorsque leurs produits atteignent le stade de la production, les marges brutes sont parfois très élevées, mais les possibilités de réduire fortement les coûts sont souvent limitées. Pour la plupart, ils sont générés et intégrés au produit lors de sa conception. L'importance du processus d'innovation nous a conduits à modifier la « géographie » du TBP, en l'intégrant à l'axe « processus internes ».

Le processus d'innovation est la « phase longue » de l'enchaînement des processus. Dans un premier temps, les entreprises identifient et servent de nouveaux marchés et de nouveaux clients, ainsi que les besoins émergents ou latents de la clientèle existante. Ensuite, elles conçoivent et développent de nouveaux produits et services à l'intention des nouveaux marchés et des nouveaux clients, et pour répondre à l'évolution des besoins de la base de clientèle. Le processus de production est la « phase courte », pendant laquelle les entreprises fabriquent et fournissent les produits et les services existants à leurs clients existants.

Le processus d'innovation (voir figure 5.2) comprend deux étapes. Dans la première, les managers étudient le marché pour déterminer sa taille et identifier les préférences des clients et l'éventail des prix du produit/service. Lors du déploiement des processus internes pour répondre aux besoins de la clientèle, ces informations sont un élément essentiel de la performance. Cette étape peut aussi comprendre la recherche de nouveaux débouchés. C'est ce que Gary Hamel et C.K. Prahalad appellent « rechercher les vides... les possibilités qui se cachent entre ou autour des produits et des activités connus ». Ils recommandent aux entreprises de ne pas se contenter de satisfaire leurs clients mais littéralement de les « émerveiller » en répondant à deux questions fondamentales :

1. Quelles seront les caractéristiques des produits futurs auxquelles les clients accorderont de la valeur ?

2. Comment, au travers de l'innovation, devancer ses concurrents et offrir avant eux ces produits aux clients ?

Rockwater souhaitait que ses managers soient davantage à l'écoute des clients afin de cerner leurs besoins futurs et d'imaginer des solutions originales pour y répondre. Les progrès peuvent être mesurés grâce à plusieurs indicateurs : le nombre de nouveaux produits et services créés, la performance dans le développement de produits et services répondant aux attentes de certains segments de marché ou les études sur les goûts émergents et latents des clients.

Les informations sur les marchés et les clients servent de base à la conception et au développement des produits et services, seconde étape du processus d'innovation [8], durant laquelle l'entreprise :

• recherche et développe des produits et services radicalement nouveaux ;

• déploie la technologie existante dans ces nouveaux produits et services ;

• les met sur le marché.

Historiquement, la définition d'indicateurs de la performance du processus de R&D n'a jamais été une priorité. Cette négligence a plusieurs.

Figure 5.2. L'axe «processus internes » – Le processus d'innovation

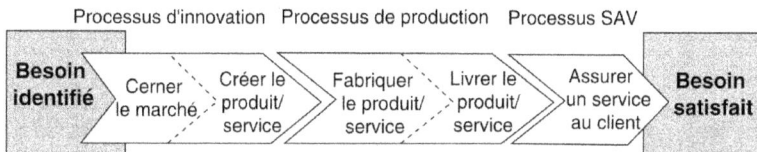

Processus d'innovation   Processus de production   Processus SAV

| Besoin identifié | Cerner le marché | Créer le produit/ service | Fabriquer le produit/ service | Livrer le produit/ service | Assurer un service au client | Besoin satisfait |

---

8. En réalisant une étude de marché préalable, l'entreprise peut, à partir de coûts-cibles et de l'analyse de la valeur, incorporer au stade de la conception les attentes du client en matière de qualité, de fonctionnalité et de prix, pour un coût qui permet de dégager le bénéfice souhaité. C'est particulièrement important dans les industries où 80 % du coût du produit sont déterminés pendant cette étape. Voir Cooper, *When Lean Enterprises Collide*, ainsi que Robin Cooper et W. Bruce Chew, « Control Tomorrow's Costs Through Today's Design », *Harvard Business Review*, janvier-février 1996, p. 88-97.

causes. Lorsque les entreprises ont commencé à créer des systèmes de mesure, elles se sont concentrées essentiellement sur la production. C'était un choix logique car, à cette époque, produire en masse en dégageant des bénéfices était le secret de la réussite. Mais aujourd'hui, beaucoup d'entreprises fondent leur avantage concurrentiel sur le renouvellement permanent de leur offre ; la R&D est donc devenue une composante importante de la chaîne des processus, et sa performance doit être évaluée au moyen d'objectifs et d'indicateurs spécifiques.

L'importance croissante de la R&D a également conduit les entreprises à augmenter les budgets qu'elles y consacrent, qui sont parfois supérieurs à ceux des activités de production et d'exploitation. Un exemple : un fabricant de composants automobiles a découvert que la R&D représentait 10 % de ses coûts, contre 9 % pour les charges correspondant à la main-d'œuvre directe de production. Ces charges étaient étroitement suivies à partir des coûts standards et d'analyse des écarts, alors qu'il n'existait pratiquement aucun système de suivi des dépenses ou de la performance pour la R&D. Très souvent, les systèmes de mesure des entreprises restent axés sur la performance opérationnelle plus que sur la performance et la rentabilité de la R&D.

Bien entendu, le rapport entre les ressources engagées (en salaires, matériels et fournitures) dans les activités de R&D et les résultats obtenus (produits et services innovants) est plus faible et plus incertain que dans les processus de production, où il est relativement facile de fixer des normes pour convertir le coût de la main-d'œuvre, des matières et des équipements en produits finis. Dans le secteur électronique, un processus classique de développement de produit peut se décomposer en deux tranches : deux ans pour développer le produit, cinq ans pour l'exploiter. Il faut donc attendre trois ans (un an après la mise sur le marché) pour obtenir les premières indications sur la performance de ce processus. Le processus de production, dont les temps de cycles se mesurent à des intervalles allant de quelques minutes à plusieurs jours, se prêtent beaucoup mieux à l'utilisation de normes et d'indicateurs de rendement et de productivité, qui en facilitent l'évaluation et le pilotage. Mais la difficulté de convertir les ressources consacrées aux activités de R&D en résultats concrets, ne doit pas empêcher les entreprises de définir des objectifs et des indicateurs de mesures de résultats pour un processus aussi essentiel. « Si vous ne pouvez pas mesurer ce que vous voulez faire, faites ce que vous pouvez mesurer », dit-on. Aux entreprises d'éviter ce piège.

▶ Mesures de résultats de la recherche fondamentale et appliquée

Advanced Micro Devices est l'un des leaders du secteur des semi-conducteurs où le progrès technologique est extrêmement rapide. Sur l'axe « processus internes » de son TBP, un grand nombre d'indicateurs concernent le processus d'innovation. Notamment :

1. la part du chiffre d'affaires réalisée par les nouveaux produits ;
2. celle réalisée par les produits exclusifs [9] ;
3. les lancements de nouveaux produits par rapport à la concurrence et les produits effectivement lancés par rapport aux prévisions ;
4. la capacité de production (nombre de puces produites à partir d'une plaque de silicone) ;
5. la durée du cycle de développement de la prochaine génération de produits.

Ces indicateurs montrent l'importance que l'entreprise accorde à la performance du processus d'innovation.

Analog Devices, également dans l'industrie des semi-conducteurs, utilise un indicateur du rendement de la R&D : le rapport entre le bénéfice avant impôt et le coût total des activités de R&D, sur cinq ans. Le rendement peut-être mesuré globalement, c'est-à-dire pour l'ensemble des nouveaux produits mis sur le marché, mais aussi produit par produit. En utilisant comme indicateur de performance le rapport coûts de développement/bénéfice, l'entreprise démontre à ses ingénieurs que le but de la R&D n'est pas de créer seulement des produits sophistiqués et innovants, mais aussi rentables, dont la contribution au chiffre d'affaires excédera leur coût de développement.

▶ Mesures de résultats du développement de produits

Malgré l'incertitude inhérente aux activités de développement, elles présentent des caractéristiques communes, qui peuvent être exploitées dans un système de mesures. Par exemple, le développement des produits pharmaceutiques passe par une série d'étapes : les laboratoires font une première sélection dans un éventail de composés ; les plus prometteurs font l'objet d'études approfondies ; ils sont ensuite expérimentés sur des

---

9. Pour les fabricants de produits pharmaceutiques et de produits chimiques agricoles, il s'agit de la vente des produits à leur marque encore protégés par un brevet, par rapport aux ventes de produits génériques fabriqués par des concurrents.

animaux, puis sur des êtres humains ; enfin, ils sont soumis à des procédures extrêmement rigoureuses de contrôle et d'agrément par les pouvoirs publics. La performance peut être mesurée à chaque étape en termes de rendement (nombre de substances qui passent la première étape, divisé par le nombre de substances au départ), de durée des cycles (temps consacré à chaque étape) et de charges (coût de chaque étape). Les managers peuvent fixer des objectifs visant à augmenter le rendement, à réduire la durée des cycle et à alléger les charges à chaque étape du processus de développement.

Un producteur de matériel électronique, ayant analysé la durée et le coût de son processus de développement, a découvert que ses produits mettaient beaucoup de temps à arriver sur le marché essentiellement en raison de défauts au moment de leur lancement : ces produits devaient être repris et soumis à de nouveaux tests, souvent plusieurs fois. Par conséquent, tout en conservant la rapidité de mise sur le marché parmi les indicateurs clés du processus de développement, ce producteur a introduit un déterminant de la performance, à savoir le pourcentage de produits répondant dès leur sortie aux normes du client. Le nombre de modifications, même mineures, apportées à la conception du produit avant la mise en fabrication a également été inclus aux déterminants de la performance. Selon les estimations, chaque erreur de conception coûtait 185 000 dollars au fabricant. Avec une moyenne de deux erreurs par produit lancé, et 110 nouveaux produits mis sur le marché chaque année, le coût total des erreurs représentait environ 40 millions de dollars, soit plus de 5 % du chiffre d'affaires. À cela s'ajoutait le manque à gagner dû à l'arrivée tardive des nouveaux produits sur le marché.

Les ingénieurs de Hewlett-Packard ont créé un indicateur, le temps jusqu'au seuil d'équilibre (ou TSE) pour surveiller l'efficacité du processus de développement [10]. Le TSE mesure le délai entre le démarrage du processus de développement et le moment où le produit, une fois sur le marché, a généré suffisamment de bénéfice pour amortir son coût de développement (voir figure 5.3). Le TSE rassemble dans un même indicateur trois composantes essentielles à la performance et à la rentabilité du processus de développement :

- La capacité d'amortissement : le produit doit être suffisamment rentable pour rembourser son coût de développement.

---

10. Charles H. House et Raymond L. Price, « The Return Map : Tracking Product Teams », *Harvard Business Review*, janvier-février 1991, p. 92-100 ; Marvin L. Patterson, « Designing Metrics », chap. 3 dans *Accelerating Innovation : Improving the Process of Product Development*, New York, Van Nostrand Reinhold, 1993).

• La rentabilité : le marketing, la production et le bureau d'études doivent collaborer pour créer un produit répondant aux besoins réels du client et le commercialiser via un circuit efficace et à un prix attractif, pour un coût qui permette à l'entreprise de dégager un bénéfice.

• La rapidité : les nouveaux produits doivent arriver sur le marché plus vite que ceux de la concurrence afin de prendre une part de marché plus importante et de générer plus vite un chiffre d'affaires qui amortira les coûts de développement.

Toutefois, le TSE sert à évaluer des comportements plus qu'à mesurer des résultats. Une entreprise peut afficher une excellente performance dans ce domaine si elle se contente d'améliorations progressives plutôt que de tenter une avancée spectaculaire. De plus, il est difficile de faire une moyenne sur plusieurs projets pour établir un TSE global, car un TSE plus long suffit à pénaliser tous les autres. Enfin, la valeur réelle du TSE apparaît bien après la fin du programme de développement. Selon Marv Patterson, vice-président de l'ingénierie de Hewlett-Packard, « c'est un excellent indicateur pour suivre les comportements qu'une entreprise souhaite induire dans le processus de développement. Nous l'utilisons beaucoup pour évaluer la viabilité de certains projets avant de constituer l'équipe. »

Figure 5.3. *L'indicateur TSE*

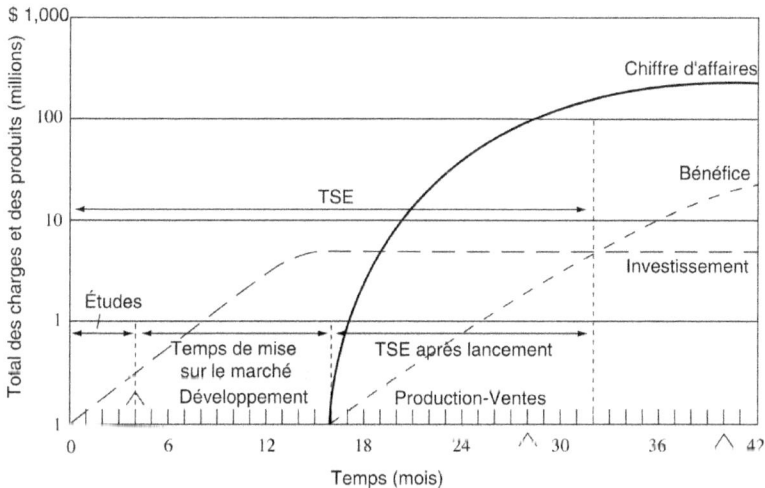

L'expérience de Hewlett-Packard avec cet indicateur montre que les objectifs de réduction de la durée des cycles et des coûts d'une part, d'augmentation du rendement du processus de développement, d'autre part, doivent être équilibrés au moyen d'indicateurs du caractère innovant des produits créés. Sinon, les concepteurs et les développeurs peuvent mettre l'accent sur des améliorations marginales, faciles à réaliser, au détriment de réelles avancées. Des indicateurs comme la marge brute dégagée par les nouveaux produits peuvent aider à distinguer les produits réellement innovants de ceux qui sont seulement le prolongement des gammes et des technologies existantes. Un autre indicateur peut être établi à partir de l'évolution du chiffre d'affaires dans le temps, à compter du lancement d'un nouveau produit. La durée de vie d'un produit qui s'inscrit dans une génération existante est de quelques années, et le chiffre d'affaires réalisé la cinquième année, par exemple, ne représentera qu'une fraction de celui de l'année de lancement. Les produits ou services qui représentent une innovation radicale ont des cycles de vie plus longs et leur part du chiffre d'affaires est plus élevée pendant plusieurs années.

Le processus de production

Le processus de production (voir figure 5.4) commence avec la réception des commandes et se termine par la livraison du produit ou du service au client. Il a pour but de fournir, de manière efficace, régulière et ponctuelle, des produits et services existants à une clientèle connue.

Les activités de ce processus sont souvent répétitives ; il est donc facile d'y appliquer des techniques « scientifiques » pour piloter et améliorer les opérations de réception et de traitement des commandes, la gestion des fournisseurs, la production et les livraisons. Traditionnellement, ce processus était surveillé et piloté au moyen d'indicateurs financiers : coûts standards, budget, écarts, etc. Mais la focalisation sur des indicateurs financiers aussi restrictifs que la productivité, le taux d'utilisation des machines et la variation des coûts a fini par générer des dysfonctionnements : opérateurs et machines produisaient sans arrêt, accumulant des stocks sans rapport avec le portefeuille de commandes et le service achat changeait sans cesse de fournisseurs, à la recherche du moins-disant (mais sans tenir compte des coûts générés par l'obligation d'acheter en grande quantité et par la mauvaise qualité, les délais de livraison incertains, la disparité des procédures de commande, de réception, de facturation et de règlement). Les défauts des systèmes de mesure traditionnels dans l'environnement actuel, où les cycles de vie des produits ne cessent de diminuer et où la qualité et la satisfaction des clients sont des priorités absolues, ont été mis en évidence et abondamment commentés [11].

Les effets positifs des programmes de Qualité Totale et de réduction des délais ont conduit de nombreuses entreprises à compléter les indicateurs financiers de leurs systèmes de mesure traditionnels par des indicateurs de la qualité et de la durée des cycles [12]. Comme il s'agit d'indicateurs génériques et qui ne sont pas uniquement issus d'un système de mesure, nous avons préféré les traiter à la fin de ce chapitre.

Les managers mesurent aussi d'autres paramètres, comme la réactivité et les attributs des produits et services qui contribuent à la satisfaction des clients. Par exemple, certaines entreprises offrent des produits/services aux performances exceptionnelles (en termes de précision, de taille, de vitesse, de convivialité ou de coût d'utilisation), qui leur permettent de dégager des marges élevées sur des segments ciblés. Le suivi très précis que permet le TBP est précieux. Les attributs essentiels de la performance (hormis la réactivité, la qualité et le coût) peuvent être intégrés aux indicateurs de l'axe « processus internes » de ce système.

Le service après-vente

Le service après-vente, dernier processus de la chaîne (figure 5.5), comprend toutes les activités menées après l'acte d'achat. Des entreprises qui vendent des équipements complexes comme Otis (ascenseurs) ou

Figure 5.4. L'axe «processus internes » – Le processus de production

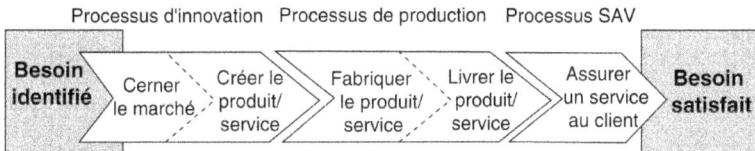

Processus d'innovation   Processus de production   Processus SAV

| Besoin identifié | Cerner le marché | Créer le produit/ service | Fabriquer le produit/ service | Livrer le produit/ service | Assurer un service au client | Besoin satisfait |

---

11. Voir Lessner, « Performance Measurement in a Just-in-Time Environment » ; R. Kaplan, « Limitation of Cost Accounting in Advanced Manufacturing Environment », chap. 1, dans *Measures for Manufacturing Excellence* ; Eliyahu Goldratt et Jeff Cox, *The Goal : A Process of Ongoing Improvement*, Croton-on-Hudson, N.Y., North River Press, 1986.

12. Parmi les références » que l'on peut citer figurent C. Berliner et J. Brimson, « CMS Performance Measurement », chap. 6, dans *Cost Management for Today's Advanced Manufacturing : The CAM-I Conceptual Design*, éd. C. Berliner et J.A. Brimson, Boston, Harvard Business School Press, 1988 ; C.J. McNair, W. Mosconi et T. Norris, *Meeting the Technology Challenge : Cost Accounting in a JIT Environment* (Montvale, N.J. : Institute of Management Accountants, 1988 ; R.S. Kaplan, « Management Accounting for Advanced Technological Environment », *Science* (25 août 1989), p. 819-823 ; R. Lynch et K. Cross, *Measure Up ! Yardsticks for Continuous Improvement*, Cambridge, Mass., Basil Blackwell, 1991.

General Electric Medical System (scanners et appareils d'imagerie médicale) savent que toute défaillance de leurs produits coûte extrêmement cher et entraîne un dérangement considérable pour les clients. Elles apportent une forte valeur ajoutée à leur offre en proposant un service de dépannage rapide et fiable. Elles ont par ailleurs équipé leurs matériels de systèmes électroniques de surveillance émettant un signal capté par le service de maintenance et qui indique un risque de défaillance. Les techniciens interviennent immédiatement, souvent à la surprise des clients qui n'avaient observé aucune anomalie dans le fonctionnement de l'appareil. Des concessionnaires automobiles comme Acura et Saturn se sont taillé une réputation bien méritée en améliorant considérablement les interventions sous garantie ainsi que les procédures d'entretien et de réparation. La qualité perçue des prestations de ces entreprises repose sur la rapidité, la qualité et la fiabilité des travaux et sur l'amabilité de l'accueil. Nombreux sont les grands magasins qui proposent un service « satisfait ou remboursé ».

Les entreprises qui visent l'excellence dans le service après-vente peuvent mesurer la performance en appliquant à ce processus les indicateurs de réactivité, de qualité et de coût utilisés pour le processus de production. Ainsi, la durée du cycle qui va de l'appel du client à la résolution de son problème, peut servir à mesurer la rapidité de dépannage ; l'efficience peut être évaluée à partir des ressources utilisées et le rendement par le pourcentage de problèmes traités dès le premier appel.

Le processus de facturation et de recouvrement fait également partie du service après-vente. L'objectif de Rockwater de réduire le délai entre la fin d'un projet et le règlement du solde est un excellent exemple de rationalisation d'un élément essentiel du processus de SAV. Les entreprises qui proposent des systèmes de crédit utilisent des indicateurs du coût, de la qualité et de la durée des cycles comme mesure de résultats de leurs processus de facturation, de recouvrement et de résolution des litiges.

Les producteurs de produits chimiques dangereux ou polluants peuvent définir des mesures de performance pour les opérations d'élimination des déchets de leur processus de production. De bonnes relations avec les

Figure 5.5. L'axe « processus internes ». Le processus SAV

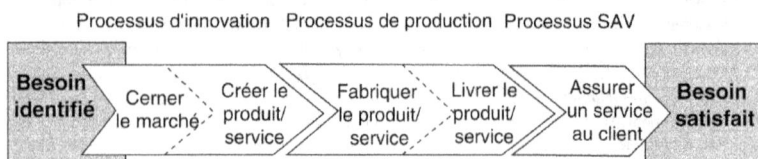

Processus d'innovation   Processus de production   Processus SAV

| Besoin identifié | Cerner le marché | Créer le produit/ service | Fabriquer le produit/ service | Livrer le produit/ service | Assurer un service au client | Besoin satisfait |

collectivités locales étant déterminantes pour la poursuite de leur activité, ces entreprises peuvent adjoindre un objectif de performance environnementale à leur processus de service après-vente, en y intégrant un indicateur comme le volume de déchets générés par le processus de production.

INDICATEURS DES PROCESSUS CLÉS

Nous avons présenté Kenyon Stores au chapitre précédent. La direction de ce distributeur de vêtements avait établi un objectif de croissance du chiffre d'affaires très ambitieux : 150 % sur cinq ans. Pour l'atteindre, elle misait sur :

1. une image de marque prestigieuse ;
2. des produits à la mode, de qualité et à des prix attractifs ;
3. un service rapide et efficace, et la disponibilité de ses produits.

Kenyon, après avoir défini des objectifs et des indicateurs clés dans ces trois domaines, a identifié cinq paramètres essentiels à la réalisation de ses objectifs clients :

1. la gestion de la marque ;
2. être un leader de la mode ;
3. la stratégie d'achat ;
4. la disponibilité des produits ;
5. le déroulement de l'achat.

Les deux premiers peuvent être rattachés au processus d'innovation et les trois derniers au processus de production.

▶ La gestion de la marque

Kenyon a identifié quatre objectifs secondaires :

1. Définir un concept de marque : faire de Kenyon une marque de premier plan, omniprésente dans la garde-robe des clientes visées.
2. Être le leader dans la catégorie des pantalons sport et des jeans, première composante de son mix produits.
3. Se positionner comme une grande marque clairement identifiée par sa clientèle.

4. Créer un concept de point de vente grâce à un assortiment attractif et un programme de marketing volontariste.

Ces objectifs secondaires visent à faire passer un concept auprès d'une clientèle ciblée et de la fidéliser. Les indicateurs correspondants sont :

1. La part de marché par produits (les pantalons sport et les jeans)
2. La notoriété de la marque (déterminée par des enquêtes)
3. Le nombre de nouvelles clientes conquises chaque année

Ces indicateurs sont destinés à mesurer la performance dans la mise en œuvre de la stratégie de gestion de la marque.

▶ Être un leader de la mode

L'objectif est de fournir à des clientes ciblées des produits à la mode, bien associés à la marque, et d'influer sur les comportements d'achat.

Pour atteindre cet objectif, il faut utiliser efficacement les informations issues du marché pour choisir des produits répondant aux attentes des clientes ciblées. On voit combien il est important d'identifier très tôt les tendances de la mode pour pouvoir offrir ces produits dans les points de vente avant les concurrents. Kenyon a retenu comme indicateur de performance les articles pour lesquels il est numéro un ou deux sur le marché. Le pourcentage du chiffre d'affaires généré par les nouveautés sert également de mesure des résultats. La liste de ces articles est établie tous les ans en fonction de l'évolution de la mode.

▶ La stratégie d'approvisionnement

En tant que distributeur, Kenyon sait que sa performance dépend étroitement de ses principaux fournisseurs. Ceux-ci doivent être capables de fabriquer les produits rapidement, en se conformant strictement aux normes et au moindre coût. La stratégie d'achat met donc l'accent sur la constitution d'une base de fournisseurs répondant à ces critères. Les points de vente vérifient toutes les livraisons et signalent les articles invendables à cause d'un défaut. Dans le cadre du TBP, un indicateur – le pourcentage total de retours – permet d'identifier le fournisseur responsable.

La performance du processus d'achat est également mesurée à partir d'indicateurs permettant d'évaluer les fournisseurs selon des critères de qualité, de prix, de délai et d'anticipation des tendances de la mode.

▶ La disponibilité des marchandises

La disponibilité des marchandises entre dans le cadre d'un objectif global portant sur la satisfaction des clientes, le chiffre d'affaires et la marge brute. Pour l'atteindre, Kenyon doit anticiper la demande, acheter les quantités de marchandises appropriées, dans les bonnes tailles et les bonnes couleurs, et les mettre en vente avant ses concurrents. La performance est mesurée par des indicateurs concernant notamment les ruptures de stocks et la rotation des produits.

▶ Le déroulement de l'achat

L'un des indicateurs de mesure du déroulement de l'achat est une note selon six paramètres, représentant un « achat parfait ». Cette mesure se retrouve aussi sur les axes « clients » et « processus internes ». Kenyon recueille par ailleurs l'appréciation de ses clientes sur le déroulement de l'achat.

L'ensemble des indicateurs de l'axe « processus internes » du TBP de Kenyon et leurs liens avec les objectifs de l'axe « clients » sont représentés dans la figure 5.6.

Metro Bank

Les objectifs de l'axe « processus internes » de Metro Bank (figure 5.7) s'appliquent à la même chaîne de processus que Kenyon. La performance du processus d'innovation est évaluée à partir de trois critères : l'identification de segments de marchés rentables, le développement de nouveaux produits et leur distribution par différents circuits. Pour le premier, la mesure des résultats est la rentabilité par segment, déterminée sur la base d'états de profits et pertes établis chaque mois pour chacun des trois millions de comptes de la banque. L'indicateur du développement de nouveaux produits à l'intention des segments ciblés est la proportion du chiffre d'affaires générée par ces produits. Enfin, l'objectif de diversification des circuits de vente (guichet automatique ou manuel, serveur informatique, etc.) est mesuré par le pourcentage d'opérations effectuées au travers de chacun de ces circuits.

L'un des principaux objectifs de Metro Bank est d'améliorer la productivité des salariés en accroissant le volume d'activité sur certains segments ciblés et en élargissant l'éventail des opérations avec l'ensemble des clients. Il a été traduit dans les trois indicateurs associés à l'un des axes stratégiques (ventes croisées) de la figure 5.7.

La qualité des produits et services est surveillée au moyen de deux outils :

• une liste des défauts dans le service
• un indice interne de satisfaction des clients

La liste contient une centaine de défauts susceptibles de provoquer le mécontentement des clients ; elle est distribuée dans toutes les agences et dans tous les services de la banque afin que chaque salarié connaisse les défauts à éviter. L'indice de satisfaction est établi à partir d'enquêtes mensuelles auprès d'un échantillon aléatoire de clients ciblés.

Collectivement, les objectifs et les indicateurs de l'axe « processus internes » du TBP de Metro Bank permettent de mesurer l'aptitude de la banque à identifier des segments de marché rentables, à développer de nouveaux produits et services à l'intention de ces segments et à offrir un service impeccable, efficace et rapide.

Figure 5.6. Articulation des indicateurs du TBP – Kenyon Stores

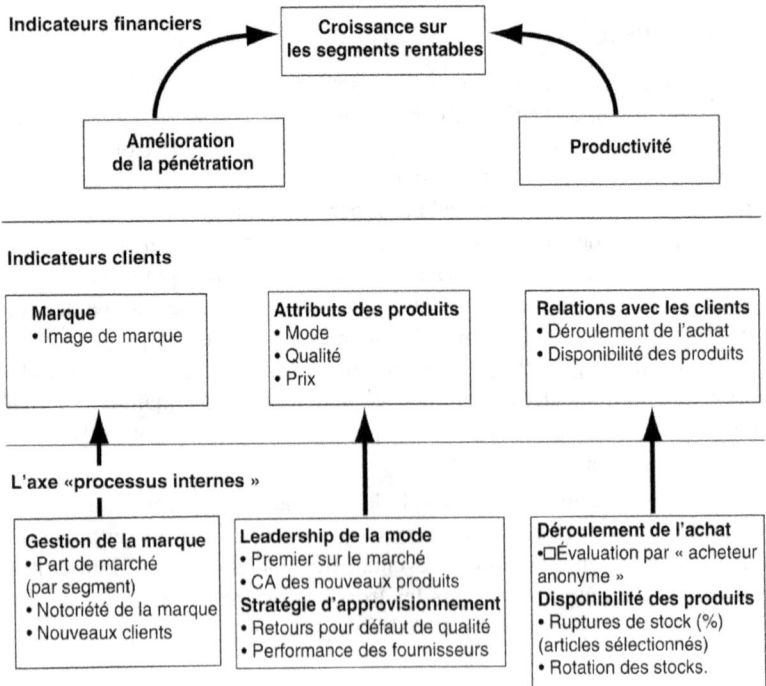

Indicateurs financiers

Croissance sur les segments rentables

Amélioration de la pénétration

Productivité

Indicateurs clients

Marque	Attributs des produits	Relations avec les clients
• Image de marque	• Mode • Qualité • Prix	• Déroulement de l'achat • Disponibilité des produits

L'axe «processus internes »

Gestion de la marque	Leadership de la mode	Déroulement de l'achat
• Part de marché (par segment) • Notoriété de la marque • Nouveaux clients	• Premier sur le marché • CA des nouveaux produits **Stratégie d'approvisionnement** • Retours pour défaut de qualité • Performance des fournisseurs	•□Évaluation par « acheteur anonyme » **Disponibilité des produits** • Ruptures de stock (%) (articles sélectionnés) • Rotation des stocks.

Pioneer Petroleum

Le troisième exemple est celui de l'axe « processus internes » du TBP de Pioneer Petroleum. On se souvient que cette compagnie pétrolière a deux catégories de clients : des clients directs (les stations-service à son enseigne) et des clients indirects (les clients des stations-service). L'axe doit donc comprendre des indicateurs pour ces deux niveaux de clients.

Pour les stations-service (voir figure 5.8), Pioneer s'est fixé un objectif de satisfaction principal, articulé sur deux objectifs secondaires :

• la création de nouveaux produits et services
• le développement des stations-service

Pioneer peut être un partenaire plus performant aux yeux des stations-service dans la mesure où elle leur offre des produits et des services différenciés, leur permettant de ne pas se positionner auprès de leurs propres clients sur la seule base du prix. C'est également un atout auprès des trois segments de marché (identifiés au chapitre 4) recherchant des stations-service capables de leur offrir un éventail complet de produits et de services. L'indicateur correspondant à cet objectif est le pourcentage de chiffre d'affaires « hors essence », et notamment celui généré par les boutiques et

Figure 5.7. L'axe processus internes du TBP de Metro Bank

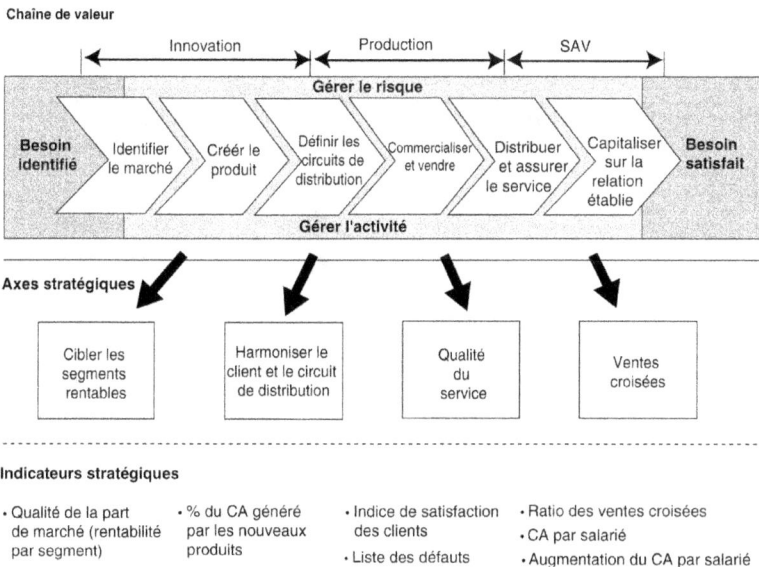

les services techniques. Cette mesure des résultats est régulièrement comparée à celle des principaux concurrents. Pioneer a également retenu comme indicateurs le chiffre d'affaires total non généré par l'essence et le chiffre d'affaires par mètre carré.

Le développement des stations-service est évalué à partir de deux mesures de résultats. Pioneer a créé pour ses VRP un jeu d'outils qui leur permet d'être à la fois plus précis et efficaces lors des visites aux franchisés de la marque et d'évaluer la performance individuelle des stations-service selon sept paramètres :

1. La gestion financière

2. Les services techniques

3. Le personnel

4. Les postes de lavage

5. Les boutiques

Figure 5.8. Articulation des indicateurs – Pioneer Petroleum

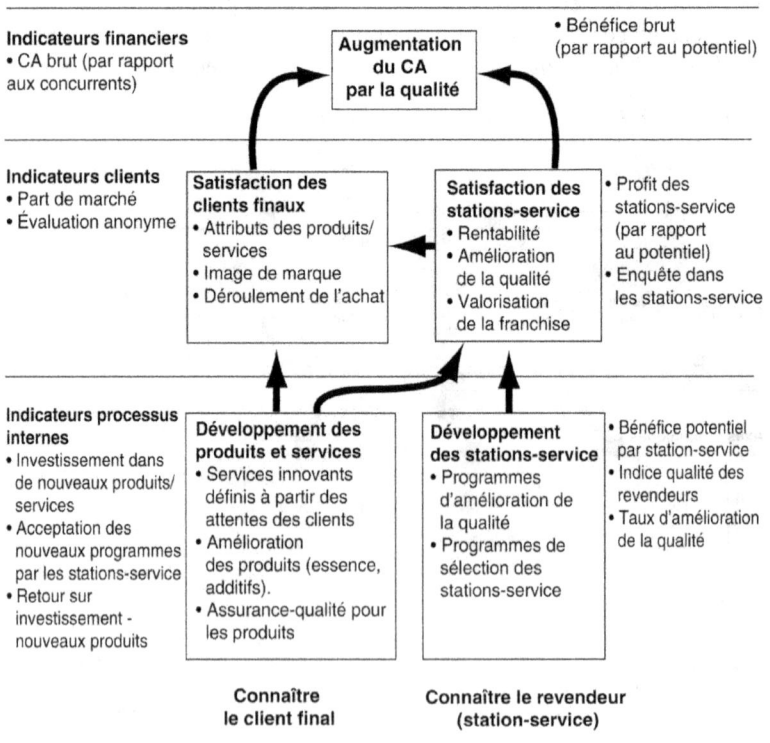

6. Le chiffre d'affaires essence

7. Le déroulement de l'achat

Les résultats de l'évaluation indiquent à chaque station-service les améliorations possibles. Ces résultats sont regroupés dans un tableau qui permet à Pioneer de suivre les progrès de ses franchisés en matière de qualité et de performance. Pioneer utilise également comme indicateur la durée de ses relations avec les principales stations-service à son enseigne pour mesurer sa performance dans la fidélisation des clients rentables.

Pour les clients finaux, Pioneer, outre la création de nouveaux produits et services, a choisi comme deuxième objectif la promotion de l'image de marque, mesurée par la part de marché dans certaines régions et dans les trois premières catégories de clients ciblés (voir chapitre 4). Pour évaluer le déroulement de l'achat, Pioneer s'appuie sur l'appréciation d'un « acheteur anonyme » qui, une fois par mois, fait le plein d'essence et achète quelques articles dans les stations-service à l'enseigne Pioneer (une fois par trimestre chez les concurrents locaux). La note qu'il attribue sur la base des cinq paramètres ci-dessous est ensuite comparée à la précédente :

1. Les abords du site

2. Les pompes à essence

3. La zone de vente

4. Le personnel

5. Les toilettes

Cette évaluation apporte aux franchisés une panoplie d'informations qui leur permettent d'améliorer la valeur ajoutée de leur offre et la qualité perçue de leurs prestations.

RÉSUMÉ

Sur l'axe « processus internes », les managers identifient les processus essentiels à la réalisation des objectifs concernant les actionnaires et les segments de marché ciblés. Les systèmes traditionnels de mesure de performance se concentrent sur le suivi et l'amélioration des indicateurs du coût, de la qualité et des délais des processus existants. À l'inverse, le TBP permet de définir les objectifs de performance des processus internes à partir des attentes des segments de marché visés.

Le TBP a connu une série d'évolutions, dont la plus récente est l'incorporation de l'innovation dans l'axe « processus internes ». Cela souligne l'importance que revêt la capacité de l'entreprise non seulement à identifier les caractéristiques des segments de marché auxquels elle destine ses produits et services futurs, mais aussi à créer ces produits et services. Cette démarche permet à l'entreprise de promouvoir les activités de R&D qui créent de nouveaux produits et services et de nouveaux marchés.

Le processus de production conserve toute son importance et les entreprises doivent identifier les paramètres de coût, de qualité, de délai et de performance (voir annexe) qui leur permettront d'offrir des produits et des services plus attractifs à leurs clients ciblés. Le processus de service après-vente permet aux entreprises de définir les caractéristiques des services à offrir aux clients après l'acte d'achat.

ANNEXE :
PROCESSUS DE PRODUCTION – INDICATEURS DES DÉLAIS,
DE LA QUALITÉ ET DU COÛT

En ce qui concerne la qualité perçue des prestations, les délais font souvent partie des indicateurs clés de mesure de la performance. Nombreux en effet sont les clients qui attachent une grande importance aux délais du fournisseur, mesurés par le laps de temps entre la date de commande et la date de livraison du produit / service. La fiabilité des délais, mesurée par la ponctualité de la livraison, est également très appréciée. Les entreprises industrielles ont, en général, deux moyens d'offrir des délais courts et fiables. Le premier est un processus de commande efficace, fiable, sans défaut et rapide, couplé à un processus de production réactif. Le second consiste à fabriquer et conserver des stocks de produits en prévision des commandes. La première option permet à l'entreprise d'être un fournisseur ponctuel et à faible coût. La seconde entraîne des coûts de fabrication, de gestion des stocks et d'obsolescence très élevés et ne permet pas de répondre rapidement aux commandes de produits que l'entreprise n'a pas en stock. Pour passer de l'une à l'autre, la réduction de la durée des cycles constitue un objectif clé pour le processus de production. La durée peut être mesurée de différentes manières. On peut considérer que le cycle démarre au moment où :

1. la commande du client arrive ;
2. la commande est intégrée au programme de production ;
3. les matières premières sont commandées ;
4. les matières premières arrivent ;
5. la commande est mise en fabrication.

De même, la fin du cycle peut correspondre au moment où :

1. la fabrication de la commande est terminée ;
2. les produits sont stockés en attendant l'expédition ;
3. la commande est expédiée ;
4. le client la reçoit.

La définition retenue dépend de l'objectif de réduction de la durée du cycle. Dans la définition la plus large d'un cycle d'exécution d'une commande, celui-ci commence lors de la réception d'une commande et se termine à la réception des produits par le client. Une définition plus étroite, à retenir pour améliorer le flux des matières dans l'usine, peut être le laps de temps entre le lancement de la production et la fin de la fabrication. Quelle que soit la définition adoptée, l'entreprise doit mesurer en permanence la durée des cycles et fixer aux opérateurs des objectifs de réduction.

L'efficacité du cycle de production (ECP) fait partie des indicateurs utilisés par beaucoup d'entreprises pour mettre en place la production en flux tendus. Elle se définit par le ratio :

$$ECP = \frac{\text{Temps de transformation}}{\text{Temps de production}}$$

Ce ratio est inférieur à 1 parce que le temps de production comprend : le temps de transformation, plus le temps d'inspection, plus de temps de transfert, plus le temps d'attente/stockage.

Le temps de transformation, c'est-à-dire le temps pendant lequel le produit est travaillé, usiné ou assemblé, est souvent inférieur à 5 % du temps de production : lorsque celui-ci est de six semaines (30 jours ouvrables), le temps de transformation ne représente en réalité qu'un ou deux jours. Dans un processus de production en flux tendus, le temps de production d'une pièce est exactement égal au temps de transformation. Le ratio ECP est alors égal à 1.

La théorie sur laquelle repose le ratio ECP est que tout temps consacré à d'autres activités que la transformation – inspection, reprise des produits défectueux, transferts d'un poste de travail à l'autre, attente – est du temps perdu, ou qui n'apporte aucune valeur ajoutée. Plus le ratio se rapproche de 1, moins il y a de temps perdu et plus l'entreprise améliore sa réactivité aux demandes des clients.

APPLIQUER LES INDICATEURS DE TEMPS AU TERTIAIRE

Si la production en flux tendus et le ratio ECP sont surtout pratiqués dans les entreprises industrielles, ces deux notions s'appliquent également au tertiaire. Éliminer les pertes de temps est peut-être plus important encore dans ce secteur.

Prenons l'exemple d'une demande de crédit. Le client commence par répondre à une série de questions : salaire, crédits en cours, patrimoine, etc. Le dossier rempli, il attend la réponse de l'organisme de crédit, souvent pendant une dizaine de jours, voire plus.

Le vice-président d'une banque dans laquelle la durée de ce cycle était de 26 jours a demandé aux salariés de noter le temps réellement consacré à l'examen du dossier pendant ce laps de temps. Réponse : environ 15 minutes, soit un ratio ECP de 0,0004 (15' / [26 jours x 24 h/jour]). Le vice-président décide de restructurer le processus pour en ramener la durée à 15 minutes, depuis la constitution du dossier jusqu'à la décision, quelle qu'elle soit. Cet objectif répondait à un ratio ECP de 1. Toutes les tâches apportant une valeur ajoutée ont été conservées, les autres supprimées. Dans un premier temps, tous les acteurs du processus ont jugé que l'objectif était irréalisable : en effet, obtenir des références sur la solvabilité prenait déjà deux semaines. Or, pour la quasi totalité des candidats, ces informations étaient immédiatement accessibles via le système informatique. L'analyse des références et une grande partie des tâches administratives pouvaient aussi être automatisées. Un nouveau processus d'autorisation des crédits, basé sur des systèmes informatiques plus performants, a été mis en place : après avoir rempli leur dossier, les candidats n'ont plus aujourd'hui qu'un quart d'heure d'attente pour connaître la décision [13]. Ce délai s'est révélé extraordinairement attractif pour un large segment de marché.

Des études similaires ont montré que la durée des cycles avait également été sensiblement réduite dans d'autres activités de service. Dans la location de voiture et l'hôtellerie, par exemple, toutes les opérations d'enregistrement et de départ ont été automatisées pour éviter l'attente en début et en fin de processus. Ainsi, les entreprises qui veulent fournir à la demande des produits et des services personnalisés à des clients ciblés peuvent se fixer comme objectif de parvenir à des ratios ECP aussi proches que possible de 1, indicatif d'une réduction spectaculaire des délais.

---

13. Certains éléments étaient invérifiables dans ce délai de quinze minutes. L'acceptation des dossiers intervenait donc sous réserve que les informations qu'ils contenaient soient véridiques, notamment les références, le salaire du postulant et la valeur marchande du bien acheté. Ces informations pouvaient être confirmées en quelques jours. Mais l'analyse pouvait être faite et le dossier de crédit monté en un quart d'heure.

INDICATEURS DE LA QUALITÉ DES PROCESSUS

La quasi totalité des entreprises ont des programmes d'amélioration de la qualité. La mesure des résultats étant un élément essentiel de ces programmes, il existe une panoplie d'indicateurs :

- taux de défauts exprimés en pièces par million (ppm) ;
- rendements (ratio produits sortis/matières entrées dans le processus) ;
- gaspillage ;
- déchets ;
- retouches ;
- retours ;
- pourcentage de processus sous maîtrise statistique des processus (MSP).

Les entreprises du tertiaire, en particulier, doivent s'attacher à identifier les défauts de leurs processus susceptibles d'avoir une incidence sur les coûts, la réactivité ou la satisfaction des clients. Elles peuvent ensuite définir des indicateurs spécifiquement adaptés au suivi de la qualité. C'est ainsi que Metro Bank a développé une liste des défauts susceptibles de provoquer le mécontentement des clients. Par exemple :

- des temps d'attente excessifs aux guichets ;
- des informations imprécises ;
- des horaires d'ouverture trop restrictifs ;
- une demande restée sans réponse ou une transaction non effectuée ;
- une perte financière pour le client ;
- un accueil cavalier ;
- un défaut de communication.

La proportion de produits/services conformes aux normes dès la sortie des chaînes de fabrication ou dès la prestation est un autre indicateur de qualité particulièrement éclairant, comparable au ratio ECP déjà mentionné. Voici deux exemples réels, qui en illustrent l'importance.

National Motors

L'anecdote remonte à quelques années. Un visiteur se rend chez un grand constructeur automobile que nous appellerons, par discrétion, National Motors. Pendant la visite de l'usine, le directeur lui décrit en détail le programme d'amélioration de la qualité qu'il a mis en œuvre. Sur un mur du bâtiment, une banderole annonce fièrement que l'usine a reçu la note maximum de 155 au dernier contrôle des produits finis. Le visiteur passe ensuite sur le quai de réception des matières premières et observe la noria des camions de livraison. Dans un autre bâtiment, il est surpris de voir des piles de casiers remplis de pièces. Pensant qu'il s'agit de stocks de produits finis, il interroge son mentor. « Pas du tout, lui répond celui-ci, ce sont seulement les pièces à retoucher parce qu'elles ont un défaut. » Conclusion : l'usine avait obtenu cette fameuse note en éliminant en bout de chaîne tous les produits défectueux. Elle fonctionnait selon la plus coûteuse des méthodes, le contrôle qualité *a posteriori*, au lieu d'intégrer directement la qualité dans le produit.

National Electric

En 1980, la division électronique militaire de National Electric, qui produit des cartes de circuits imprimés, se débat dans de graves problèmes de qualité. Une équipe d'ingénieurs se rend au Japon dans une entreprise fabriquant des produits similaires afin de comparer les deux processus de production. Au début de la visite, les Japonais demandent aux ingénieurs de National Electric combien de lots de cent cartes de circuits imprimés vont jusqu'au bout du circuit de fabrication. « Tous ! s'indigne le chef du groupe. Ce sont des produits chers, nous n'en perdons aucun. » L'hôte japonais s'excuse : sa question a été mal traduite. Il veut savoir, en fait, combien de cartes sortent du processus de production parfaitement conformes aux normes, sans avoir à être retouchées. Les ingénieurs de National Electric l'ignorent. Il n'existe chez eux aucun indicateur de suivi de ce paramètre de qualité. Par curiosité, ils interrogent leurs confrères. Réponse : le taux de produits conformes est actuellement de 96 % contre 90 % seulement l'année antérieure et l'objectif est d'atteindre 100 %.

De retour aux États-Unis, les ingénieurs posent la même question aux responsables des services de production et qualité. Ni l'un ni l'autre ne peuvent répondre. Une étude est alors menée et, quelques semaines plus tard, le couperet tombe : 16 % ! Les chances de survie de la division sont minces si ce chiffre n'est pas très sensiblement amélioré. Six mois plus tard, au terme d'un premier programme de Qualité Totale, le taux de conformité à la sortie des chaînes de fabrication atteint 60 % et les effectifs de production sont réduits de 25 %, cent des quatre cent salariés de l'usine ayant été affectés à d'autres tâches que l'inspection et la reprise des produits défectueux.

Ces exemples montrent combien cet indicateur de qualité est précieux. En effet, la seule mesure de résultats probante d'un programme d'amélioration de la qualité à chaque stade de la fabrication est la proportion de produits non conformes aux normes du client.

INDICATEURS DU COÛT DES PROCESSUS

L'attention accordée aux indicateurs de la durée des cycles et de la qualité risque de faire perdre de vue les considérations de coût. Les systèmes classiques de comptabilité analytique mesurent le coût de chaque activité ou service, mais pas celui des processus. En général, des processus comme les commandes, les achats ou la planification de la production font appel à des ressources d'origines multiples. Il a fallu attendre la création des systèmes de comptabilisation des coûts par activité pour que les managers puissent mesurer le coût des processus [14].

C'est un fabricant de produits de beauté qui a été l'un des premiers à utiliser ce système à la fin des années 80. Ses coûts de fabrication étaient particulièrement surveillés mais le nouveau système a montré que l'un des facteurs qui grevait le plus le coût et la complexité du processus de production était la fabrication d'échantillons des nouveaux produits. Chaque nouveauté entraînait la fabrication d'un échantillon, qui interrompait la production normale. Après les tests de marché, le nouveau produit était modifié, entraînant la fabrication d'un nouvel échantillon. Jusque là, le coût de préparation des machines correspondantes était répercuté sur les produits existants. Avec le système de coût par activité, tous les coûts de production de tous les lots (y compris le coût des réglages successifs des machines) sont désormais imputés sur une nouvelle activité : le lancement des nouveaux produits. Les montants consacrés au lancement de chaque produit se sont révélés beaucoup plus élevés que le fabricant ne l'imaginait. L'entreprise surveillait les dépenses de R&D mais sans les répartir sur les produits créés et lancés, et sans imputer les charges indi-

---

14. Voir G. Gokins, A. Stratton et J. Helbling, *An ABC Manager's Primer* , Montvale, N.J., Institute of Management Accountants, 1993 ; R. Cooper, R. Kaplan, L. Maisel, E. MORRISSEY et R. OEHM, *Implementing Activity-Based Cost Management*, Montvale, N.J., Institute of Management Accountants, 1993).

rectes comme le coût de fabrication des échantillons. Connaissant l'ensemble des coûts liés au lancement des nouveaux produits, la direction de cette entreprise a décidé de réorganiser le processus de développement des nouveaux produits et de mettre en place des indicateurs de suivi de l'efficacité et de la rentabilité. L'analyse des coûts par activité lui a également permis d'évaluer l'opportunité d'élargir ou de diversifier sa gamme de produits.

D'une manière générale, l'analyse des coûts par activité permet aux entreprises de définir des indicateurs du coût des processus internes qui, associés aux indicateurs de la qualité et de la durée des principaux cycles, permettent d'identifier les attributs essentiels des processus. Que les entreprises adoptent une démarche d'amélioration continue (Qualité Totale, par exemple) ou discontinue (par des programmes de *reengineering* ou de restructuration des processus), ces trois indicateurs les aident à atteindre leurs objectifs.

Chapitre 6

L'AXE « APPRENTISSAGE ORGANISATIONNEL »

Le quatrième et dernier axe du tableau de bord prospectif est celui de l'apprentissage organisationnel. Les objectifs établis sur les axes « financier », « clients » et « processus internes » identifient les domaines dans lesquels l'entreprise doit exceller pour améliorer sa performance. Les objectifs de l'axe « apprentissage organisationnel » sont les moyens, les facteurs qui permettent d'atteindre ceux des trois autres axes.

Nous avons observé dans beaucoup d'entreprises que l'évaluation des managers sur la seule performance financière à court terme les empêchait souvent d'investir durablement dans le développement du potentiel des salariés, des systèmes et des processus organisationnels. Les dépenses engagées à ce titre sont traitées comme des charges fixes, de sorte que leur réduction est un moyen facile d'améliorer le bénéfice à court terme. Les conséquences néfastes du défaut d'apprentissage organisationnel n'apparaissent pas immédiatement et, lorsqu'elles se manifestent, il est difficile d'en imputer la responsabilité à tel ou tel manager.

Le TBP montre qu'il est important de ne pas investir uniquement dans les équipements et la R&D. Ces investissements sont certes indispensables, mais ils ne sont pas une fin en soi. Les entreprises doivent aussi investir dans leurs infrastructures – ressources humaines, systèmes et procédures – pour pouvoir atteindre leurs objectifs de croissance financière à long terme.

Notre expérience en matière de construction de TBP pour des entreprises appartenant à des secteurs d'activité très différents nous permet de cerner trois composantes dans l'apprentissage organisationnel :

1. Le potentiel des salariés
2. Les capacités des systèmes d'information
3. La motivation, la responsabilisation et l'alignement des objectifs de l'entreprise et des salariés.

LE POTENTIEL DES SALARIÉS

L'évolution du rôle des salariés est certainement l'un des changements les plus spectaculaires intervenus dans le management depuis quinze ans. De fait, rien n'illustre mieux la transformation révolutionnaire d'un concept de management datant de l'ère industrielle à un concept adapté à l'ère de l'information, que la nouvelle conception de la place des hommes dans la vie de l'entreprise. Le siècle dernier a été marqué par l'avènement des géants industriels et des méthodes de management scientifique fondées sur la division du travail. Les élites de l'entreprise – ingénieurs et managers – définissaient dans le moindre détail le travail de chaque individu puis établissaient des normes et des systèmes de contrôle pour veiller à ce que ces tâches soient accomplies exactement selon ces règles. Les salariés étaient payés pour exécuter les ordres, pas pour réfléchir.

Aujourd'hui, la quasi-totalité des tâches répétitives ont été automatisées : des machines pilotées par ordinateur ont remplacé les hommes pour les opérations d'usinage, de transformation et d'assemblage ; les clients des entreprises de services ont de plus en plus souvent la possibilité d'effectuer directement leurs opérations au travers de systèmes informatiques. De plus, des salariés capables d'effectuer toujours le même travail, avec la même efficacité et la même productivité, ne suffisent plus à assurer la performance. Pour pouvoir maintenir son niveau de performance, une entreprise doit pratiquer l'amélioration continue. Et pour améliorer sa performance financière et vis-à-vis des clients, il ne lui suffit plus d'appliquer les méthodes de travail définies par ses élites. Les idées susceptibles de faire progresser les processus internes et la performance doivent provenir de ceux qui exécutent le travail et sont le plus souvent en contact avec les clients : les salariés. Les règles qui, par le passé, régissaient le fonctionnement des processus internes et les relations avec les clients constituent le point de départ de l'amélioration continue, mais elles ne peuvent en aucun cas servir de référence pour la performance présente et future.

Cette évolution implique un vaste effort de réorientation des compétences des salariés, afin de mettre leur intelligence et leur créativité au service des objectifs de l'entreprise. Revenons au cas de Metro Bank. Autrefois, cette banque mettait l'accent sur l'efficacité de la gestion des opérations effectuées par les clients sur leurs comptes courants et d'épargne. L'un de ses principaux objectifs financiers fixés par les dirigeants était d'offrir aux clients un éventail beaucoup plus large de produits et de services financiers. Prenons un exemple : un client veut connaître la marche à suivre pour que son salaire soit versé directement sur son compte. L'employé auquel il s'adresse lui conseille de se rendre au service du personnel de son employeur pour signer une autorisation de transfert automatique. Le « besoin » de ce client a été satisfait.

Mais la banque a perdu une excellente occasion. En effet, cette demande aurait pu permettre de définir, par un questionnaire succinct, un profil personnel plus complet du client :

• Est-il propriétaire ou locataire de son logement ?
• Possède-t-il plusieurs voitures ? Envisage-t-il d'en changer ?
• Combien de cartes de crédit et de paiement utilise-t-il ?
• Quels sont ses revenus annuels ?
• Quel est son patrimoine immobilier ?
• Quelles assurances possède-t-il ?
• Combien a-t-il d'enfants et de quel âge ?

Ce profil aurait permis de lui proposer une gamme plus large de produits et services financiers : cartes de crédit, prêts personnels, prêts immobiliers, placements divers, polices d'assurance, hypothèques, prêts pour étudiants, plan d'épargne, etc., en sus du service ayant motivé sa visite.

Mais pour capitaliser sur ce profil, il aurait fallu que le salarié ait été formé à l'ensemble des produits et services offerts par la banque, et possède les compétences requises pour répondre aux besoins du client en question. Les dirigeants de Metro Bank ont compris que plusieurs années seraient nécessaires pour que les salariés acquièrent le savoir-faire qui les transformeraient de simples exécutants en conseillers financiers dynamiques, fiables et appréciés.

LES MESURES DE RÉSULTAT

Nous avons observé que la plupart des entreprises utilisent pour leurs salariés des objectifs définis à partir de trois mesures de résultats (voir figure 6.1), complétées par des déterminants propres à chaque situation. Ces mesures sont :

1. La satisfaction des salariés
2. La fidélisation du personnel
3. La productivité individuelle

On considère généralement que la satisfaction des salariés est le facteur déterminant des deux autres mesures.

Mesurer la satisfaction des salariés

L'objectif de satisfaction des salariés témoigne de l'importance qu'accordent aujourd'hui la plupart des entreprises au moral du personnel et à la valorisation des individus par l'activité professionnelle. Ces attributs sont une condition sine qua non de l'amélioration de la productivité, de la réactivité et de la qualité des prestations. Rockwater avait observé, lors de la mise en œuvre de son TBP, que les salariés qui affichaient la note la plus élevée dans les enquêtes de satisfaction étaient généralement ceux dont les clients étaient également les plus satisfaits. Il existe donc un lien étroit entre la satisfaction des clients et celle des salariés.

Le moral du personnel est particulièrement important dans les entreprises de services, où les salariés les plus mal payés et les moins qualifiés sont souvent en contact direct avec les clients. En général, les entreprises mesurent la satisfaction des employés par une enquête annuelle, ou par un sondage mensuel auprès d'un échantillon représentatif de salariés. Les paramètres retenus de l'enquête de satisfaction comprennent notamment :

Figure 6.1. Le cadre d'évaluation de l'apprentissage organisationnel

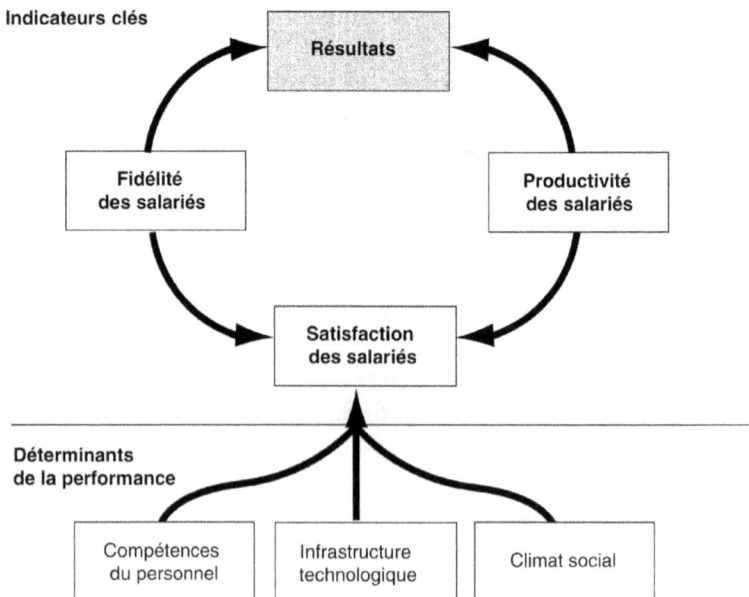

• La participation aux décisions

• La reconnaissance des bons résultats

• L'accès à l'information permettant d'effectuer un travail de qualité

• Des encouragements actifs à la créativité et à l'initiative

• Le soutien apporté par les services fonctionnels

• La satisfaction globale à l'égard de l'entreprise

Les employés donnent une note de satisfaction sur une échelle 1 à 3 ou 5, allant de « Mécontent » à « Très satisfait ». Un indice général de satisfaction peut alors être mis dans le TBP pour permettre aux dirigeants de déterminer le degré de satisfaction par division, département, service et manager.

Mesurer la fidélité des employés

Cet indicateur vise à mesurer la capacité de l'entreprise à fidéliser les salariés. Le développement du potentiel et du savoir-faire des salariés est un investissement à long terme que tout départ est une perte de capital intellectuel. Les employés anciens dans l'entreprise, fidèles, sont dépositaires des valeurs de celle-ci, en connaissent tous les rouages et perçoivent souvent les besoins inexprimés des clients. Le taux de rotation du personnel est l'indicateur généralement retenu pour mesurer la fidélité des employés.

Mesurer la productivité des salariés

La mesure de la productivité des salariés permet d'évaluer les résultats des actions menées pour développer leurs compétences et les motiver, promouvoir l'innovation, améliorer les processus internes et satisfaire les clients. Le résultat global doit être rapporté au nombre de salariés nécessaires pour l'atteindre. On peut mesurer leur productivité de plusieurs façons.

La mesure des résultats la plus simple est la part du chiffre d'affaires générée par chaque salarié. À mesure que les salariés et l'entreprise améliorent leur performance en termes de volume d'activité et de valeur ajoutée aux produits ou services, cette part doit augmenter.

Cet indicateur a toutefois des limites, en particulier lorsque l'objectif fixé dans ce domaine est très ambitieux. L'un de ses défauts est de ne pas tenir compte des charges correspondant à la génération du chiffre d'affaires : même s'il augmente, le bénéfice diminuera si l'entreprise n'intègre pas les coûts commerciaux supplémentaires occasionnés par l'accroissement du volume d'activité. De plus, comme chaque fois qu'un objectif est mesuré par un ratio, il y a deux façons de procéder pour l'atteindre. La première, et la plus usitée, consiste à augmenter le numérateur, en l'occurrence le chiffre d'affaires total, sans réduire le dénominateur, le nombre de salariés. La seconde consiste à réduire le dénominateur, ce qui peut produire une amélioration à court terme du ratio mais risque d'amoindrir le capital humain. On peut aussi augmenter le ratio CA/salariés par la réduction du dénominateur en sous-traitant certaines fonctions. Cette option permet à l'entreprise de générer le même chiffre d'affaires avec moins de salariés. La pertinence de la sous-traitance dans la stratégie à long terme de l'entreprise doit être déterminée en comparant les attributs (coût, qualité et rapidité) des services fournis en interne à ceux du fournisseur extérieur. Mais la mesure du chiffre d'affaires par employé n'est pas susceptible d'influer sur cette décision.

Pour évaluer la pertinence de la sous-traitance, l'entreprise peut mesurer la valeur ajoutée par salarié, en soustrayant du numérateur de ce ratio les matières, les pièces et les services achetés à l'extérieur. Une autre option consiste à prendre comme dénominateur la masse salariale plutôt que l'effectif.

Comme beaucoup d'autres, le chiffre d'affaires par salarié est un indicateur utile tant que la structure interne de l'entreprise ne connaît pas de transformation profonde (substitution de machines ou de fournisseurs extérieurs à la main-d'œuvre interne, etc.). Si cet indicateur est utilisé pour stimuler la productivité des employés, il doit être contrebalancé par d'autre mesures de la performance financière, afin que la réalisation des objectifs de cet indicateur ne provoque pas de dysfonctionnements.

DÉTERMINANTS SPÉCIFIQUES À L'APPRENTISSAGE ORGANISATIONNEL

Après avoir choisi les indicateurs concernant les salariés – satisfaction, fidélisation et productivité –, il reste aux entreprises à définir les déterminants de la performance sur l'axe « apprentissage organisationnel » du TBP. Nous avons observé que ces déterminants sont souvent établis à partir de trois éléments (voir figure 6.2) : la réorientation des compétences, les capacités des systèmes d'information, mais aussi la motivation et la responsabilisation des salariés.

RÉORIENTATION DES COMPÉTENCES

Beaucoup d'entreprises qui construisent un TBP subissent une transformation radicale. Leurs salariés doivent assumer de nouvelles responsabilités pour atteindre les objectifs relatifs aux clients et aux processus internes. On a vu avec Metro Bank l'effort de réorientation des compétences à mettre en œuvre pour que les salariés ne se bornent plus à réagir aux demandes des clients mais soient capables d'anticiper leurs besoins et de proposer une nouvelle gamme de produits et de services. Une telle transformation illustre l'évolution des rôles et des responsabilités des salariés dans nombre d'entreprises.

La réorientation des compétences peut-être mesurée selon deux paramètres : le niveau de réorientation requis et le pourcentage de personnes concernées (voir figure 6.3). Lorsque le niveau de réorientation est faible, un programme classique de formation suffit pour actualiser les compétences des salariés. L'ampleur de la réorientation n'est pas telle qu'elle justifie sa prise en compte sur l'axe « apprentissage organisationnel » du TBP.

En revanche, certaines entreprises doivent mettre en œuvre un vaste programme de réorientation des compétences de leurs salariés pour être en mesure d'atteindre les objectifs de performance définis pour les axes « processus internes », « clients » et « financier ». Dans ces entreprises, un indicateur spécifique a été créé : le ratio de couverture des postes stratégiques. Il mesure le nombre de salariés possédant les qualifications requises pour occuper des postes stratégiques par rapport aux besoins futurs de l'entreprise concernant ces postes. Des profils de poste sont définis afin que les titulaires puissent apporter le savoir-faire indispensable à la réalisation des objectifs relatifs aux processus internes. La figure 6.4 présente les différentes étapes de la procédure suivie par une entreprise pour développer le ratio de couverture des postes stratégiques.

Ce ratio fait souvent apparaître un écart significatif entre les besoins futurs et le savoir existant, mesuré par divers paramètres : compétences, savoir-faire et comportements. Cet déficit sert de point d'appui aux initiatives stratégiques destinées à combler les insuffisances.

Les entreprises qui nécessitent un effort de réorientation de grande ampleur peuvent aussi adopter comme indicateur le laps de temps nécessaire pour amener les salariés à leur nouveau niveau de compétence. Pour atteindre son objectif de réorientation, l'entreprise doit être capable de réduire la durée de la formation individuelle.

CAPACITÉS DES SYSTÈMES D'INFORMATION

La motivation et le savoir-faire des salariés sont deux paramètres nécessaires mais non suffisants pour atteindre des objectifs ambitieux en matière de clientèle et de processus internes. Pour être performants dans un environnement concurrentiel, les salariés doivent disposer d'informations détaillées sur les clients, les processus internes et les conséquences financières de leurs décisions.

Les chargés de clientèle, notamment, doivent connaître tout ce qui concerne leurs clients. Dans le cas de Metro Bank, par exemple, il peut s'agir de la rentabilité de chaque compte, faite à partir de l'analyse des coûts par activité. Ces salariés doivent également savoir dans quel segment se situe un client, afin d'évaluer l'effort à accomplir non seulement pour répondre à ses besoins du moment mais aussi pour cerner et satisfaire ses attentes futures.

Les salariés des services d'exploitation ont besoin d'un retour d'expérience rapide et précis sur le produit qu'ils fabriquent ou le service qu'ils fournissent pour pouvoir participer activement à la mise en œuvre de programmes d'amélioration visant à éliminer les défauts, les coûts et les délais injustifiés ainsi que le gaspillage. Plusieurs entreprises ont défini un ratio de couverture de l'information stratégique pour évaluer la disponibilité des données concernant les besoins futurs des clients. Cette disponibilité peut être mesurée par le nombre de processus pour lesquels l'entreprise dispose d'informations en temps réel sur la qualité, la durée des cycle et les coûts, et par la proportion de salariés en contact direct avec la direct aux informations sur les attentes des clients.

Figure 6.2. Déterminants spécifiques de l'apprentissage organisationnel

Compétences des salariés	Infrastructure technologique	Climat
Savoir-faire stratégiques	Technologies stratégiques	Cycle décisionnel
Niveaux de formation	Bases de données stratégiques	Focalisation stratégique
Utilisation du potentiel	Retours d'expériences	Responsabilisation des salariés
	Logiciels exclusifs	Cohérence des objectifs
	Brevets, copyrights	Motivation
		Travail en équipe

MOTIVATION ET RESPONSABILISATION DES SALARIÉS

Les salariés, quelles que soient leur qualification et les informations dont ils disposent, ne peuvent apporter une contribution positive à la réalisation des objectifs de l'entreprise s'ils ne sont pas motivés ou ne disposent d'aucune liberté de décision et d'action. Le troisième élément pris en compte dans la définition des déterminants de la performance de l'axe « apprentissage organisationnel » porte donc sur la motivation et la promotion de l'initiative personnelle.

Indicateur des suggestions présentées et appliquées

Les effets de la motivation et de la responsabilisation des salariés peuvent être mesurés de plusieurs manières. Le nombre de suggestions par salarié est un indicateur simple, qui traduit la contribution des salariés à l'amélioration de la performance de l'entreprise. Il peut être complété par une

Figure 6.3. Mesures d'apprentissage organisationnel
Réorientation des compétences

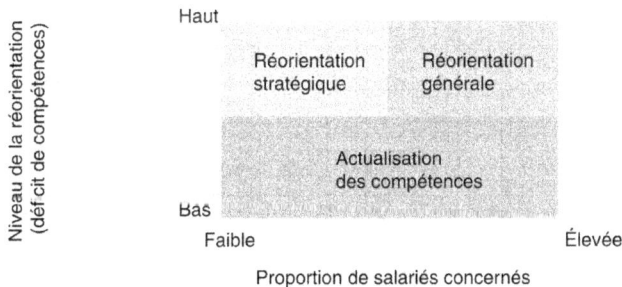

Les scénarios de réorientation	Réorientation exhaustive ou actualisation des compétences.
Réorientation stratégique	Certaines catégories des salariés ont besoin d'acquérir un nouveau savoir-faire stratégique.
Réorientation générale	Une forte proportion de salariés a besoin d'une réorientation de compétences.
Actualisation des compétences	Une partie plus ou moins importante du personnel requiert une actualisation de ses compétences essentielles.

Figure 6.4. Ratio de couverture des postes stratégiques – Modèle de mesure

1 La chaîne des processus internes sert à identifier les familles de postes essentielles

2 La stratégie de développement du marché détermine le calendrier

Processus	Activités	Familles de postes
Cerner le marché	Identifier les segments	Conseillers de clientèle
	Définir la valeur économique	➤ Généralistes ➤
	Identifier les attentes	Spécialistes
Créer l'offre	Conception du produit Sourçage du produit Développement et présentation	➤ Service commercial
Commercialiser et vendre	Promouvoir Guider les clients	➤ Production

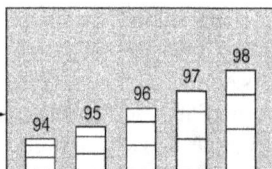

3 Chaque famille de postes a un profil de compétence

Compétence	Conseiller de clientèle		Service au client	Production
Secteur	Généraliste	Spécialiste		
• Industrie	X		X	
• Entreprise	X		X	
• Finance	X			
• Produit		X		X
• Systèmes			X	X
Qualification				
• Vente	X	X	X	X
• Conseil	X	X	X	X
• Analyse financière		X	X	X
• Type de service	X	X	X	
Orientation				
• Style	X			
• Culture	X		X	
• Expérience		X		X

Indicateur

Couverture des postes stratégiques (% des besoins couverts)

	1994	1995	1996	1997
Niveau I	85 %	60 %	30 %	10 %
Niveau II		80 %	50 %	30 %
Niveau III			75 %	50 %
Niveau IV				

5 La stratégie de développement du savoir-faire pilote le déploiement des postes

Niveau 1	Cadre
Niveau 2	Agent de maîtrise
Niveau 3	Employé
Niveau 4	Apprenti

4 L'évaluation du personnel révèle les qualifications existantes et les ➤ besoins en réorientation mesure des suggestions appliquées pour évaluer la qualité des suggestions et montrer aux salariés que leurs idées sont prises en compte.

Les dirigeants d'une entreprises, déçus par le niveau et la qualité de la participation des salariés au système de suggestions, ont décidé :

• d'afficher la liste de toutes les suggestions mises en œuvre, afin d'accroître la visibilité et la crédibilité du système ;

• de communiquer les progrès réalisés grâce aux suggestions des salariés ;

• de mettre en place un nouveau système de récompense pour les suggestions appliquées.

Cette initiative s'est traduite par une augmentation spectaculaire du nombre de suggestions présentées et appliquées.

Rockwater a inclus le nombre de suggestions parmi les indicateurs de la première version de son TBP mais le résultat a été décevant. Une enquête a révélé que les employés avaient le sentiment que leurs suggestions n'étaient pas suivies d'effet. Les dirigeants de l'entreprise ont donné instruction aux chefs de projet de prendre note de toutes les suggestions et de tenir les employés informés des suites qui y étaient données. Ce retour d'information et la mise en œuvre de nombreuses suggestions ont amené une augmentation du nombre de celles-ci. Les économies qu'elles ont permis de réaliser chaque année ont été estimées à plusieurs centaines de milliers de dollars.

Indicateurs d'amélioration

Le résultat tangible de la mise en œuvre des suggestions formulées par les salariés ne se mesure pas uniquement en termes d'économies. Les entreprises peuvent aussi viser des améliorations de la qualité, de la réactivité ou de la performance de certains processus internes ou vis-à-vis de certaines catégories de clients. L'indicateur intermédiaire (voir figure 6.5.) développé par Art Schneiderman lorsqu'il était responsable de la qualité et de la productivité chez Analog Devices, mesure le laps de temps nécessaire pour améliorer de 50 % la performance des processus [1]. Cet indicateur peut être appliqué à n'importe quel aspect des processus (coût, qualité ou durée des cycles) que l'entreprise souhaite améliorer. Les retards de livraison, le nombre de défauts, le taux de déchets et l'absentéisme font partie des paramètres auxquels cet indicateur peut s'appliquer. Il peut même être appliqué aux pertes de temps qui augmentent la durée des cycles de production ou de développement des nouveaux produits.

---

1. A. Schneiderman, « Setting Quality Goals », *Quality Progress*, avril 1988, p. 51-57 ; voir aussi R.S. Kaplan, « Analog Devices, Inc. : The Half-Life System », 9-190-061, Boston, Harvard Business School, 1990.

Cet indicateur suppose que les équipes qualité, en suivant une démarche d'amélioration rigoureuse, doivent pouvoir réduire les défauts à un rythme constant (voir tableau ci-dessous). Supposons, par exemple, qu'une entreprise ait identifié la ponctualité des livraisons parmi les attributs auxquels ses clients attachent une grande importance. Actuellement, 30 % des commandes sont livrées en retard. Si l'objectif est de ramener cette proportion à 1 % en quatre ans (48 mois), cette entreprise peut l'atteindre (voire le dépasser) par un processus d'amélioration continue réduisant les retards de 50 % tous les neufs mois :

Mois	Livraisons en retard (%)
0	30
9	15
18	7,5
27	3,8
36	1,9
45	1,0

En établissant le rythme d'élimination des défauts, surveillé au moyen d'indicateurs intermédiaires, les managers peuvent suivre les progrès et contrôler qu'ils gardent le cap qui mènera à la performance souhaitée dans les délais prévus.

Pour mesurer le résultat des suggestions des salariés et leur participation au processus d'amélioration au moyen d'indicateurs intermédiaires, une entreprise doit :

- identifier les améliorations à apporter au processus interne concerné et les moyens de les mettre en œuvre ;
- définir des indicateurs intermédiaires ;
- construire un tableau indiquant le pourcentage de processus qui s'améliorent au rythme ponctué par les indicateurs intermédiaires.

Le nombre de suggestions appliquées et le rythme d'amélioration des processus clés sont également de bonnes mesures de résultats pour l'alignement des objectifs individuels et ceux de l'entreprise. Elles permettent d'évaluer la participation des salariés aux efforts d'amélioration de la performance.

Indicateurs d'alignement des objectifs

Les indicateurs d'alignement des objectifs individuels et de l'entreprise permettent de déterminer si les objectifs des départements et des salariés concordent avec ceux que l'entreprise a inclus dans le TBP. Une entreprise a mis au point un processus pour « dérouler » le TBP jusqu'à la base de la pyramide hiérarchique (voir figure 6.6). Ce processus avait deux objectifs essentiels :

1. Aligner les objectifs des salariés, des unités et de l'entreprise, d'une part, et relier les systèmes de gratification à la réalisation de ces objectifs, d'autre part.
2. Établir des mesures de performance par équipes.

Les mesures de suivi du déroulement ont été définies pendant la mise en œuvre du processus. Dans la première phase, la direction a défini le contexte et les grandes orientations du TBP. Elle a demandé aux managers de définir des mesures pour leur secteur et de mettre en place une procédure de diffusion verticale du système dans leurs unités. La mesure de résultats de cette première phase était le pourcentage de managers connaissant le TBP. Le TBP a ensuite été communiqué à toute l'entreprise, accompagné de plans de mise en application. L'indicateur de suivi de cette deuxième phase était le pourcentage d'employés ayant pris connaissance du système. Dans une troisième phase, la direction et l'encadrement ont défini ensemble des objectifs pour les indicateurs financiers et non financiers du TBP et relié le système de primes à leur réalisation. Enfin, un nouvel indicateur – le pourcentage de managers dont les objectifs personnels concor-

Figure 6.5. L'indicateur intermédiaire

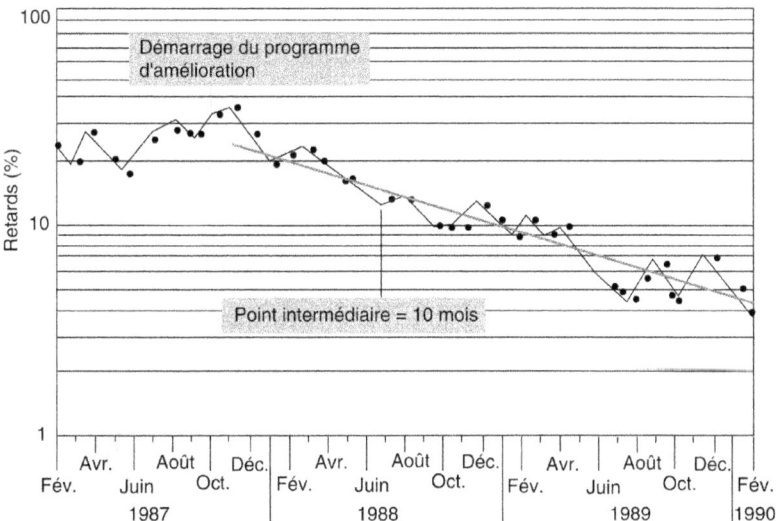

daient avec ceux du TBP – a été introduit pour suivre le résultat de ce déroulement.

Dans la dernière phase de la mise en œuvre, l'ensemble des activités et des objectifs individuels a été relié aux objectifs et aux mesures du système. Deux indicateurs ont été retenus pour mesurer le résultat de cette étape : le pourcentage d'employés dont les objectifs concordaient avec ceux du TBP et le pourcentage de ceux qui atteignaient leurs objectifs individuels. Une autre entreprise a choisi de suivre, parmi les vingt unités directement rattachées à la direction générale, celles dont les objectifs étaient en harmonie avec le TBP. Les dirigeants ont organisé une série de réunions avec les responsables des vingt unités pour étudier avec eux une démarche qui permettrait de :

• définir les indicateurs destinés à évaluer la cohérence des activités au regard des objectifs du TBP ;

Figure 6.6. Alignement des objectifs individuels – Modèle de mesure

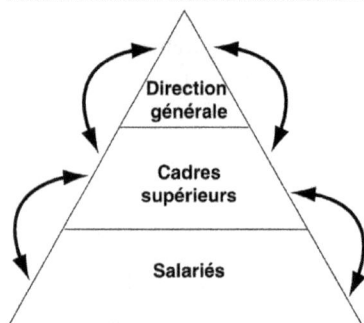

1. Information de l'encadrement

• Créer un contexte pour faire connaître les objectifs communs *via* le TBP
• Expliquer et faire accepter le TBP
• Demander aux managers d'adapter les mesures à leur champ de responsabilités
• Demander aux managers de suivre la performance afin de créer une base de données pour définir des objectifs
• Demander aux managers d'établir et d'appliquer un plan de diffusion du TBP dans toute l'entreprise

3. Définition des objectifs

• Mettre en place un processus descendant de définition des objectifs financiers
• Mettre en place un processus ascendant de définition des objectifs financiers pour les indicateurs non financiers

2. Information des salariés

• Expliquer le contexte, les stratégies et les initiatives de l'entreprise
• Présenter le TBP : nature, rôle, mise en œuvre, résultats, évolution

4. Alignement des objectifs personnels

• Chaque salarié fixe un objectif stratégique articulé au TBP pour une activité (et/ou une mesure) qui aura une incidence sur la performance
• Les objectifs personnels sont établis en accord avec la direction

Déroulement de la mesure
Les indicateurs évoluent pendant la mise en œuvre
1. % de dirigeants appliquant le TBP
2. % de salariés appliquant le TBP
3. % de dirigeants dont les objectifs sont alignés sur ceux du TBP
4. % de salariés dont les objectifs sont alignés sur le TBP et % de ceux qui les atteignent

- développer des mesures de résultats ;
- tenir les salariés informés des progrès dans l'alignement des objectifs sur le TBP ;
- mesurer l'alignement des objectifs individuels et de l'entreprise.

L'indicateur de la performance était la proportion d'unités ayant mené à bien le processus d'alignement.

Les entreprises peuvent adopter des indicateurs de mesure finale mais aussi des indicateurs intermédiaires pour évaluer les progrès de l'harmonisation des objectifs individuels et de l'entreprise. Une enquête peut être faite à intervalle régulier pour mesurer la contribution des salariés à la réalisation des objectifs du TBP. Il faut toutefois mesurer préalablement la connaissance du système chez les salariés et leur adhésion à la nouvelle stratégie de l'entreprise.

Un fabricant de petits appareils ménagers, qui suivait les résultats de ses campagnes de publicité, de promotion et de marketing au travers d'études de marché, a utilisé cette technique en deux temps pour évaluer le degré de connaissance du TBP et la réaction de ses salariés à ce nouveau système. La mise en place du système a été traitée comme le lancement d'un nouveau produit : l'entreprise a effectué une série d'enquêtes auprès des salariés pour déterminer l'impact du « produit » (le TBP) sur le « marché » (un échantillon de salariés). Les réponses étaient classées selon le degré d'implication :

Degré d'implication	Réaction
I. Connaissance de l'existence du TBP	« J'ai entendu parlé du TBP mais je ne me sens pas concerné. »
II. Expérimentation du TBP	« J'ai commencé à modifier ma façon de travailler en fonction des indications données par le TBP. »
III. Bonne opinion du TBP	« Le nouveau système est efficace : il a des effets positifs sur mon travail, sur la satisfaction des clients et sur les résultats de l'entreprise. »
IV. Fidélité du TBP	« Je suis converti ! Je pense que ce nouveau système est le bon et j'essaie d'en convaincre les autres. »

Cette enquête a aidé la direction à mesurer la connaissance du système, l'adhésion des salariés aux objectifs et aux mesures qui l'accompagnent et à identifier les secteurs dans lesquels un surcroît d'attention était nécessaire.

Mesure de la performance par équipe

Les entreprises savent que la réalisation d'objectifs ambitieux concernant les clients et les actionnaires exige des processus internes très performants. Les managers sont conscients que ces objectifs ne peuvent pas être atteints si les salariés s'y attaquent isolément, quels que soient leur savoir-faire et leur motivation. De plus en plus souvent, les entreprises constituent des équipes pour prendre en charge les processus clés que sont le développement des produits, le service au client et la production. Elles ont besoin d'objectifs et de mesures pour motiver ces équipes et suivre leur performance. National Insurance, dans le cadre de son recentrage vers l'assurance-dommages, a organisé tous ses processus autour d'équipes. Elle a défini sur l'axe « apprentissage organisationnel » de son TBP six indicateurs pour la cohésion des équipes et leur performance :

1. Enquête interne sur la constitution des équipes et les synergies créées par leur intermédiaire entre les unités.

2. Niveau de partage des gains : cet indicateur mesure les partenariats établis par l'entreprise avec d'autres unités, d'autres entreprises ou des clients.

3. Nombre de projets intégrés : le nombre de projets auxquels ont participé plusieurs unités.

4. Utilisation du service d'expertise des sinistres : le pourcentage de nouvelles polices vendues pour lesquelles ce service a été consulté.

5. Pourcentage de plans d'activité établis par les équipes : le pourcentage d'unités qui établissent leur plan avec l'assistance des services du siège.

6. Pourcentage d'équipes ayant des objectifs communs.

Ces mesures traduisent clairement la volonté de l'entreprise de voir les salariés travailler en équipe et les équipes se prêter mutuellement assistance.

On peut encourager le travail en équipe en l'associant à un système d'intéressement aux bénéfices pour toutes les équipes ayant un but commun. Une entreprise propose trois mesures des résultats de cet effort de motivation :

1. Le pourcentage de projets amenant de nouveaux clients.

2. Le pourcentage de projets dégageant des gains potentiels.

3. Le pourcentage de projets pour lesquels les incitations étaient liées aux résultats.

UN DÉFICIT D'INDICATEURS

Alors que les axes « financier », « clients » et « processus internes » comportent de nombreux indicateurs que chaque entreprise peut adapter à sa situation propre, il n'en va pas de même en ce qui concerne l'apprentissage organisationnel. Les entreprises ont bien avancé dans le développement de mesures spécifiques pour les objectifs des trois premiers axes du TBP. Mais en ce qui concerne l'apprentissage organisationnel, elles n'ont guère fait d'efforts pour définir les mesures qui leur permettraient d'évaluer leur performance dans ce domaine. Ce déficit est préoccupant, car l'un des buts essentiels de la construction d'un TBP en tant que système de management est de promouvoir l'apprentissage organisationnel.

Nous reviendrons sur ce déficit d'indicateurs au chapitre 10, lorsque nous parlerons du rôle du TBP dans le processus de management. Pour l'instant, notons que l'absence de mesures spécifiques est le signe incontestable que l'entreprise n'articule pas ses objectifs stratégiques aux actions de réorientation des compétences des salariés, de diffusion de l'information et d'alignement des objectifs individuels et globaux. Les entreprises qui mettent en œuvre des actions de ce type les considèrent souvent comme une fin en soi. Elles se justifient par leurs seuls mérites et non en tant que moyens d'aider l'entreprise à atteindre des objectifs à long terme, financiers ou vis-à-vis des clients. Des ressources y sont consacrées, mais ces efforts ne sont pas orientés, de façon spécifique et mesurable, sur la réalisation des objectifs stratégiques. Cette lacune génère des frustrations :

Figure 6.7. Mesures de résultat de la communication du nouveau projet

Cibles	Degré de changement d'attitude			
	Connaissance A entendu parler du TBP	Expérience A expérimenté le TBP	Adhésion Croit au TBP	Engagement Promeut le TBP
Équipe dirigeante (20)				
Encadrement (50)				
Leaders d'opinion (500)				
Employés (5 000)				

■ Entreprise

▓ Unités

les dirigeants, incertains quant à la durée des investissements et faute de mesures de résultats, ne perçoivent pas le rôle clé de l'apprentissage organisationnel dans la performance de l'entreprise.

Le déficit, à ce stade, de mesures plus explicites et spécifiques à chaque entreprise ne résulte pas d'un vice intrinsèque ou d'une faiblesse de cet axe dans le TBP. Il montre plutôt que la plupart des entreprises ne relient pas assez étroitement les objectifs concernant les employés, les systèmes d'information et l'apprentissage organisationnel à leurs objectifs stratégiques à long terme. On verra au chapitre suivant comment le TBP, avec les relations de cause à effet entre les indicateurs de ses quatre axes, permet de relier étroitement la performance en matière d'apprentissage organisationnel à celle des trois autres axes.

En attendant que les entreprises développent leurs propres indicateurs, nous proposons dans ce chapitre des indicateurs génériques : ratio de couverture des postes stratégiques, disponibilité des informations stratégiques, pourcentage de processus atteignant les objectifs d'amélioration et proportion de salariés dont les objectifs sont alignés sur ceux du TBP. Ces indicateurs génériques identifient les lacunes dans le potentiel de l'entreprise et servent également de jalons aux managers et aux salariés pour définir des mesures plus spécifiques.

DES JALONS

Michael Beer, spécialiste du management stratégique des ressources humaines, propose une autre démarche lorsque les indicateurs sont insuffisants ou inexistants [2]. Supposons qu'une entreprise décide que « les salariés doivent participer plus activement à la mise en œuvre du TBP ». Exprimé ainsi, cet objectif est trop flou pour pouvoir être mesuré de façon précise ou pour un coût raisonnable. Lorsque les managers procèdent à un bilan stratégique de la mise en œuvre, ils résument dans une note les actions menées, les résultats obtenus et le niveau actuel des compétences du personnel, en rappelant le but visé. Si elle n'a pas le même impact qu'une mesure de résultats et ne peut en aucun cas la remplacer durablement, elle constitue néanmoins un jalon pour évaluer la performance en

---

2. M. Beer, R. Eisenstat et R. Biggadike, « Developping an Organization Capable of Strategy Implementation and Reformulation », dans *Organizational Learning and Competitive Advantage*, éd. B. Boingon et A. Edmonson, Londres, Sage, 1996.

matière d'apprentissage organisationnel et permet d'orienter l'action future. Elle facilite l'analyse et le retour d'expérience, met en évidence une lacune du TBP et rappelle aux dirigeants la nécessité de suivre la réalisation des objectifs stratégiques au moyen d'indicateurs spécifiques et de développer un système de mesures pour l'axe « apprentissage organisationnel » du TBP.

RÉSUMÉ

La réalisation des objectifs des axes « financier », « clients » et « processus internes » du TBP est subordonnée à la performance de l'entreprise dans le domaine de l'apprentissage organisationnel, dont les déterminants sont au nombre de trois : la réorientation des compétences, les capacités des systèmes et l'alignement des objectifs individuels et de l'entreprise. Les stratégies visant à réaliser une avancée dans la performance exigent en général des investissements importants dans le développement des ressources humaines, des systèmes et des processus internes de l'entreprise. Il est donc logique que des objectifs et des indicateurs applicables à ces déterminants de la performance soient intégrés à l'axe « apprentissage organisationnel » du TBP.

Trois indicateurs – satisfaction, productivité et fidélité – permettent de mesurer les fruits des investissements humains. Les indicateurs et les mesures de résultats sont moins nombreux et plus génériques sur l'axe « apprentissage organisationnel » que sur les trois autres. Le déficit actuel d'indicateurs souligne le potentiel de développement de mesures personnalisées, plus étroitement articulées à la stratégie de l'entreprise.

Chapitre 7

RELIER LES MESURES À LA STRATÉGIE

Dans les premiers chapitres de ce livre, nous avons présenté les indicateurs et mesures des axes « financier », « clients » « processus internes » et « apprentissage organisationnel » autour desquels s'articule le tableau de bord prospectif. Mais à quoi tient l'efficacité du TBP ?

Tout système de mesure doit avoir pour but de piloter la mise en œuvre de la stratégie, communiquer le projet et la vision de l'entreprise. Dirigeants et salariés peuvent ainsi se concentrer sur les moyens de concrétiser ce projet et rendre cohérents les investissements, les initiatives et les actions stratégiques.

Le TBP doit être un vecteur de communication de la stratégie. En effet :

• Il énonce le projet et la stratégie de l'entreprise et les fait partager à tous les acteurs.

• Il constitue un modèle générique au travers duquel chacun peut mesurer sa contribution à la performance globale. Sans ce trait d'union, les salariés et les départements peuvent apporter des améliorations locales, mais pas contribuer à la réalisation des objectifs stratégiques.

• Il focalise les efforts de changement. Dès lors que les objectifs sont pertinents et les mesures adaptées, leur mise en œuvre ne peut être qu'efficace. Dans le cas contraire, les investissements et les initiatives restent sans effet.

Comment savoir si le TBP est le miroir du projet et de la stratégie de l'entreprise ? La réponse tient en un mot : transparence. En effet, le TBP ne doit pas seulement être construit à partir de la stratégie ; il faut aussi qu'il permette de la reconstituer. Un observateur doit être capable de discerner au premier coup d'œil la stratégie qui a guidé la définition des objectifs et des mesures du TBP.

Nous en voulons pour preuve ce commentaire d'un P-DG, à qui nous présentions le TBP de son entreprise :

Autrefois, si j'avais perdu le plan stratégique et qu'un concurrent l'ait trouvé, j'aurais été furieux, mais la perte n'aurait pas été considérable. De même, si j'avais égaré le compte d'exploitation mensuel et qu'un concurrent en ait eu connaissance, j'aurais été contrarié mais ce n'aurait pas été un drame. En revanche, ce tableau de bord prospectif décrit si précisément notre stratégie que si un concurrent l'avait entre les mains, il saurait comment la rendre inopérante.

Un tel niveau de transparence indique que le TBP réussit véritablement à traduire une stratégie en un ensemble cohérent de mesures de performance.

RELIER LES MESURES À LA STRATÉGIE

Comment construire un TBP qui relie les mesures à la stratégie ? Trois éléments y contribuent :

1. Les relations de cause à effet
2. Les déterminants de la performance
3. L'articulation aux résultats financiers

Les relations de cause à effet

Une stratégie est un ensemble d'hypothèses de relations de cause à effet. Par exemple, l'amélioration de la formation des vendeurs peut être reliée à l'augmentation du chiffre d'affaires, en tenant le raisonnement suivant :

Des vendeurs mieux formés sont plus performants, ils vendent davantage, donc le chiffre d'affaires augmente.

Un TBP bien construit doit énoncer la stratégie au travers d'une suite de relations de cause à effet comme celle-ci. Il doit faire apparaître clairement le rapport entre les objectifs (et les mesures) des quatre axes de manière à ce qu'ils soient d'abord validés puis exploités. Il doit éclairer l'enchaînement des hypothèses de relations de cause à effet entre les mesures de résultats et les déterminants de la performance. *Chaque mesure sélectionnée pour le TBP doit être un élément d'une chaîne de relations de cause à effet exprimant l'orientation stratégique de l'entreprise.*

Mesures de résultats et déterminants de la performance

Tous les TBP s'appuient sur des indicateurs génériques qui sont le reflet d'objectifs et de structures communs à de nombreuses entreprises. Il s'agit souvent d'indicateurs a posteriori comme la rentabilité, la part de marché, la satisfaction et la fidélité des clients, le savoir-faire du personnel. Par contre, les déterminants de la performance – les indicateurs avancés – sont propres à chaque entreprise. Ils reflètent la spécificité de sa stratégie et déterminent notamment les indicateurs financiers qu'elle utilisera – rentabilité, segments de marché visés, objectifs des processus internes et d'apprentissage organisationnel – pour apporter aux clients ciblés une offre à forte valeur ajoutée.

Un bon TPB doit associer des mesures de résultats et des déterminants de la performance. Les premières, seules, ne montrent pas comment obtenir les résultats. Par ailleurs, elles ne donnent aucune indication quant à la bonne mise en œuvre de la stratégie. Inversement, des déterminants de la performance comme la durée des cycles et les taux de défauts en ppm, sans mesures de résultats, permettent à l'entreprise d'apporter des améliorations à court terme, mais n'indiquent pas leurs répercussions sur l'accroissement du volume d'activité avec la clientèle existante et de nouveaux clients et, *in fine*, sur l'amélioration de la performance financière. *Un bon TBP doit associer des mesures de résultats (indicateurs a posteriori) et des déterminants de la performance (indicateurs avancés) adaptés à la stratégie de l'entreprise.*

Articulation aux résultats financiers

Compte tenu de la prolifération des programmes de changement dans les entreprises, il est facile d'être obnubilé par des objectifs comme la qualité, la satisfaction des clients, l'innovation et la responsabilisation des salariés, au point de ne plus en percevoir la finalité réelle. Ces programmes peuvent contribuer à améliorer la performance, mais il est peu probable que ce soit le cas s'ils sont considérés comme une fin en soi. Les problèmes financiers de certains des récents lauréats du prix Baldrige de la qualité témoignent de la nécessité de relier la performance opérationnelle aux résultats financiers.

Le TBP doit réserver une large place aux mesures de résultats comme le retour sur le capital engagé ou la valeur ajoutée économique. Les managers omettent souvent de relier les programmes de Qualité Totale, de réduction de la durée des cycles, de *reengineering*, de responsabilisation des employés ou autres, aux résultats qui ont une incidence directe sur la satisfaction des clients ou la performance financière. Ces programmes sont considérés, à tort, comme une fin en soi. Inévitablement, les entreprises finissent par se lasser de l'absence de résultats tangibles de leurs efforts. *C'est pourquoi les relations causales de toutes les mesures du TBP doivent être articulées aux objectifs financiers.*

Deux études de cas illustrent ces trois principes : Metro Bank et National Insurance.

METRO BANK

Metro Bank est confrontée à deux problèmes : (1) une dépendance excessive à l'égard d'un seul produit (les dépôts) et (2) une structure de coût telle que les opérations effectuées avec 80 % de ses clients actuels ne sont pas rentables aux taux d'intérêt en vigueur. Pour résoudre ces problèmes, Metro s'est engagée dans une stratégie comportant deux angles d'attaque :

1. L'augmentation du chiffre d'affaires en diversifiant les sources de revenus par l'offre de nouveaux produits et services à la clientèle existante.

2. L'amélioration de la productivité en orientant les clients non rentables vers des circuits de distribution moins coûteux (par exemple, la banque directe).

Lors de la construction de son TBP, Metro Bank a traduit cette stratégie en objectifs et en mesures correspondant aux quatre axes, en veillant tout particulièrement à identifier et mettre en lumière les relations de cause à effet sur lesquelles reposaient la stratégie (voir figure 7.1). Pour le premier axe stratégique – l'augmentation du chiffre d'affaires – les objectifs financiers étaient clairs : élargir le mix produits. Pour ce faire, Metro devait analyser sa base de clientèle existante, identifier les clients potentiellement intéressés par une gamme plus large de services et de produits financiers, les développer et mettre en œuvre une action commerciale pour faire connaître cette offre aux clients ciblés. Mais en analysant leurs objectifs, les dirigeants de Metro ont fait une constatation : aux yeux des clients ciblés, ni la banque ni les chargés de clientèle n'apparaissaient comme des fournisseurs logiques de produits ou services plus diversifiés, tels que fonds de placement, cartes de crédit, crédits de toute sorte, conseil financier. Ils en ont conclu que pour que la nouvelle stratégie de la banque soit une réussite, il fallait modifier l'image de la banque de manière à ce que les clients ne la considèrent plus seulement comme une banque commerciale mais comme un fournisseur de conseils financiers.

L'objectif financier et la nouvelle offre à forte valeur ajoutée ayant été définis, le processus de construction du TBP s'est concentré sur les processus

Figure 7.1. La stratégie de Metro Bank

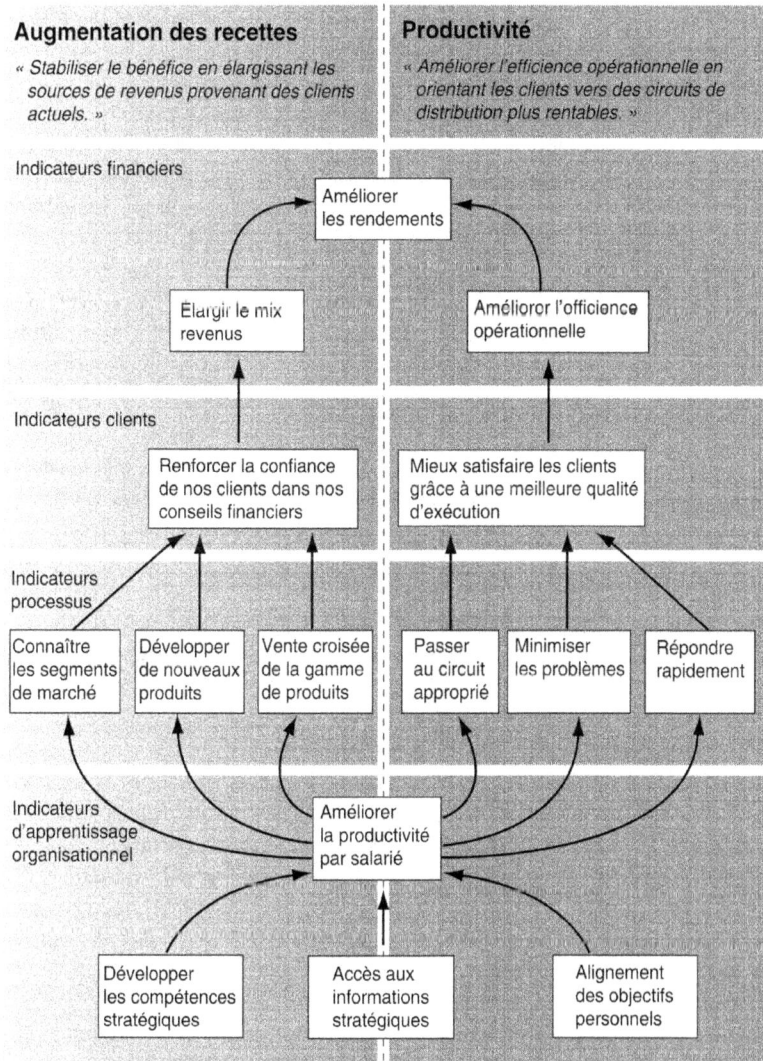

Augmentation des recettes	**Productivité**
« Stabiliser le bénéfice en élargissant les sources de revenus provenant des clients actuels. »	*« Améliorer l'efficience opérationnelle en orientant les clients vers des circuits de distribution plus rentables. »*

Indicateurs financiers

Améliorer les rendements

Élargir le mix revenus

Améliorer l'efficience opérationnelle

Indicateurs clients

Renforcer la confiance de nos clients dans nos conseils financiers

Mieux satisfaire les clients grâce à une meilleure qualité d'exécution

Indicateurs processus

Connaître les segments de marché

Développer de nouveaux produits

Vente croisée de la gamme de produits

Passer au circuit approprié

Minimiser les problèmes

Répondre rapidement

Indicateurs d'apprentissage organisationnel

Améliorer la productivité par salarié

Développer les compétences stratégiques

Accès aux informations stratégiques

Alignement des objectifs personnels

internes essentiels à la réussite de la nouvelle stratégie. Trois processus transversaux ont été identifiés : (1) la connaissance des clients ;   (2) le développement de nouveaux produits et services et (3) la vente croisée de produits et services multiples. Chaque processus devait être restructuré pour tenir compte des objectifs stratégiques. Par exemple, depuis toujours, le marketing s'appuyait essentiellement sur des méthodes de publicité classiques. Le personnel des agences était réactif, aidait les clients à ouvrir des comptes et à les gérer. La banque n'avait pas de culture commerciale, comme en témoignait une étude montrant que les employés ne consacraient que 10 % de leur temps aux contacts directs avec les clients. Elle a donc lancé un vaste programme de *reengineering* pour redéfinir le processus de vente et mettre en place une démarche relationnelle qui amène les salariés à mettre l'accent sur le conseil financier. Deux indicateurs ont été incorporés au TPB pour ce processus interne. Un ratio de vente croisée – le nombre moyen de produits vendus à un ménage – mesurait l'efficacité commerciale. Cet indicateur *a posteriori* permettait de voir si le nouveau processus était ou non performant. Le second indicateur, le temps passé avec les clients, servait à communiquer aux chargés de clientèle la nouvelle culture qu'impliquait la stratégie : celle–ci ne pouvait être efficace si le vendeur ne passait pas davantage de temps avec les clients. Ce paramètre était donc un indicateur avancé de la performance pour cet axe stratégique.

Les objectifs relatifs aux processus internes ont mis en évidence en ensemble de facteurs d'amélioration de l'efficacité des employés qui favoriseraient la mise en œuvre de la stratégie d'augmentation du chiffre d'affaires. L'axe « apprentissage organisationnel » du TPB a révélé la nécessité d'engager trois actions : (1) élargir les compétences des chargés de clientèle (pour en faire des conseillers financiers connaissant parfaitement la gamme de produits) ; (2) améliorer l'accès à l'information (fichiers clients intégrés) ; (3) adapter les systèmes d'incitations pour promouvoir le nouveau comportement. Les indicateurs *a posteriori* comprenaient une mesure de la productivité – le chiffre d'affaires moyen par salarié – et une autre, relative à l'état d'esprit du personnel, mesuré par une enquête de satisfaction. Les indicateurs avancés étaient axés sur les profonds changements à orchestrer au sein du personnel : (1) l'actualisation des compétences élémentaires et spécialisées (ratio de couverture des postes stratégiques) ; (2) l'accès aux informations et aux systèmes (ratio de disponibilité de l'information stratégique) ; (3) l'adaptation des objectifs et des incitations individuels aux nouvelles priorités (alignement des objectifs personnels et de l'entreprise).

Ces indicateurs ont ouvert la voie à la mise en place de processus de management totalement nouveaux. Prenons, par exemple, le ratio de couverture des postes stratégiques. Toute stratégie de changement, y compris celle de Metro Bank, passe inévitablement par la réorientation des compétences de certaines catégories de salariés, qui doivent être formés pour faire face aux nouvelles exigences. Ce savoir-faire stratégique constitue soit un actif (lorsqu'il existe) soit un passif (dans le cas contraire). Le développement du capital intellectuel est l'indicateur avancé qui permet d'évaluer à long terme la réussite réelle de la stratégie. La mesure la plus efficace que nous ayons trouvée concernant les compétences stratégiques est dérivée des réponses à trois questions : Quelles sont les compétences nécessaires ? Quelles sont celles qui existent actuellement ? Quelle est l'importance du déficit ? Le ratio de couverture des postes stratégiques mesure le passif (le déficit illustré par la figure 6.4). Malgré son importance et sa simplicité, très rares sont les entreprises qui parviennent à mettre cet indicateur en place faute de pouvoir répondre à ces trois questions. La définition de cette mesure a conduit de nombreuses entreprises à restructurer leur processus de développement des ressources humaines. La figure 7.2 illustre la relation entre les indicateurs du TBP et l'action stratégique mise en place pour combler le déficit de couverture des postes stratégiques. Le processus de définition des priorités stratégiques et des mesures les plus aptes à les traduire a amené à redéfinir le programme de

Figure 7.2. Améliorer la productivité des salariés

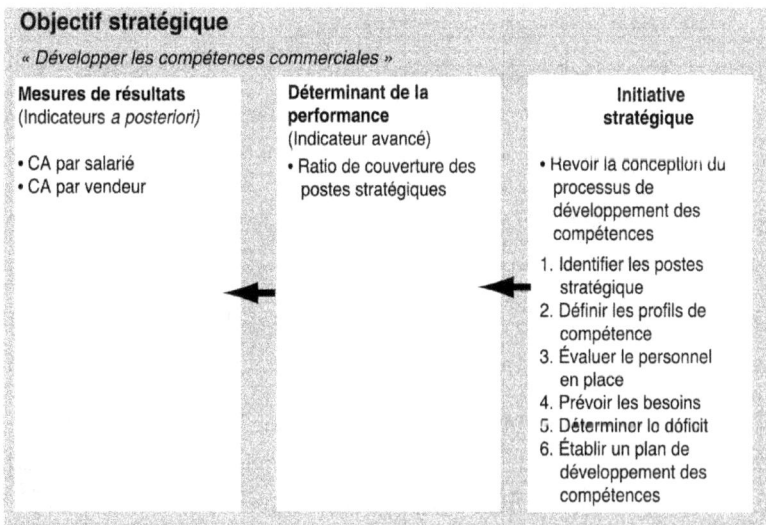

Objectif stratégique

« *Développer les compétences commerciales* »

Mesures de résultats (Indicateurs *a posteriori*)	Déterminant de la performance (Indicateur avancé)	Initiative stratégique
• CA par salarié • CA par vendeur	• Ratio de couverture des postes stratégiques	• Revoir la conception du processus de développement des compétences 1. Identifier les postes stratégique 2. Définir les profils de compétence 3. Évaluer le personnel en place 4. Prévoir les besoins 5. Déterminer le déficit 6. Établir un plan de développement des compétences

management nécessaire pour exécuter la stratégie. Si elles n'y avaient pas été conduites par la construction du TBP et par le raisonnement systémique qui l'accompagne, ces entreprises n'auraient sans doute pas traité le déficit de compétences avec une telle efficacité et aussi rapidement.

La figure 7.3 résume les objectifs et les mesures du TBP de Metro Bank, qui associe indicateurs avancés et indicateurs *a posteriori*. Très logiquement, les axes « financier » et « clients » de ce TBP comportent peu d'indicateurs avancés ; la plupart de ceux-ci se trouvent sur les axes « processus internes » et « apprentissage organisationnel ». Les figures 7.1 et 7.3 montrent avec quelle précision le TBP de Metro Bank décrit unechaîne de relations de cause à effet qui intègre des indicateurs avancés et *a posteriori* ayant tous la même finalité : améliorer la performance financière.

Figure 7.3. Le TBP de Metro Bank

Objectifs stratégiques	Indicateurs stratégiques	
	(Indicateurs *a posteriori*)	(Indicateurs avancés)
Financiers F1 - Améliorer la rentabilité F2 - Diversifier les sources de revenus F3 - Réduire la structure des coûts	Retour sur investissement Augmentation du chiffre d'affaires Évolution du coût des dépôts	Mix des sources de revenus
Clients C1 - Accroître la satisfaction des clients à l'égard des produits et des salariés C2 - Accroître la satisfaction « après la vente »	Part de marché par segment Conservation des clients	Élargir la relation de clientèle Enquête de satisfaction
Processus P1 - Connaître les clients P2 - Créer des produits innovants P3 - Vente croisée des produits P4 - Orienter les clients sur des circuits rentables P5 - Minimiser les problèmes opérationnels P6 - Service réactif	CA généré par les nouveaux produits Ratio de vente croisée Évolution du mix circuits Taux d'erreurs dans le service Temps de réponse aux demandes	Cycle de développement des produits Temps consacré aux clients
Apprentissage organisationnel A1 - Développer les compétences stratégiques A2 - Fournir des informations stratégiques A3 - Aligner les objectifs personnels	 Satisfaction des salariés CA par salarié	Ratio de couverture des postes stratégiques Ratio de disponibilité des informations stratégiques Alignement des objectifs personnels (%)

NATIONAL INSURANCE COMPANY

Le secteur de l'assurance est sans doute celui dans lequel l'importance de l'articulation des mesures de résultats aux déterminants de la performance apparaît le plus clairement. L'assurance est une activité où l'information et la mesure jouent un rôle prépondérant et très caractéristique par la longueur des délais entre le moment où les décisions sont prises et celui où elles produisent leurs effets. Par exemple, la performance d'une activité essentielle – l'évaluation et le chiffrage du risque – ne peut pas être évaluée avant que des sinistres se produisent et soient réglés. Il peut s'écouler de deux à cinq ans entre la survenue d'un sinistre assuré et son règlement ; dans certains cas, l'amiante par exemple, le délai est de plusieurs décennies. Dans un tel contexte, une combinaison d'indicateurs avancés et *a posteriori* est indispensable pour mesurer et piloter la performance.

National Insurance, compagnie d'assurance-dommages, était en difficulté depuis de nombreuses années. La nouvelle équipe dirigeante mise en place pour redresser la situation décide de transformer cette compagnie généraliste – offrant une large gamme de services à l'ensemble du marché – en une compagnie spécialisée dont l'activité serait centrée sur certains créneaux bien définis. La nouvelle direction identifie une série de facteurs qui conditionnent la réussite de sa nouvelle stratégie. Il faut améliorer :

• la connaissance et l'approche des segments de marché visés ;

• le recrutement, la formation et la motivation des salariés ;

• les processus internes essentiels à l'exécution de la stratégie ;

• l'identification des segments de marché au travers des informations sur les sinistres.

Les dirigeants de National Insurance ont décidé de faire du TBP le principal instrument du redressement de la compagnie. Ils étaient en effet convaincus qu'il était le meilleur moyen de communiquer la nouvelle stratégie au personnel et de disposer rapidement d'indications sur les effets du changement de cap.

Ils ont commencé par définir les objectifs de la nouvelle stratégie (voir figure 7.4). Ils ont ensuite sélectionné des mesures de résultats pour piloter la mise en œuvre de chacun de ces objectifs, en posant une question :

« Comment savoir si National Insurance a atteint cet objectif ? ». Des indicateurs *a posteriori* ont été développés pour évaluer la performance visée par la direction sur chaque axe de la nouvelle stratégie.

Ces mesures de résultats étaient spécifiques à une compagnie d'assurance-dommages. Le TBP n'aurait pas été significatif sans ces indicateurs mais ceux-ci, par eux-mêmes, ne suffisaient pas à identifier les déterminants d'une véritable avancée de la performance dans ce secteur d'activité. Le fait de disposer, à ce stade du processus de construction du TBP, d'indicateurs strictement génériques, a révélé un autre problème : chacune de ces mesures était un indicateur *a posteriori*, reflétant les résultats de décisions et d'actions très antérieures. Par exemple, si de nouvelles conditions de souscription étaient mises en place, le changement ne se traduirait pas dans la fréquence des sinistres avant au moins un an, et plus tard encore dans le ratio de pertes.

Figure 7.4. Le TBP de National Insurance

Objectifs stratégiques	Indicateurs stratégiques	
	Indicateurs de résultat *(a posteriori)*	Déterminants de la performance (indicateurs avancés)
Axe « financier »		
F1 - Répondre aux attentes des actionnaires	Retour sur investissement	
F2 - Améliorer la performance opérationnelle	Ratio combiné	
F3 - Assurer une croissance rentable	Mix d'activités	
F4 - Réduire le risque pour l'actionnaire	Pertes exceptionnelles	
Axe « clients »		
C1 - Améliorer la performance par agence	Acquisition/conservation (par rapport au plan)	Performance par agence (par rapport au plan)
C2 - Satisfaire les titulaires de polices ciblés	Acquisition/conservation (par segment)	Satisfaction des titulaires de polices (enquête)
Axe « processus internes »		
P1 - Développer les marchés cibles	Mix d'activité (par segment)	Développement des activités (par rapport au plan)
P2 - Souscrire des polices rentables	Ratio de perte	Contrôle de conformité des polices
P3 - Améliorer le ratio sinistres/primes	Fréquence des sinistres Gravité des sinistres	Audit qualité des sinistres
P4 - Améliorer la productivité	Ratio charges/produits	Évolution des effectifs Évolution des budgets de dépenses
Axe « apprentissage organisationnel »		
A1 - Actualisation des compétences	Productivité du personnel	Développement du personnel (par rapport au plan)
A2 - Accès aux informations stratégiques		Disponibilité des informations stratégiques (par rapport au plan)

Les mesures de résultats présentaient une image « équilibrée » de la stratégie, appuyée sur un ensemble d'indicateurs pour les axes « clients », « processus internes » et « apprentissage organisationnel » en sus des indicateurs financiers classiques. Mais un TBP s'appuyant uniquement sur des indicateurs *a posteriori* ne pouvait répondre à l'une des attentes des dirigeants : être informés au plus tôt de la réussite de la stratégie. Il n'aidait pas non plus à focaliser tous les acteurs de l'entreprise sur les déterminants de la performance future, c'est-à-dire sur le travail à accomplir chaque jour pour atteindre la performance visée. Articuler les indicateurs *a posteriori* aux déterminants de la performance est un exercice auquel toutes les entreprises sont confrontées, mais les délais entre les actions et leurs effets sont beaucoup plus longs dans l'assurance-dommages que dans tout autre secteur d'activité.

Les dirigeants de National Insurance ont procédé à une deuxième analyse, afin de déterminer les actions à entreprendre dans l'immédiat pour atteindre les objectifs à long terme. À chaque indicateur stratégique, ils ont associé un déterminant de la performance qui, le plus souvent, décrivait l'évolution d'un processus. Les indicateurs stratégiques du processus de souscription des polices, par exemple, étaient :

• le ratio de perte
• la fréquence des sinistres
• la gravité des sinistres

L'amélioration de la performance mesurée par ces indicateurs passait obligatoirement par celle du processus. Les dirigeants ont défini les critères d'une « bonne » souscription, qui décrivaient la procédure à suivre pour vendre une nouvelle police. Les dirigeants ont introduit un nouveau processus : chaque vendeur contrôle périodiquement un échantillon des polices qu'il a établies afin de déterminer si elles sont conformes à ces critères. Cet audit produit une mesure de résultats indiquant le pourcentage de polices nouvellement souscrites conformes aux normes du nouveau processus, un chiffre qui constitue l'indicateur avancé (le déterminant de la performance) de résultats – ratio de perte, fréquence et gravité des sinistres – qui apparaîtront beaucoup plus tard. En plus de cet audit, la direction a pris des initiatives similaires pour ses objectifs en matière de gestion des agences, de développement de nouvelles activités et de gestion des sinistres. De nouveaux indicateurs, représentant les déterminants de la performance pour ces objectifs, ont été définis pour communiquer la stratégie et suivre la performance à court terme. Ils comprenaient :

Mesure de résultats	Déterminants de la performance
Acquisition/conservation d'agents généraux	Performance réelle de l'agence par rapport aux prévisions
Acquisition/conservation des clients	Satisfaction des titulaires de polices (enquête)
Mix d'activité (par segment)	Développement des activités par rapport au plan
Fréquence et gravité des sinistres	Audit qualité des sinistres
Ratio des dépenses	Évolution des effectifs ; charges indirectes
Productivité des salariés	Développement du personnel par rapport au plan ; disponibilité des systèmes d'information

La figure 7.4 présente les nouveaux indicateurs avancés – déterminants de la performance – sélectionnés par National Insurance.

La figure 7.5 présente deux séries de relations de cause à effet : l'une reliant les objectifs d'apprentissage organisationnel aux objectifs clients et financiers, et l'autre associant chaque indicateur des axes « clients », « processus internes » et « apprentissage organisationnel » à un déterminant de la performance.

Le cas de National Insurance montre une fois encore que la construction d'un TBP entraîne des changements qui ont des effets positifs. La définition des indicateurs correspondant aux déterminants de la performance a conduit les dirigeants de la compagnie à réfléchir à la façon dont l'activité devait être menée à l'avenir et à mettre en place des processus totalement nouveaux – contrôle de la conformité des polices aux nouvelles normes et audit des sinistres – ainsi que des programmes spécifiquement destinés à améliorer le savoir-faire des salariés et à leur donner plus largement accès aux systèmes d'information. Outre leur rôle de mesures du TBP, les critères définis par les dirigeants pour évaluer la qualité des polices et des sinistres ont aidé à mettre au point des processus de souscription des polices et de gestion des sinistres plus performants et à les faire connaître aux salariés. Il ne s'agissait pas d'indicateurs génériques : les dirigeants les ont développés spécifiquement pour les nouveaux processus de souscription et de gestion des sinistres qu'ils souhaitaient mettre en place chez National Insurance.

Le contenu des mesures exprimait dans le détail la stratégie de National Insurance. L'enchaînement des relations de cause à effet de la figure 7.5 représente les hypothèses des dirigeants quant à l'incidence favorable que les processus et les décisions mis en place devaient avoir sur les résultats futurs. Les indicateurs de la qualité des polices et des sinistres n'étaient pas destinés à un usage punitif. Une mauvaise note n'en-

Figure 7.5. National Insurance – Relation de cause à effet

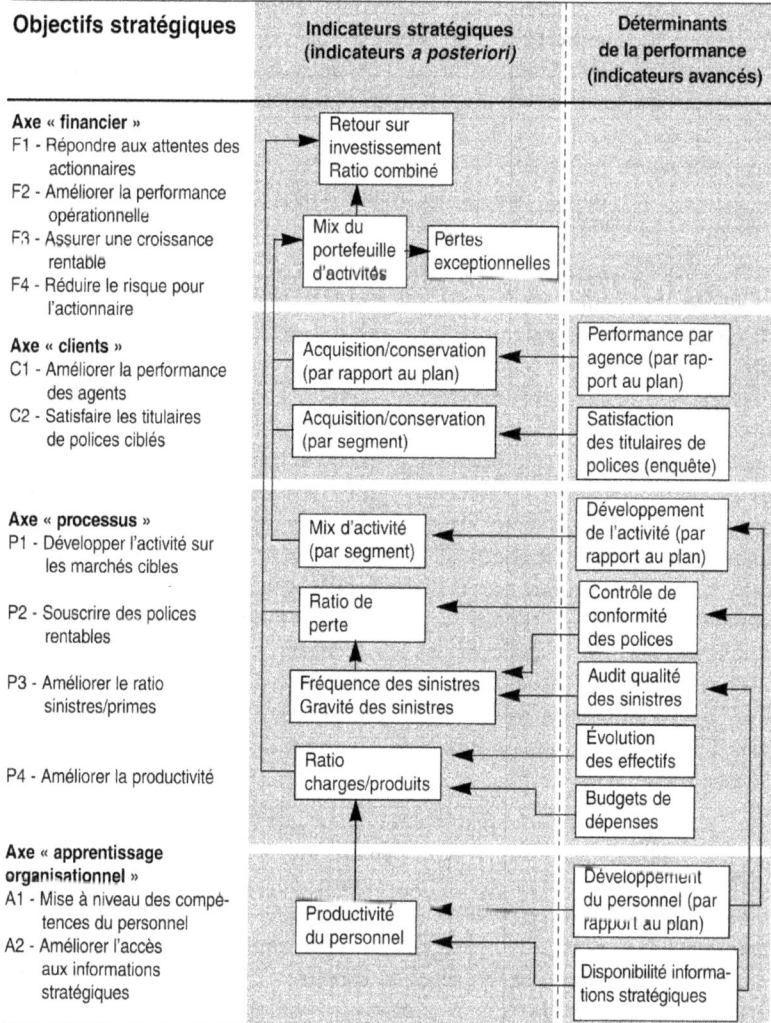

Objectifs stratégiques	Indicateurs stratégiques (indicateurs *a posteriori*)	Déterminants de la performance (indicateurs avancés)
Axe « financier » F1 - Répondre aux attentes des actionnaires F2 - Améliorer la performance opérationnelle F3 - Assurer une croissance rentable F4 - Réduire le risque pour l'actionnaire	Retour sur investissement Ratio combiné Mix du portefeuille d'activités — Pertes exceptionnelles	
Axe « clients » C1 - Améliorer la performance des agents C2 - Satisfaire les titulaires de polices ciblés	Acquisition/conservation (par rapport au plan) Acquisition/conservation (par segment)	Performance par agence (par rapport au plan) Satisfaction des titulaires de polices (enquête)
Axe « processus » P1 - Développer l'activité sur les marchés cibles P2 - Souscrire des polices rentables P3 - Améliorer le ratio sinistres/primes P4 - Améliorer la productivité	Mix d'activité (par segment) Ratio de perte Fréquence des sinistres Gravité des sinistres Ratio charges/produits	Développement de l'activité (par rapport au plan) Contrôle de conformité des polices Audit qualité des sinistres Évolution des effectifs Budgets de dépenses
Axe « apprentissage organisationnel » A1 - Mise à niveau des compétences du personnel A2 - Améliorer l'accès aux informations stratégiques	Productivité du personnel	Développement du personnel (par rapport au plan) Disponibilité informations stratégiques

traînerait pas un licenciement mais un effort de formation supplémentaire. Ces mesures avaient pour but de faire connaître les caractéristiques des nouveaux processus à tous les acteurs. La définition des priorités stratégiques, des mesures de résultats et des déterminants de la performance a logiquement abouti à la reconstruction des processus. La démarche de mesures a bel et bien servi à piloter le changement.

La réussite du changement de cap de National Insurance ne sera pas connue avant longtemps (nous décrivons l'évolution du TBP de cette entreprise au chapitre 12) et elle dépendra, bien sûr, de nombreux facteurs autres que le TBP. Mais les dirigeants de la compagnie reconnaissent volontiers que ce système a joué un rôle essentiel dans leur stratégie de redressement et dans les premiers succès enregistrés. Parce qu'il fournit des indicateurs à court terme sur la performance à long terme, le TBP est la boussole qui guide National Insurance dans la nouvelle voie qu'elle a choisie de suivre.

Les cas de Metro Bank et de National Insurance montrent comment la stratégie d'une unité peut devenir un cadre de mesure. Dans ce processus de construction d'un macro-système, nous avons insisté sur la nécessité de préciser les liens entre les mesures pour décrire la stratégie plus que sur la construction des mesures à proprement parler. Cependant, une fois défini le cadre stratégique général, l'identification et la sélection d'indicateurs spécifiques constituent la première étape de la mise en œuvre de la stratégie. Le TBP n'est pas réellement un outil de formulation de la stratégie. Nous en avons mis en place dans des entreprises où la stratégie était déjà clairement articulée et acceptée. Toutefois, nous avons souvent constaté que, même lorsque l'équipe dirigeante pensait avoir réuni un consensus sur la stratégie de l'entreprise, sa traduction en mesures et indicateurs opérationnels amenait à la clarifier et à la redéfinir. En effet, la démarche de mesure rigoureuse associée au TBP relançait le dialogue sur la signification précise et la mise en œuvre de la stratégie. C'est ce débat qui, généralement, amène à transformer des processus de management en outils stratégiques.

L'existence d'un ensemble intégré de mesures de performance permet aussi un apprentissage systématique au niveau exécutif. En mettant en évidence les relations de cause à effet, les dirigeants peuvent tester les hypothèses sur lesquelles repose la stratégie et l'adapter au fur et à mesure qu'ils constatent les effets de sa mise en oeuvre et son efficacité, un point sur lequel nous revenons plus en détail au chapitre 12. Sans relations de cause à effet clairement explicitées, il ne peut y avoir d'apprentissage stratégique.

INDICATEURS STRATÉGIQUES
OU INDICATEURS DE DIAGNOSTIC

Chacun des quatre axes du TBP comptant entre quatre et sept indicateurs, le système totalise souvent jusqu'à vingt-cinq mesures. Est-ce excessif ? Une entreprise peut-elle se concentrer sur vingt-cinq mesures différentes ? La réponse est négative dans les deux cas. Si on considère le TBP comme une série de vingt-cinq (ou même dix) mesures indépendantes, il est certes trop complexe pour être maîtrisé.

Mais le TPB doit être l'instrument d'une *seule et même* stratégie. Alors, peu importe le nombre de mesures puisque toutes sont intégrées à un réseau de causes et d'effets qui décrivent la stratégie. Les exemples de Metro Bank et de National Insurance, ainsi que notre expérience avec d'autres entreprises indiquent qu'il est tout à fait possible de formuler et de communiquer la stratégie avec un système intégré comprenant une vingtaine de mesures.

Bien sûr, les entreprises en utilisent beaucoup plus. Et il leur est difficile d'admettre qu'un tableau de bord prospectif comportant si peu d'indicateurs soit suffisant pour mesurer leur performance. Elles ont raison au premier degré, mais elles ne font pas la distinction entre les *indicateurs de diagnostic* [1] – ceux qui permettent de vérifier que l'entreprise reste sur la bonne trajectoire et signalent toute anomalie appelant une intervention immédiate - et les *indicateurs stratégiques*, qui définissent une stratégie axée sur la compétitivité.

Un simple exemple pour illustrer ce propos. Chez l'être humain, beaucoup de fonctions corporelles répondent à un nombre relativement restreint de paramètres indispensables à la survie. Une température inférieure d'un ou deux degrés à la normale ou une tension anormalement basse ou élevée a des conséquences graves. Tout notre énergie (et celle des médecins) est mobilisée pour ramener ces paramètres à leur état normal. Mais « optimiser » la température et la tension n'est pas une préoccupation essentielle, car cela ne détermine en rien la capacité d'un individu à diriger une entreprise, être consultant international ou professeur d'uni-

---

1. Pour une description des indicateurs de diagnostic, voir *Levers of Control : How Managers Use Innovative Control Systems to Drive Strategic Renewal*, Robert Simons, Boston, Harvard Business School Press, chap. 4, 1995.

versité. D'autres facteurs jouent un rôle plus décisif dans la capacité à atteindre des objectifs personnels ou professionnels. La température et la tension sont-elles des éléments importants ? Incontestablement. Si ces mesures s'écartent de certaines limites, elles signalent un problème grave appelant une intervention et une solution immédiates. Bien que nécessaires, ces mesures ne sont toutefois pas suffisantes pour réaliser nos objectifs à long terme.

De la même manière, les entreprise devraient disposer de centaines, voire de milliers d'indicateurs qu'elles pourraient surveiller pour s'assurer qu'elles fonctionnent normalement et qui leur signaleraient la nécessité d'une action corrective. Mais ces mesures ne sont pas les déterminants de la compétitivité. Elles permettent de suivre les fonctions vitales de l'entreprise. Elles doivent être suivies pour pouvoir poser un diagnostic, tout écart par rapport à la normale étant immédiatement signalé.

Les mesures de résultats et les déterminants de la performance du TBP doivent faire l'objet d'interactions intensives et extensives entre la direction et l'encadrement lors de l'évaluation des stratégies fondées sur de nouvelles informations concernant les concurrents, les clients, les marchés, les technologies et les fournisseurs [2]. Après avoir mis en œuvre son premier TBP, un dirigeant a fait ce commentaire : «Notre division avait toujours mesuré des centaines de variables opérationnelles. Pour construire le TBP, nous avons choisi douze indicateurs pour piloter la mise en œuvre de notre stratégie. Sur ces douze indicateurs, sept étaient entièrement nouveaux [3].»

Le TBP ne remplace donc pas le système de mesure quotidien de l'entreprise. Les indicateurs sont choisis pour attirer l'attention des managers et des salariés sur les facteurs censés générer des avancées dans la performance.

---

2. Simons, dans *Levers of Control*, a souligné la différence importante séparant les mesures des systèmes de contrôle et de diagnostic d'une entreprise et celles qui interviennent lors de l'analyse des hypothèses stratégiques clés.
3. Expérience relatée dans « Implementing the Balanced Scorecard at FMC Corporation : An Interview with Larry D. Brady », *Harvard Business Review*, septembre-octobre 1993, p. 143-147.

DU MAUVAIS USAGE DE BONNES MESURES

Les objectifs les plus louables peuvent être atteints par un mauvais chemin et les meilleures mesures peuvent être mal utilisées. Le TBP protège en partie contre les insuffisances qui peuvent résulter de l'utilisation d'un indicateur unique, particulièrement financier, pour définir et évaluer la performance d'une unité. Mais le phénomène n'est pas propre aux indicateurs financiers. Par exemple, beaucoup d'entreprises utilisent, sur l'axe « clients » de leur TBP, la performance en matière de ponctualité des livraisons aux clients ciblés. La ponctualité est un attribut particulièrement apprécié des entreprises, notamment de celles qui produisent en flux tendus et ne disposent pas de stocks pour faire face aux incidents de livraison. Pourtant, si une place trop grande est faite à un seul et unique indicateur tel que celui-ci, les managers risquent de créer des dysfonctionnements pour atteindre la performance visée dans ce domaine, soit en constituant des stocks coûteux à fabriquer et à gérer, soit en négociant des délais plus longs.

Supposons qu'un client demande une livraison en quinze jours ; le fournisseur, compte tenu de son portefeuille de commandes, des retards accumulés et du manque d'organisation, sait qu'il ne peut pas respecter ce délai et propose une livraison sous trente jours. Le client est mécontent mais il accepte car il n'a pas d'autre solution. Si l'entreprise livre à la date prévue, elle a atteint son objectif de ponctualité, mais sans satisfaire le client qui souhaitait une livraison sous quinzaine.

Toujours à titre d'exemple, prenons une excellente mesure de performance pour l'innovation, l'un des processus de l'axe « processus internes » : le délai de mise sur le marché des nouveaux produits et services. Les entreprises cherchent à le réduire par une gestion plus rigoureuse du processus de lancement et en réduisant la durée des cycles d'étude, par exemple. Mais faute d'amélioration intrinsèque des processus d'introduction des nouveaux produits et pressés de mettre de nouveaux produits sur le marché, les managers peuvent être tentés de lancer des produits très peu différents de ceux qui existent déjà. Ils auront atteint leur objectif de performance, mais au détriment de l'innovation fondamentale, mettant ainsi en péril la capacité concurrentielle de l'entreprise.

Un système de mesure global ne doit encourager la sous-exploitation d'aucun de ses indicateurs. Les concepteurs d'un TBP doivent s'efforcer de prévoir le mauvais usage qui peut être fait d'un bon indicateur TBP et

173

mettre en place des indicateurs complémentaires qui empêcheront le détournement des objectifs du TBP. Plutôt que d'encombrer le TBP d'indicateurs sans réelle utilité, les entreprises peuvent se servir des indicateurs de diagnostic pour faire contrepoids aux mesures stratégiques. Analog Devices, qui constitue un cas d'école pour la construction d'un TBP[4], voulait éviter la tentation de réaliser une excellente performance concernant la ponctualité des livraisons en imposant des délais plus longs à ses clients. Outre la tenue des délais, Analog mesure l'écart entre la date de livraison annoncée et celle demandée par le client. Elle mesure également le nombre de fois où elle ne peut donner satisfaction au client sur les délais. Elle pourrait aussi utiliser des indicateurs de diagnostic comme le taux de rotation des stocks, et la mesure de l'écart entre les dates annoncées et demandées permet aux managers de déterminer les cas où l'amélioration de la performance dans ce domaine est due à de mauvais procédés.

RÉSUMÉ

Un TBP n'a pas besoin de s'appuyer sur plus de quinze à vingt-cinq indicateurs répartis sur les quatre axes. Il doit décrire la stratégie de l'entreprise, en articulant les mesures de résultats aux déterminants de la performance par une série de relations de cause à effet. Les mesures de résultats sont des indicateurs *a posteriori*, qui annoncent les objectifs stratégiques et illustrent les effets des efforts à court terme. Les déterminants de la performance sont des indicateurs avancés qui montrent à tous les acteurs de l'entreprise ce qu'il convient de faire pour créer une offre à forte valeur ajoutée. Des mesures de résultats sans déterminants de la performance peuvent créer une ambiguïté sur la façon de parvenir aux buts visés et empêcher d'optimiser les actions à court terme. Les déterminants de la performance qui ne sont pas liés aux mesures de résultats favorisent la mise en œuvre de programmes d'amélioration locale qui ne contribueront pas à accroître la valeur ajoutée de l'offre à court ou à long terme. Les meilleurs TBP décrivent la stratégie avec une telle précision que celle-ci peut être déduite à partir des objectifs, des mesures et de leurs relations de cause à effet.

4. Robert S. Kaplan, « Analog Devices, Inc. : The Half-Life System », 9-190-061, Boston, Harvard Business School Press, 1990 ; A. Schneiderman, « Metrics for the Order Fulfillment Process : Parts I and II ", *Journal of Cost Management*, été-automne 1996.

Chapitre 8

STRUCTURE ET STRATÉGIE

Le tableau de bord prospectif, qui énonce la stratégie de l'entreprise, doit refléter sa structure. Les exemples cités jusqu'à présent concernaient des TBP destinés à des unités opérationnelles autonomes. Dans ce chapitre, nous verrons qu'ils s'appliquent aussi :

- aux groupes de sociétés ;
- aux joint ventures ;
- aux services de soutien des entreprises et des unités opérationnelles ;
- aux administrations et aux organisations à but non lucratif.

STRATÉGIE D'UNITÉ OPÉRATIONNELLE ET STRATÉGIE DE GROUPE

En règle générale, la stratégie est définie pour une unité organisationnelle. Metro Bank, par exemple, faisait partie d'un holding bancaire comprenant également une société de cartes de crédit, une banque d'affaires, une banque commerciale et une banque d'investissement.

Lorsque l'entreprise appartient à un secteur d'activité étroitement délimité, les stratégies des unités opérationnelles et du groupe sont souvent identiques. Par exemple, les premiers TBP que nous avons conçus pour Advanced Micro Devices et Analog Devices, deux leaders de l'industrie des semi-conducteurs, étaient des TBP de groupe. Mais comme Metro Bank, la plupart des unités stratégiques s'intègrent dans un ensemble de sociétés ou de divisions plus vaste. D'où la question, logique, de la relation entre le TBP de groupe et le TBP de l'unité.

L'organisation d'une entreprise en plusieurs unités opérationnelles se justifie par les synergies qu'engendre cette structure, qui donnent au groupe une puissance supérieure à celle de la somme de ses composantes. Des études [1] ont été menées et d'autres sont en cours afin de déterminer comment une stratégie d'ensemble (par opposition à une stratégie d'unité) peut générer des synergies. Prenons deux exemples. Tout d'abord celui d'un groupe, FMC Corporation, composé d'une vingtaine de sociétés d'exploitation indépendantes opérant dans des secteurs très différents : mines d'or, véhicules de transport de troupes, produits chimiques, équipements aéroportuaires, etc. Avec des activités aussi diversifiées, le groupe apporte une valeur ajoutée en centralisant les informations provenant des unités opérationnelles pour pouvoir ensuite allouer à chacune les moyens humains et financiers appropriés. Avant la mise en place du TBP, les sociétés du groupe FMC étaient tenues de produire des résultats financiers élevés, mesurés par le retour annuel sur le capital engagé. Tant que cet objectif était atteint, la direction générale ne se souciait guère des moyens employés.

La création du TBP a donné à la direction du groupe un *nouveau rôle* : le suivi et l'évaluation de la stratégie de chaque société. Le TBP permet un dialogue plus ouvert sur les résultats financiers à court terme, mais aussi sur la définition des paramètres de la croissance et de la performance financière futures. La meilleure mesure de résultats, dans un groupe aussi diversifié que FMC, reste toutefois la performance financière d'ensemble. Les stratégies, les objectifs et les mesures des sociétés sont trop différents pour pouvoir être intégrés dans le TBP de groupe et être exprimés par des indicateurs autres que financiers.

Le second cas est celui d'un groupe d'unités opérationnelles ayant des interactions étroites et qui se partagent des clients. Johnson & Johnson, par exemple, possède plus de cent cinquante sociétés d'exploitation dans le monde, mais toutes opèrent dans le même secteur, la santé, et ont le même type de clients : hôpitaux, dispensaires, médecins, pharmacies, supermarchés, etc. Le trait d'union entre les unités peut aussi être la technologie. Honda, par exemple, s'appuie sur son savoir-faire de motoriste pour proposer une très large gamme de produits : motos, voitures, ton-

---

1. Voir D.J. Collis et C.A. Montgomery, « Competing on Resources : Strategy in the 1990's », *Harvard Business Review*, juillet-août 1995, p. 118-128 ; M. Goold, A. Campbell et M. Alexander, *Corporate-Level Strategy : Creating Value in the Multibusiness Company*, New York, John Wiley & Sons, 1994 ; G. Hamel et C.K. Prahalad, *Competing for the Future : Breakthrough Strategies for Seizing Control of Your Industry and Creating the Markets of Tomorrow*, Boston, Harvard Business School Press, 1994.

deuses à gazon, générateurs électriques [2]. En raison de sa maîtrise de la micro-électronique et de la miniaturisation, NEC fait partie des leaders mondiaux de la télévision, de l'informatique et des télécommunications. D'autres groupes choisissent de centraliser certaines fonctions, comme les achats, la gestion financière ou l'informatique, afin de réaliser des économies d'échelle qui permettent aux services centralisés de fournir des prestations supérieures à celles que les unités opérationnelles pourraient offrir individuellement.

En tout état de cause, le TBP de groupe doit refléter la stratégie d'ensemble, articuler l'organisation de l'entreprise en unités opérationnelles opérant dans un cadre commun, en lieu et place d'unités indépendantes, ayant chacune ses propres organes de gestion et ses propres sources de financement. Le TBP de groupe ne définit pas la stratégie d'ensemble : il doit la rendre cohérente, opérationnelle, la clarifier et favoriser le consensus autour de ses orientations.

Les TBP de groupe commencent à peine à se développer. Ils permettent de clarifier deux éléments d'une stratégie d'ensemble :

- Les valeurs communes : les valeurs, les principes et les problématiques qui reflètent l'identité du groupe et que partagent toutes les unités (par exemple, la sécurité chez DuPont ou l'innovation chez 3M).

- Le rôle du groupe : les actions à mener au niveau du groupe pour créer des synergies entre les unités (ventes croisées, partage de technologies, centralisation de certains services).

VALEURS COMMUNES ET RÔLE DU GROUPE

L'utilisation de valeurs communes et le rôle du groupe sont illustrés par le cas de Kenyon Stores. Ce groupe compte dix unités (chaînes de points de vente spécialisés) dont le chiffre d'affaires varie entre 500 millions et 2 milliards de dollars, chacune avec sa propre image et des segments de marché ciblés. Le président de Kenyon a défini dix objectifs stratégiques qui orientent la stratégie de chaque unité et sont répartis sur les quatre axes du TBP de la manière suivante :

---

2. Voir C.K. Prahalad et G. Hamel, « The Core Competence of the Corporation », *Harvard Business Review*, mai-juin 1990, p. 79-91.

Axe financier
1. Croissance dynamique
2. Maintien des marges globales

Axe clients
3. Fidéliser les clients
4. Proposer une gamme complète de produits

Axe processus internes
5. Construire la marque
6. Être le leader de la mode
7. Offrir des produits de qualité
8. Veiller à la qualité du déroulement de l'achat

Axe apprentissage organisationnel
9. Acquérir les compétences stratégiques
10. Promouvoir le développement personnel

À chaque objectif stratégique, la direction a associé un principe directeur et un indicateur. Pour la croissance dynamique, par exemple, le principe directeur est exprimé dans ces termes :

Chaque unité doit appliquer une stratégie de croissance dynamique, mesurée par sa part de marché.

L'indicateur est l'augmentation annuelle du chiffre d'affaires. Concernant la construction de la marque, premier objectif de l'axe « processus internes », le principe directeur était :

Chaque unité doit imposer sa marque.

L'objectif était mesuré sur le TBP de groupe par le pourcentage d'unités ayant réussi à imposer leur marque sur leur segment de marché.

Le TBP de groupe sert de guide à chaque unité pour dessiner sa stratégie et son TBP (voir figure 8.1). Pour la croissance et le maintien des marges globales, par exemple, le rôle du groupe consiste à fixer un objectif global, en plaçant la barre très haut pour les unités ayant un fort potentiel de croissance et un peu moins haut pour celles opérant sur des segments de marché matures et saturés, chacune étant ensuite libre de définir la stratégie pour atteindre son but. L'unité A, par exemple, a traduit son objectif de croissance en chiffre d'affaires pour l'ensemble des boutiques, tandis que l'unité B, plus mature, vise plutôt un accroissement du chiffre d'affaires par boutique. Pour la construction de la marque, autre objectif de groupe, l'unité A a choisi de mesurer sa performance par la proportion du chiffre d'affaires générée par des articles spécifiques, l'unité B par le maintien de sa place de leader sur ses créneaux.

L'exemple de Kenyon Stores montre comment un groupe composé d'unités indépendantes mais opérant dans le même secteur d'activité, peut fixer des objectifs globaux servant de support aux TBP individuels. Ceux-ci peuvent être adaptés en fonction de l'unité utilisatrice, mais tous ont une finalité et une orientation communes, dérivées du TBP de groupe.

Un autre exemple intéressant est celui de Hoechst Celanese, dont les dirigeants ont défini cinq principes directeurs à l'intention des salariés :

1. L'organisation des tâches en fonction des priorités des clients, la mesure de résultats étant la satisfaction des clients.

2. L'amélioration continue des processus internes, pour répondre aux besoins des clients et leur offrir des produits évolutifs et novateurs.

3. Un leadership fondé sur les valeurs de l'entreprise, afin que chacuncomprenne son rôle dans le projet, la stratégie, les objectifs et les actions de l'entreprise.

Figure 8.1. Le TBP du groupe sert de cadre à ceux des unités

Objectifs stratégiques du groupe	Principes directeurs	TBP de groupe	Unité A (forte croissance)	Unité B (mature)
Axe « financier »				
1 Croissance dynamique	Chaque unité stratégique doit avoir une stratégie de croissance dynamique adaptée à ses marchés.	Croissance du CA (par rapport à l'année antérieure)	CA généré par les nouvelles boutiques	Croissance des ventes par boutique
2 Maintien de la marge globale	xxxx	xxxx	xxxx	xxxx
Axe « clients »				
1 Fidélisation de la clientèle	xxxx	xxxx	xxxx	xxxx
2 Gamme complète	xxxx	xxxx	xxxx	xxxx
Axe « processus internes »				
1 Construire la marque	Chaque unité doit imposer sa marque.	% d'unités ayant imposé leur marque	% du CA généré par les articles clés	Part de marché
2 Être le leader de la mode	xxxx	xxxx	xxxx	xxxx
3 Offrir un produit de qualité	xxxx	xxxx	xxxx	xxxx
4 Déroulement de l'achat	xxxx	xxxx	xxxx	xxxx
Axe « apprentissage organisationnel »				
1 Compétences stratégiques	xxxx	xxxx	xxxx	xxxx
2 Développement du personnel	xxxx	xxxx	xxxx	xxxx

4. Un travail d'équipe, mené par des salariés responsables, dans lequel les décisions sont prises par ceux qui influent directement sur le résultat, où la responsabilité est acceptée et désirée, où chacun s'engage personnellement pour améliorer la performance et la productivité.

5. L'excellence dans la performance, mesurée en termes de satisfaction des clients, de réputation en tant qu'employeur, de protection de l'environnement et de résultats financiers.

Ces thèmes stratégiques communs ont été traduits en mesures de résultats pour chaque unité de l'entreprise, assorties d'indicateurs et d'objectifs locaux, mais en laissant à chacune le soin de définir sa propre stratégie pour les atteindre en tenant compte des objectifs de groupe. Chaque unité est tenue de mesurer la satisfaction des clients, le niveau de responsabilisation et de compétence des salariés et les capacités des processus internes, mais les indicateurs correspondants sont adaptés à leur situation particulière : type de marché, stratégie commerciale, processus d'innovation et de production.

JOINT VENTURES ET ALLIANCES

Les synergies entre les unités d'une entreprise sont souvent plus théoriques que réelles. La joint venture ou l'alliance stratégique entre des entreprises indépendantes est un exemple type des cas où ces synergies sont un élément fondamental du mode d'organisation. Les joint ventures se multiplient mais se révèlent souvent difficiles à faire fonctionner, notamment en raison de la difficulté à définir des objectifs communs. Le TBP permet de définir des principes directeurs et des indicateurs de performance qui coordonnent et guident l'activité de toutes les unités.

Le cas de Oiltech, une joint venture associant plusieurs entreprises de services liés à l'activité pétrolière, est exemplaire. Cette industrie, très fragmentée, est composée d'une myriade d'acteurs intervenant sur un même site : bureaux d'études, entreprises de construction, de maintenance, etc. Oiltech a réuni plusieurs de ces entreprises afin d'améliorer la productivité en éliminant les gaspillages, les doublons et la confusion aux points d'interface. Oiltech est partie du principe qu'en associant les efforts des différents partenaires, elle pourrait offrir des prestations intégrées, voire des services clé en main aux clients (grands groupes pétroliers et gaziers internationaux), et donc des avantages que ne pourrait offrir séparément chaque entreprise.

L'axe « financier » du TBP de Oiltech comporte plusieurs indicateurs classiques comme le retour sur le capital engagé, le cash-flow et la croissance du chiffre d'affaires, et une nouvelle mesure : la part du CA du groupe générée conjointement par plusieurs partenaires. Cet indicateur correspond à l'objectif consistant à créer une nouvelle clientèle en offrant des services intégrés et clés en main.

Un indicateur de l'axe « clients » mesure les avantages que ceux-ci tirent de la co-entreprise : la baisse du coût par baril à la tête du puits. C'est une excellente mesure de résultats car elle correspond à une attente du client et repose sur un critère clair d'évaluation de la performance. Les dirigeants de Oiltech ont d'abord établi une courbe des coûts dans leur industrie (figure 8.2) montrant la part de chaque société indépendante (ou fonction) dans le coût final supporté par le client. Le but visé est de générer des synergies pour abaisser ce coût. L'indicateur utilisé pour mesurer cet objectif est le coût du cycle de vie par baril, comparé à celui que peuvent atteindre des entreprises indépendantes.

À partir de cet objectif global, Oiltech a développé des déterminants de la performance pour les processus internes susceptibles de contribuer au résultat. Les dirigeants se sont concentrés sur le changement d'attitude indispensable au niveau exécutif pour mettre en œuvre la stratégie, en s'efforçant de promouvoir la collaboration au sein d'équipes transversales. La mesure de résultats retenue – les réductions de coût réalisées grâce à des initiatives transversales – aide des entreprises jusque-là indé-

Figure 8.2. Objectif stratégique : « Réduire le coût du cycle de vie en intégrant la chaîne des processus »

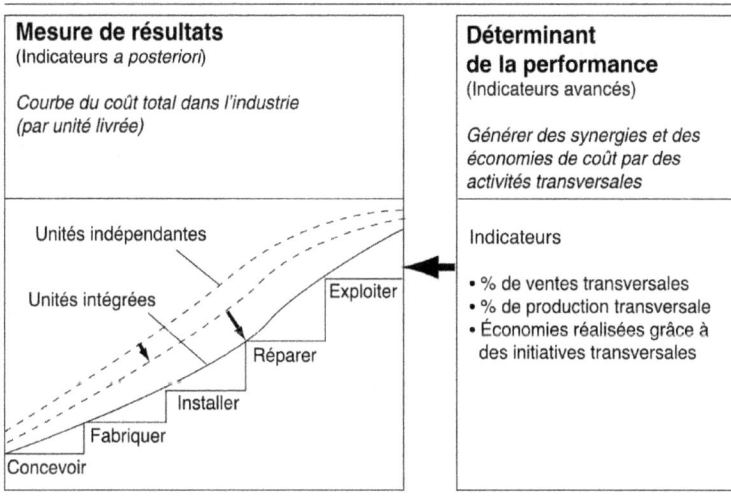

Mesure de résultats
(Indicateurs *a posteriori*)

Courbe du coût total dans l'industrie
(par unité livrée)

Unités indépendantes

Unités intégrées

Exploiter

Réparer

Installer

Fabriquer

Concevoir

Déterminant de la performance
(Indicateurs avancés)

Générer des synergies et des économies de coût par des activités transversales

Indicateurs

• % de ventes transversales
• % de production transversale
• Économies réalisées grâce à des initiatives transversales

pendantes à associer leurs efforts. Pour l'objectif de création de nouveaux marchés, l'indicateur de performance est le chiffre d'affaires généré par des contrats portant sur de nouveaux services. L'axe « apprentissage organisationnel » appuie ces initiatives par des mesures mettant l'accent sur le travail d'équipe, le renforcement des compétences interfonctionnelles et l'intégration des systèmes.

La construction de ce TBP a favorisé le développement d'un nouveau mode de collaboration. Les indicateurs stratégiques choisis et le lien établi entre une mesure des résultats essentiels – comme la réduction du coût du cycle de vie par baril – et les déterminants de la performance associés ont ouvert la voie à une restructuration profonde des processus afin que tous les membres de la joint venture puissent travailler en symbiose. Le TBP a montré comment les partenaires pouvaient, en unissant leurs efforts, créer une offre à forte valeur ajoutée pour les clients de la joint venture.

SERVICES FONCTIONNELS : PARTAGER DES RESSOURCES COMMUNES

On a vu comment définir une stratégie d'ensemble à partir de valeurs communes à un groupe de sociétés et créer des synergies entre les clients et les activités des partenaires. Un autre avantage du groupe – Goold et d'autres parlent de « parentage » – est le partage de ressources communes [3]. Celles-ci constituent un atout concurrentiel lorsqu'elles apportent aux unités opérationnelles un potentiel qu'elles ne pourraient acquérir dans des conditions comparables, en termes de qualité, de prix et de fiabilité, auprès de fournisseurs extérieurs. Il est rare, toutefois, que des ressources comme la maintenance, les achats, les ressources humaines, les systèmes d'information ou les sources de financement soient soumises à la concurrence du marché, de sorte qu'elles pèsent sur la compétitivité au lieu d'être un avantage du parentage. Larry Brady, président de FMC Corporation, le déplore :

Nous avons énormément appris en appliquant le TBP aux services fonctionnels. Beaucoup d'entreprises sont incapables d'évaluer l'avan-

---

3. Goold, Campbell et Alexander, *Corporate-Level Strategy.*

tage concurrentiel qu'apportent ces services. Nous avons demandé aux nôtres de démontrer qu'ils offrent des services à faible coût ou différentiés. Sinon, nous sous-traitons la fonction concernée. C'est un secteur dans lequel il existe de réelles possibilités de développement organisationnel et d'amélioration du potentiel stratégique [4].

Info Support (IS), l'unité chargée des systèmes d'information et de management de Telco, l'un des leaders mondiaux des télécommunications, illustre cette situation. Lorsque Telco était un monopole réglementé, toutes les unités du groupe étaient tenues de se fournir auprès de IS. Le recours à des fournisseurs étant interdit, IS s'est développée très rapidement, malgré le médiocre niveau de satisfaction des clients internes. Au début des années 90, les produits et services offerts par IS étaient pour la plupart obsolètes, son image interne était déplorable et le client n'était manifestement pas son souci premier.

Une grande partie du secteur des télécommunications ayant été ouverte à la concurrence dans les années 80, c'est aujourd'hui une industrie très concurrentielle dont les acteurs ont été conduits à séparer leurs activités en centres de profit distincts. Les unités opérationnelles issues de la restructuration de Telco souhaitaient des systèmes et des services de meilleure qualité ainsi que des technologies plus modernes. Telco les avait autorisées à faire jouer la concurrence entre leurs fournisseurs. Info Support devait donc être compétitive sous peine de voir son activité se réduire comme peau de chagrin.

Le nouveau patron de Info Support s'est appuyé sur le TBP pour transformer un fournisseur de produits et services opérant sur un marché captif en une entreprise compétitive et à l'écoute du client. Il s'est servi de ce système pour :

• définir une nouvelle stratégie axée sur la satisfaction du client ;

• former les salariés à cette nouvelle démarche ;

• modifier les comportements pour donner la priorité au client.

Ayant traité pendant des décennies avec une clientèle strictement interne, Info Support savait que l'axe « clients » serait la pierre angulaire du TBP. La construction de celui-ci a commencé par une enquête auprès des acheteurs des unités opérationnelles de Telco, qui a fait apparaître deux segments de marché. Le premier avait besoin de services simples – facturation, fiches de paye, etc. – offrant un maximum de fiabilité pour un

---

4. Expérience relatée dans « Implementing the Balanced Scorecard at FMC Corporation : An Interview with Larry D. Brady », *Harvard Business Review*, septembre-octobre 1993, p. 146.

coût minimum. Le second cherchait des systèmes d'information capables de lui donner un avantage concurrentiel sur le marché. Les unités de ce segment voulaient des technologies innovantes et un partenariat à long terme avec leur fournisseur.

L'équipe de projet de Info Support a développé des indicateurs spécifiques à ces deux catégories de clients (figure 8.3) et notamment des mesures de satisfaction des clients reflétant la qualité perçue des prestations par les clients du deuxième segment. Elle a également retenu un indicateur, le nombre de nouveaux clients, pour souligner la nécessité de développer des technologies et des services propres à attirer une nouvelle clientèle, ainsi qu'une mesure comparative des prix par rapport au marché pour la fourniture de services standards à la première catégorie de clients, afin de surveiller la compétitivité de son offre. Les différents indicateurs précisaient les points sur lesquels Info Support devait exceller pour conserver sa clientèle interne.

Les objectifs définis pour l'axe « clients » ont permis à Info Support d'identifier les processus essentiels à la performance à l'égard des clients (figure 8.4). Pour les clients du premier segment, IS devait identifier et développer de nouveaux produits et services. Cet objectif était mesuré au moyen de deux indicateurs : le pourcentage du chiffre d'affaires généré par les produits et services mis sur le marché depuis moins de deux ans et la durée du cycle de développement. Des indicateurs de ce type n'auraient pas surpris dans des entreprises comme Hewlett-Packard, 3-M et Analog Devices, résolument axées sur l'innovation, mais ils constituaient une véritable révolution culturelle chez Info Support qui, bénéfi-

Figure 8.3. Objectifs pour les unités servant les segments I et II

	Segment II (prix)		Segment I (valeur ajoutée)			
	Unité (client)					
Objectif	Unité A	Unité B	Unité C	Unité D	Unité E	Unité F
Prix bas	√	√				
Valeur ajoutée			√	√	√	√
Qualité/zéro défaut	√	√	√	√	√	√
Relations			√	√	√	
Technologies innovantes			√	√	√	

ciant d'un marché captif, n'avait jamais accordé beaucoup d'importance à l'innovation dans les produits et services. La satisfaction des clients du deuxième segment, qui cherchaient un partenariat avec leur fournisseur, est mesurée par une note établie dans le cadre d'une enquête auprès des salariés de Info Support et de ses clients sur la qualité de la relation client-fournisseur. Cette enquête et la note sont intégrées au TBP pour que le personnel d'IS soit bien conscient de l'importance de cette relation.

La construction du TBP et en particulier les objectifs et les mesures définis pour les axes « clients » et « processus internes » ont joué un rôle déterminant dans la transformation de Info Support. Le processus a d'abord permis d'identifier les deux principaux segments de marché et l'offre correspondant à chacun d'eux, et d'articuler une nouvelle stratégie à l'intention des différentes catégories de clients visées. Le TBP a ensuite été communiqué à tous les salariés et intégré au système de management de l'entreprise pour orienter tous les processus internes vers la satisfaction des besoins de chaque segment.

L'expérience de Info Support pourrait être reproduite dans de nombreux services fonctionnels. Les entreprises opèrent aujourd'hui dans un environnement favorable à des partenariats et des alliances stratégiques avec un large éventail de prestataires de services. Elles ont donc avantage à développer et à communiquer une stratégie visant à apporter une offre à forte valeur ajoutée aux clients internes, au travers de processus performants et cohérents. Les services fonctionnels doivent constituer un avantage concurrentiel. Sinon leurs fonctions doivent être prises en charge directement par les unités opérationnelles ou sous-traitées à des fournisseurs extérieurs compétitifs et réactifs.

ADMINISTRATIONS ET ORGANISATIONS À BUT NON LUCRATIF

Bien que le TBP ait été initialement conçu pour des entreprises privées, il s'est également révélé efficace pour améliorer le management des administrations et des organisations à but non lucratif. L'axe « financier » du TBP fixe un objectif à long terme clair pour les entreprises commerciales mais il impose une contrainte aux administrations et aux associations, qui opèrent dans le cadre de budgets de dépenses stricts. La performance de ces entités ne peut toutefois pas être mesurée uniquement à leur capacité à res-

Figure 8.4. Traduire les objectifs des clients en objectifs stratégiques

Objectifs des clients

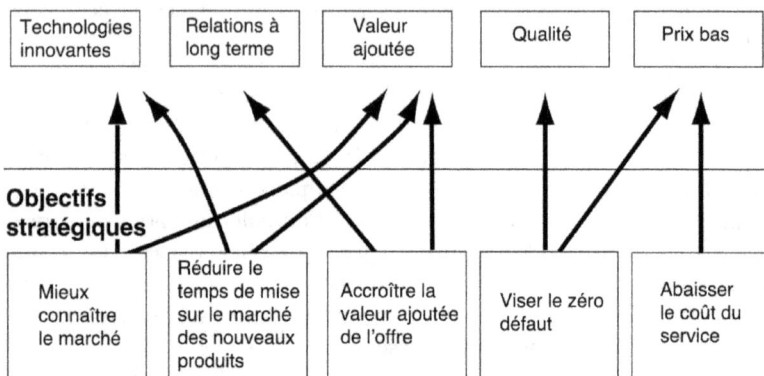

Technologies innovantes	Relations à long terme	Valeur ajoutée	Qualité	Prix bas

Objectifs stratégiques

Mieux connaître le marché	Réduire le temps de mise sur le marché des nouveaux produits	Accroître la valeur ajoutée de l'offre	Viser le zéro défaut	Abaisser le coût du service

Objectifs	Indicateurs
Connaissance du marché Connaître notre marché suffisamment bien pour créer les produits/services et attirer les clients que nous n'avons pas aujourd'hui	• % du CA généré par des produits et des services ayant moins de 2 ans
Développement de produits Réduire la durée du cycle de lancement des nouveaux produits	• Durée du cycle développement des produits
Valeur ajoutée de l'offre Préciser le rôle des chargés de clientèle en tant que source de valeur ajoutée	• Audit des relations avec les clients
Zéro défaut Fournir des prestations irréprochables à un prix compétitif	• Fiabilité (nombre de pannes/unité de temps) • Performance du service d'entretien (délai avant réparation)
Service à faible prix Devenir le leader du coût par unité de service	• Barème de prix compétitifs

pecter ces budgets. Par exemple, le fait qu'un organisme public ait dépensé 0,1 % de moins que les sommes prévues au budget ne donne aucune indication sur son efficacité ou sa rentabilité durant la période considérée. De même, réduire de 10 % les dépenses budgétisées n'est pas un exploit si cet organisme n'a pas rempli sa mission de service public.

La performance des administrations et des organisations à but non lucratif doit être mesurée par rapport à l'efficacité et à l'efficience de leur réponse aux attentes des citoyens pour les premières et des bénéficiaires de leur action pour les secondes. Les considérations financières peuvent être un stimulant ou une contrainte, mais elles sont rarement l'objectif principal.

Depuis peu, dans de nombreux pays, les administrations doivent rendre compte de leurs résultats aux contribuables. Nombre de fonctions autrefois assurées par l'État sont sous-traitées au secteur privé ou ont été purement ou simplement supprimées. Aux États-Unis, l'une des premières initiatives importantes de l'administration Clinton lors de son arrivée au pouvoir en janvier 1993, a été de « réinventer le gouvernement [5] ». Une étude faite sous la direction du vice-président Al Gore a abouti à la publication d'un rapport intitulé *National Performance Review* [6] mettant en évidence la nécessité pour les services et organismes publics d'accorder une plus grande attention au client et de mesurer leur performance. Ce rapport contenait une série de recommandations, parmi lesquelles :

• Toutes les administrations doivent définir des objectifs mesurables et rendre compte des résultats obtenus.

• Les objectifs des programmes fédéraux doivent être clarifiés.

• Le président doit passer des « contrats de performance » avec les responsables des services et organismes publics.

L'étude se conclut en ces termes :

Tous n'accueilleront pas favorablement les mesures de résultats. Certains auront du mal à les mettre en place. En général, les fonctionnaires ne se focalisent pas sur leurs résultats. On les a, en effet, conditionnés à penser en termes de procédures. Qui plus est, dans l'action publique, il est parfois délicat de concevoir de telles mesures. Par conséquent, les fonctionnaires ont tendance à évaluer leur travail par son volume et non par ses effets : s'ils travaillent beaucoup, ils estiment avoir fait

---

5. D. Osborne et T. Gaebler, *Reinventing Government : How the Entrepreneurial Spirit is Transforming the Public Sector*, Reading, Mass., Addison-Wesley, 1992.
6. *Creating a Government That Works Better and Costs Less : Report of the National Performance Review*, Washington, D.C., U.S. Government Printing Office, 1993.

de leur mieux. Il faudra sans doute plusieurs années aux administrations pour élaborer des systèmes de mesure des résultats et de remontée d'information véritablement performants.

L'une des premières actions engagées concernait les systèmes d'achat fédéraux. Un groupe de travail a été chargé « d'évaluer l'état des systèmes existants, d'identifier des méthodes de mesure de la performance ainsi que de définir des stratégies et de faire des recommandations pour mesurer l'efficacité de ces systèmes [7] ». Le groupe de travail a mené des enquêtes auprès des clients et des fonctionnaires, demandé aux responsables du service d'achat de chaque administration de procéder à une auto-évaluation et réuni des statistiques sur la rentabilité des achats. En s'appuyant sur cette étude, le groupe de travail a construit un TBP (figure 8.5) comportant les quatre axes classiques et un cinquième, appelé « responsabilisation des salariés », afin d'insister sur le rôle des fonctionnaires fédéraux dans la nouvelle démarche des administrations à l'égard de leurs clients.

Le groupe de travail a justifié ainsi la mise en place du TBP :

Ce système s'appuie sur des mesures ayant un fort impact. Il est facile à utiliser et peu coûteux. Il est équilibré et met l'accent sur la prévention et non sur la détection des déficiences. Il donne la priorité au client et il est transversal, dans la mesure où il ne se limite pas aux activités de contrôle direct. Il donne aux services d'achat la possibilité d'introduire des améliorations sans attendre les recommandations de la hiérarchie. Enfin, il permet de mesurer la qualité du service par rapport à un objectif d'excellence.

La ville de Sunnyvale, en Californie, publie depuis vingt ans un rapport annuel rappelant les principaux objectifs des services municipaux et comparant leurs résultats réels aux prévisions budgétaires. Pour chaque secteur, la municipalité définit un programme, des objectifs et des indicateurs de performance. Si un service dépasse ses objectifs de qualité et de productivité, son responsable reçoit une prime. Une comparaison avec la situation en 1990 a révélé que Sunnyvale emploie 35 à 45 % de fonctionnaires de moins que d'autres villes comparables et offre davantage de services [8].

---

7. Performance Measurement Action Team, « Performance Measurement Report », document inédit, Procurement Executive Association : Washington, D.C., décembre 1994.

8. *Creating a Government*, p. 76.

Figure 8.5. Le TBP des systèmes d'achat fédéraux

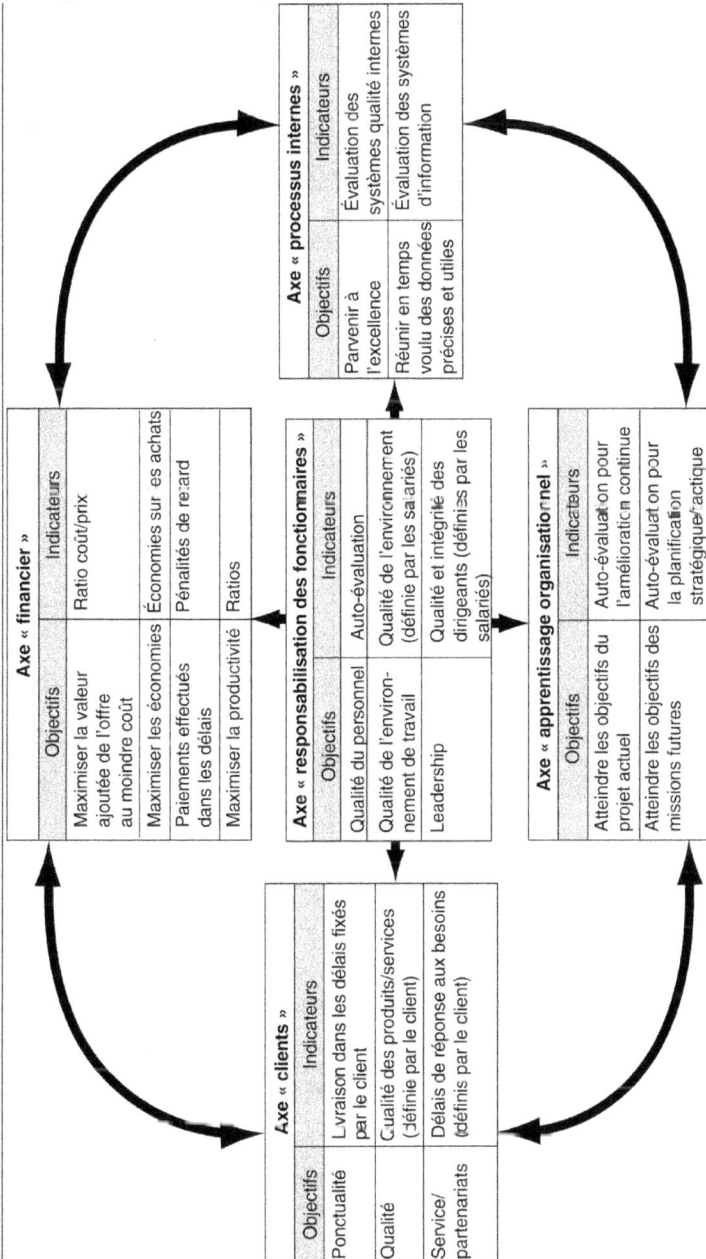

Axe « financier »

Objectifs	Indicateurs
Maximiser la valeur ajoutée de l'offre au moindre coût	Ratio coût/prix
Maximiser les économies	Économies sur les achats
Paiements effectués dans les délais	Pénalités de retard
Maximiser la productivité	Ratios

Axe « processus internes »

Objectifs	Indicateurs
Parvenir à l'excellence	Évaluation des systèmes qualité internes
Réunir en temps voulu des données précises et utiles	Évaluation des systèmes d'information

Axe « clients »

Objectifs	Indicateurs
Ponctualité	Livraison dans les délais fixés par le client
Qualité	Qualité des produits/services (définie par le client)
Service/ partenariats	Délais de réponse aux besoins (définis par le client)

Axe « responsabilisation des fonctionnaires »

Objectifs	Indicateurs
Qualité du personnel	Auto-évaluation
Qualité de l'environnement de travail	Qualité de l'environnement (définie par les salariés)
Leadership	Qualité et intégrité des dirigeants (définies par les salariés)

Axe « apprentissage organisationnel »

Objectifs	Indicateurs
Atteindre les objectifs du projet actuel	Auto-évaluation pour l'amélioration continue
Atteindre les objectifs des missions futures	Auto-évaluation pour la planification stratégique"tactique"

Source : adapté de Robert S. Kaplan et David P. Norton, « The Balanced Scorecard - Measures That Drive Performance », *Harvard Business Review*, janvier-février 1992, p. 76. Reproduction autorisée.

La municipalité de Charlotte, en Caroline du Nord, a publié en septembre 1995 un rapport sur ses résultats par rapport aux objectifs, notamment en ce qui concernait les grands programmes réalisés durant l'exercice dans cinq secteurs :

- La sécurité
- L'amélioration des quartiers (programmes ciblés mis en œuvre localement)
- La modernisation de l'administration (pour introduire la concurrence et la gestion de l'actif dans les pratiques des services municipaux)
- Le développement économique
- Les transports

La deuxième partie rendait compte des résultats, mesurés au moyen d'indicateurs correspondant aux quatre axes du TBP, dont les objectifs comprenaient notamment :

Axe « clients » : fournir à la population des prestations de qualité

▶ **Résultats**

- 89 % des habitants sont satisfaits de la campagne d'information sur les nouvelles procédures de collecte des ordures.
- Le nombre de casernes de pompiers et leur effectif sont conformes aux besoins de la collectivité.
- 93,5 % des 41 000 dossiers adressés aux services d'urbanisme ont été traités à la satisfaction des demandeurs.
- La formation donnée aux conducteurs des navettes de l'aéroport a eu des effets positifs (enquête de satisfaction auprès des usagers).
- Les transports en commun ont un taux de rotation supérieur de 25 à 30 % à ceux de villes comparables.
- Sur 36 000 demandes d'information à la Direction des Transports, 26 seulement (moins de 0,01 %) n'ont pu être traitées directement par ce service.

Axe « financier » : gérer efficacement les fonds municipaux

▶ **Résultats**

- Les prix de l'eau et du tout-à-l'égout sont parmi les plus bas de treize villes comparables. L'augmentation annuelle a été inférieure de 25 % aux prévisions.

- Les services de collecte des déchets solides sont parmi les moins chers, comparés aux tarifs de quatre grandes entreprises nationales. Les pertes de temps dues à des erreurs de manipulation de ces déchets ont été réduites de 60 % par rapport à l'année précédente, soit une économie de 130 000 dollars.

- Le coût par habitant des services d'urbanisme est le plus faible de six villes comparables.

- Les procédures de prise en charge des fonctionnaires victimes d'accidents du travail ont été rationalisées, générant une économie de 238 000 dollars en heures ouvrées.

Axe « processus internes » : améliorer le rapport qualité/prix des services sans augmenter les dépenses grâce à une meilleure productivité

▶ **Résultats**

- Forte augmentation de la productivité des services de maintenance et de relevé des compteurs d'eau, de gaz et d'électricité.

- Mise en place d'un système automatique d'établissement des fiches de paye évitant les erreurs et les doublons. Amélioration du suivi des arrêts maladie et autres.

- Amélioration de la rentabilité dans différentes administrations, par la réduction des effectifs, la restructuration des processus essentiels et la sous-traitance de nombreuses fonctions.

Axe « apprentissage organisationnel » : étudier de nouveaux services et processus pour améliorer la performance

▶ **Résultats**

- Mise en place d'un nouveau système d'information pour la Direction des Transports.

- Mise en œuvre d'un système d'imputation des coûts par activité pour l'ensemble des services municipaux.

- Étude de nouvelles mesures de lutte contre la criminalité.

- Développement d'un programme de modernisation technologique visant à accroître la productivité en réduisant les effectifs.

- Formation des salariés : le niveau de compétence des fonctionnaires a été sensiblement amélioré dans certains domaines.

- Mise en service de deux véhicules électriques pour l'inspection de sites d'incendie ou de zones inondées.

• Mise en place d'un plan de carrière pour les salariés de la Division Informatique.

Le TBP de la ville de Charlotte est encore embryonnaire, mais il donne néanmoins une nouvelle orientation et responsabilise des services municipaux qui, jusqu'à présent, étaient évalués exclusivement sur leur capacité à ne pas dépasser leurs budgets.

Les organisations à but non lucratif présentent certaines particularités en ce qui concerne la communication de leur projet et la définition des objectifs et des mesures par rapport auxquels leur performance sera évaluée. Leur activité consistant à servir gratuitement certaines catégories de personnes, les indicateurs financiers sont, dans leur cas, une contrainte plus qu'une aide.

Le premier TBP destiné à une organisation à but non lucratif a été créé à l'occasion des jeux olympiques handisports, organisés dans le Massachussetts [9]. Le cadre utilisé pour la construction de ce TBP était pratiquement identique à celui des entreprises et des unités opérationnelles.

L'axe « financier » était focalisé sur les attentes des donateurs, avec trois objectifs principaux :

• Reconnaissance/publicité : positionner ces jeux comme un événement de premier plan, au travers d'une campagne de relations publiques dynamique et d'un programme de marketing en faveur de cette cause.

• Implication de la communauté : offrir aux bénévoles, entreprises ou particuliers, la possibilité de mener une action positive et gratifiante.

• Promotion et extension de la participation des athlètes : créer des programmes de promotion pour donner à tous les athlètes intéressés la possibilité de participer aux jeux.

Les indicateurs correspondant à cet objectif étaient les suivants :

• Le nombre de nouveaux programmes et de nouveaux athlètes inscrits
• La fidélisation/le recrutement de bénévoles
• Le nombre de nouveaux donateurs
• Les actions d'information à l'intention des donateurs
• Le nombre d'athlètes participant aux jeux après un programme de promotion

---

9. Nous remercions Laura Downing et Marissa Hendrickson, de Renaissance Solutions, Inc., de l'aide qu'elles nous ont apportée pour l'étude de cas des jeux olympiques handisport.

Ce type de TBP peut comprendre des indicateurs financiers plus classiques comme le montant des dons et le ratio frais administratifs et de collecte de fonds/total des sommes réunies.

L'axe « client » était focalisé sur les athlètes. Quatre objectifs ont été sélectionnés :

- Entraînement et compétition : adapter les infrastructures aux athlètes handicapés.
- Maîtrise des coûts : réduire les frais de participation aux compétitions pour les athlètes et leurs familles.
- Qualité : maintenir et améliorer la qualité des programmes d'entraînement et de compétition.
- Vie sociale : créer des occasions de rencontre entre les athlètes.

Cinq indicateurs ont été retenus :
- Le nombre d'athlètes n'ayant pu trouver une équipe
- Les villes n'ayant aucun athlète participant aux jeux
- L'augmentation des frais
- L'information des familles
- Le nombre de rencontres en marge des compétitions

L'axe « processus internes » portait sur les processus contribuant à la réalisation des objectifs concernant les clients/athlètes et les donateurs :

- Organisation et administration : présenter des plans triennaux aux équipes organisatrices ; coordonner les activités des sections locales.
- Relations publiques : soutenir les efforts de promotion et de collecte de fonds par une meilleure information du grand public.
- Formation : assurer la formation et le recyclage permanents des entraîneurs.
- Promotion : identifier et cibler les régions actuellement mal informées sur les jeux.

Les indicateurs comprenaient :
- Le nombre de plans distribués
- Le nombre de réunions avec les équipes organisatrices
- Les sommes collectées
- Les campagnes d'information du public

- Le nombre de séminaires de formation proposés
- Le nombre d'athlètes participant pour la première fois aux jeux

L'axe « apprentissage organisationnel » était focalisé sur les trois déterminants classiques : les ressources humaines, les systèmes et l'alignement des objectifs.

- Notoriété des jeux : sensibiliser les organisateurs, les bénévoles et les entraîneurs à la nécessité de faire connaître les jeux.
- Organisation : constituer et développer localement des équipes organisatrices performantes.
- Gestion des bases de données : tenir à jour et exploiter des bases de données sur les donateurs, les entraîneurs et les bénévoles.
- Reconnaissance : reconnaître par des moyens appropriés les efforts des bénévoles, des entraîneurs et des organisateurs.

Les indicateurs sélectionnés comprenaient :

- Le nombre de bénévoles ayant reçu une formation appropriée
- Les dossiers d'inscription reçus dans les délais
- La distribution du programme
- Le nombre de bénévoles inscrits dans les bases de données
- Les réunions de formation des entraîneurs

Ces trois exemples montrent que le TBP peut traduire le projet et la stratégie d'une administration, d'une municipalité et d'une organisation à but non lucratif en objectifs concrets et en mesures opérationnelles. Le TBP de ces entités est très proche de ceux développés pour des entreprises classiques, même s'ils accordent une place plus importante encore aux clients et aux salariés dans la définition des objectifs et des déterminants de la performance.

RÉSUMÉ

Nous avons présenté dans ce chapitre des TBP destinés à des entités très différentes, par leur structure ou la nature de leur activité, des unités opérationnelles dont nous avons étudié le cas aux chapitres précédents. Un TBP de groupe requiert une stratégie d'ensemble démontrant la valeur ajoutée que le groupe apporte à chacune de ses composantes. Cette valeur ajoutée peut provenir de plusieurs sources : objectifs et valeurs communes, partage de services et de ressources, synergies génératrices d'avantages concurrentiels sur des segments de marché. Tous ces éléments doivent être clairement identifiés, communiqués par l'intermédiaire du TBP de groupe et articulés aux TBP individuels.

Le TBP peut aussi être un outil d'orientation, de motivation et de responsabilisation dans les administrations et les organisations à but non lucratif. En effet, il guide leur action (servir des citoyens et des clients et pas seulement fonctionner sans dépassement de budget) et il fait connaître au public et aux fonctionnaires ou bénévoles les mesures de résultats et les déterminants de la performance qui pilotent le projet et la réalisation des objectifs stratégiques de ces entités.

Deuxième partie

Piloter la stratégie

Après avoir construit leur tableau de bord prospectif, les entreprises doivent rapidement l'intégrer à leur système de management et en faire la pierre angulaire d'un nouveau système de management stratégique, ainsi que nous le verrons dans cette deuxième partie. En effet, le TBP est la passerelle qui permet de combler le vide qui existait jusque là entre la *conception* et la *formulation* de la stratégie et sa *mise en œuvre*.

Ce vide est dû aux obstacles dressés par les systèmes de management classiques sur lesquels les entreprises s'appuient pour :

- définir et communiquer la stratégie et les orientations opérationnelles ;
- allouer les ressources ;
- fixer des objectifs aux départements, aux équipes et aux salariés ;
- faire remonter les informations et les expériences.

Nous avons identifié quatre obstacles majeurs (figure II-1) :

- un projet et une stratégie irréalisables ;
- la dissociation entre la stratégie et les objectifs des départements, des équipes et des salariés ;
- l'absence de lien entre la stratégie et les ressources allouées à court et à long termes ;
- un retour d'expérience tactique et non stratégique.

Figure II.1. Les quatre obstacles à la mise en œuvre de la stratégie

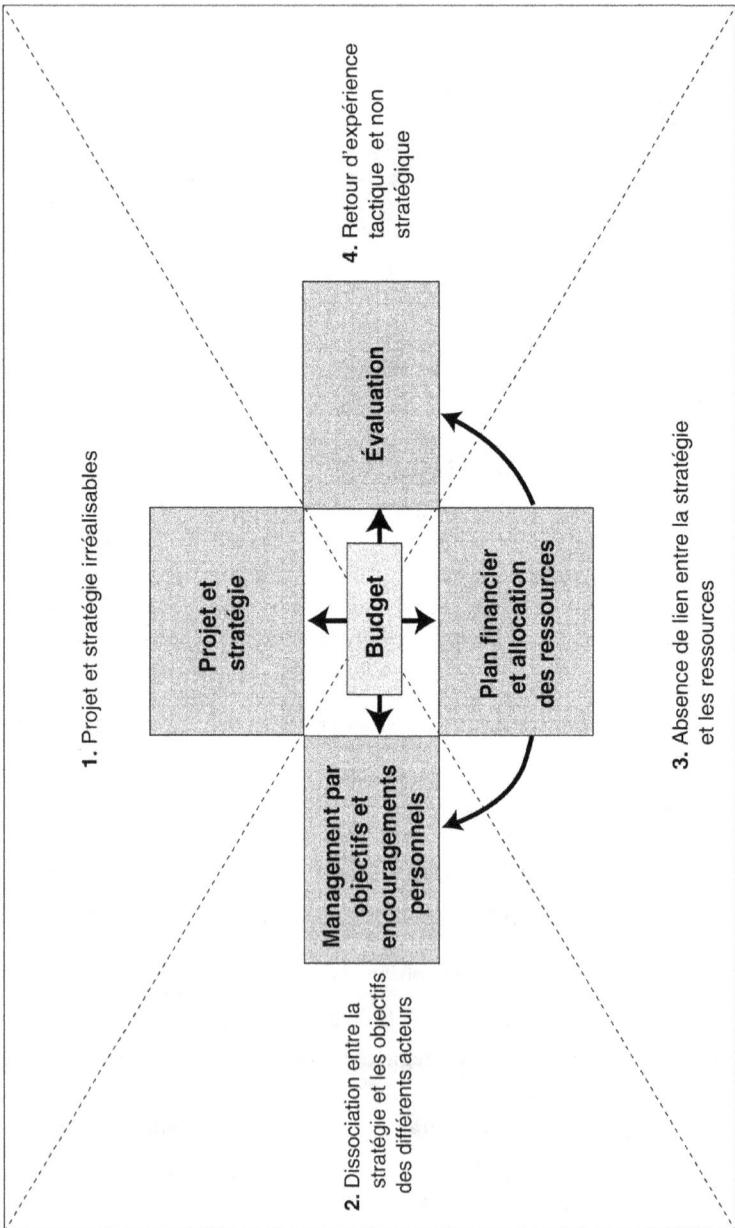

L'intégration du TBP au nouveau système de management stratégique permet de supprimer tous ces obstacles. Avant de le démontrer, rappelons les défauts des systèmes de management actuels, essentiellement fondés sur le modèle financier du coût historique et qui ne font aucun lien entre la définition de la stratégie et sa mise en œuvre.

Nous avons récemment réalisé une étude, en collaboration avec une société spécialisée dans l'organisation de conférences, Business Intelligence, sur les systèmes de mesure et de management de la performance utilisés par les entreprises pour gérer les quatre volets du management stratégique :

- la traduction de la stratégie en objectifs communs ;
- la communication et l'articulation de la stratégie au système de mesure de la performance ;
- la définition des objectifs individuels ;
- le retour d'expérience et l'évaluation des résultats.

Nous avons reçu plus d'une centaine de réponses, qui nous ont apporté la confirmation, chiffres à l'appui, du phénomène que nous avions observé dans les entreprises utilisant le TBP comme outil de management stratégique.

OBSTACLE N° 1 : PROJET ET STRATÉGIE IRRÉALISABLES

L'impossibilité de traduire le projet et la stratégie de l'entreprise en objectifs clairs et réalistes est le premier obstacle à la mise en œuvre de la stratégie. Si le projet de l'entreprise est grandiloquent et irréaliste, tous les efforts resteront fragmentés et peu productifs. Cela signifie en outre que l'équipe dirigeante n'est pas parvenue à se mettre d'accord sur l'orientation fondamentale de la stratégie. Faute d'indications cohérentes et claires, chacun suit sa propre voie – Qualité Totale, amélioration continue, reengineering, responsabilisation – selon son interprétation du projet et de la stratégie de l'entreprise. N'étant pas reliés à une vision d'ensemble, les efforts ne sont pas intégrés et ne génèrent aucune synergie. Dans l'enquête que nous avons réalisée, 59 % des cadres supérieurs déclaraient savoir comment mettre en œuvre le projet de l'entreprise contre 7 % de la hiérarchie intermédiaire et des employés. Ces chiffres confirment les observations de Peter Senge sur l'absence de mécanismes qui permettent à un leader, même lorsqu'il a un projet précis pour son entreprise, de le communiquer aux salariés en termes opérationnels.

Nous avons constaté que le processus de construction d'un TBP permet de clarifier les objectifs stratégiques et d'identifier les déterminants de la performance stratégique. Ce processus favorise le consensus et la collaboration entre les dirigeants, quelle que soit la fonction dont ils sont issus. Le tableau de bord prospectif décline le projet en axes stratégiques, qui peuvent être communiqués et mis en œuvre dans toute l'entreprise.

OBSTACLE N° 2 : DISSOCIATION ENTRE LA STRATÉGIE ET LES OBJECTIFS

Un deuxième obstacle surgit lorsque les objectifs stratégiques de l'entreprise ne sont pas traduits en objectifs opérationnels pour les départements, les équipes et les salariés. La performance reste alors strictement évaluée sur la capacité à respecter les budgets prévisionnels, et elle est mesurée dans le cadre du système de contrôle de gestion classique. Au niveau individuel, les objectifs des salariés sont liés aux objectifs tactiques et à court terme de leur département, sans tenir compte du développement du potentiel qui permettrait d'atteindre des objectifs stratégiques à plus long terme. Cet obstacle est peut-être dû à l'incapacité des responsables Ressources humaines à aligner les objectifs individuels et ceux de l'entreprise.

Dans notre enquête, 74 % des managers interrogés ont indiqué que leur salaire était indexé sur les résultats annuels de l'entreprise. Un peu moins d'un tiers seulement a fait état d'un lien entre la rémunération et la réalisation des objectifs stratégiques à long terme. Aux niveaux inférieurs, le fossé est encore plus profond : moins de 10 % des cadres moyens et des salariés bénéficient de primes liées à la stratégie à long terme. Il n'est pas surprenant, dans ces conditions, que les entreprises ne puissent pas focaliser leurs salariés sur la mise en œuvre de la stratégie, aussi claire soit-elle : appuyé sur des indicateurs financiers à court terme, le système d'encouragement ne sert qu'à renforcer les vieilles habitudes.

Nous verrons au chapitre 9 comment utiliser le TBP pour communiquer la nouvelle stratégie aux salariés, puis aligner les objectifs des départements, des équipes et des individus pour une mise en œuvre efficace de la stratégie. Si les dirigeants sont sceptiques quant à l'opportunité de relier rapidement et explicitement la rémunération aux mesures de résultats du

TBP, tous en revanche s'accordent à dire que le processus de définition et de communication des objectifs améliore très sensiblement l'alignement des efforts de tous les acteurs de l'entreprise sur la stratégie.

OBSTACLE N° 3 : UNE STRATÉGIE SANS LIEN AVEC L'ALLOCATION DES RESSOURCES

La dissociation des plans d'action, de l'allocation des ressources et des priorités stratégiques à long terme est aussi un frein à la mise en œuvre de la stratégie. Beaucoup d'entreprises établissent séparément le plan stratégique pluriannuel et les budgets d'exercice, ce qui les conduit à allouer les fonds et les ressources sans tenir compte des priorités stratégiques. On lance des programmes de grande envergure – de *reengineering* par exemple – sans avoir évalué leur réelle urgence ou leur impact stratégique, et les bilans mensuels ou trimestriels s'attachent davantage à expliquer les écarts entre les prévisions et les résultats effectifs qu'à surveiller les progrès vers la réalisation d'objectifs stratégiques. La faute en revient conjointement à la direction financière et à celle de la planification stratégique, qui ne coordonnent pas leurs efforts.

Nous présentons au chapitre 10 une démarche, articulée autour du TBP, qui facilite l'intégration des processus de planification, d'allocation des ressources et la procédure budgétaire de l'entreprise. Nous décrivons notamment une démarche pour traduire la stratégie en actions, dont les étapes essentielles sont les suivantes :

- Fixer des objectifs à long terme, quantifiables et évolutifs pour que managers et salariés jugent réalistes les mesures du TBP.
- Identifier les initiatives (programmes d'investissements et d'action) et les ressources nécessaires pour atteindre les objectifs stratégiques du TBP.
- Coordonner les plans et les initiatives des différentes unités.
- Établir des jalons pour relier les objectifs à long terme du TBP et les budgets à court terme.

OBSTACLE N° 4 : UN RETOUR D'EXPÉRIENCE UNIQUEMENT TACTIQUE

Le dernier obstacle est l'absence d'information sur l'exécution et les résultats de la stratégie. Le retour d'expérience, dans les systèmes de management actuels, concerne presque exclusivement la performance opérationnelle à court terme et repose essentiellement sur des indicateurs financiers (comparaison des résultats réels aux budgets mensuels et trimestriels). Ces systèmes ne comportent pratiquement aucun indicateur pour surveiller la mise en œuvre et les effets de la stratégie. Notre enquête a révélé que, dans 45 % des entreprises, la stratégie ne figure même pas à l'ordre du jour des bilans de performance périodiques. Les dirigeants n'ont donc aucun moyen d'en suivre l'exécution, d'en tirer des enseignements et, le cas échéant, de l'adapter en cours de route.

Tous les avantages du TBP en tant qu'outil de management stratégique apparaissent lorsque l'entreprise effectue des bilans stratégiques et pas seulement opérationnels. Un processus de retour d'expérience stratégique basé sur le TBP comprend trois éléments :

• Un cadre pour communiquer la stratégie d'ensemble et mettre en évidence la contribution de chaque acteur à sa mise en œuvre.

• Un mécanisme de collecte d'informations sur les effets de la stratégie, qui permet de tester les hypothèses relatives aux interactions entre les objectifs stratégiques et les initiatives mises en œuvre.

• Un processus de résolution de problème servant à analyser ces informations, à en tirer des conclusions et à adapter la stratégie en fonction de l'évolution des conditions et des problèmes.

Le chapitre 11 montre comment utiliser le TBP pour développer ce processus de retour d'expérience et d'apprentissage qui est, à l'heure actuelle, le moins avancé des quatre grands processus de management que nous décrivons dans la deuxième partie. Rares, en effet, sont les entreprises qui utilisent ce puissant outil de management qu'est le bilan stratégique. Celui-ci amène les dirigeants à revenir à la première étape du processus de management – clarifier le projet et la stratégie et réunir un consensus sur les orientations choisies – et à adapter la stratégie en fonction de l'évolution de la concurrence, du marché et de la technologie.

Figure II.2. Un autre système de management pour mettre en œuvre la stratégie

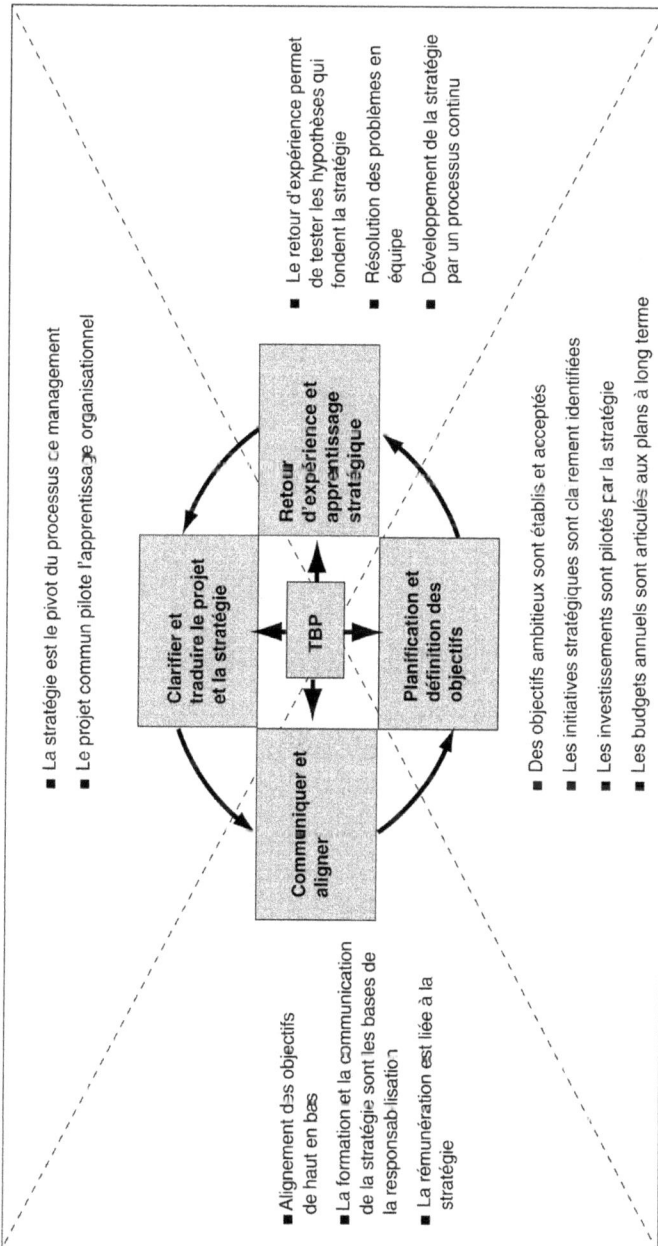

CRÉER UN SYSTÈME DE MANAGEMENT INTÉGRÉ

Le chapitre 12, le dernier de ce livre, est consacré au chemin suivi pendant deux ans par deux entreprises, National Insurance et Kenyon Stores, pour construire un nouveau système de management stratégique (figure II-2). Nous y signalons les pièges rencontrés par certaines entreprises dans la construction du TBP puis dans son déploiement en vue d'en faire la trame d'un nouveau système de management. Enfin, nous concluons par des recommandations concernant l'organisation et la réalisation d'un projet de construction de TBP.

Chapitre 9

ALIGNEMENT STRATÉGIQUE VERTICAL

La mise en œuvre de la stratégie commence par une campagne d'information auprès de ceux qui devront l'exécuter. Dans certaines entreprises, la stratégie n'est connue que de l'équipe dirigeante. Les salariés l'appliquent sous les ordres et le contrôle de la direction. Si cette démarche a été largement utilisée pendant une grande partie du XXᵉ siècle, les managers des entreprises modernes, qui fondent leur avantage concurrentiel sur la technologie et la satisfaction du client, ont compris qu'ils ne peuvent pas définir toutes les actions locales qui concourent au succès de la stratégie. Ils s'attachent donc, en faisant connaître à tous les salariés le projet et la stratégie de l'entreprise au travers du TBP, à obtenir leur participation active à la mise en œuvre de la stratégie, mais aussi leur concours, par leurs suggestions, à sa définition et à son adaptation.

Dans l'idéal, chaque acteur de l'entreprise, du sommet jusqu'à la base de la hiérarchie, devrait connaître la stratégie et la place qu'il tient dans sa réalisation. Cet alignement est possible grâce au TBP. L'initiative de sa construction revient à l'équipe dirigeante (voir annexe), dont la cohésion et l'engagement font partie des avantages essentiels générés par le système. Mais ce n'est qu'une première étape : il appartient ensuite à la direction de partager son projet et sa stratégie avec tous les salariés et tous les partenaires extérieurs de l'entreprise. Lorsque chacun a compris les objectifs à long terme et la stratégie qui pilotera leur réalisation, les efforts et les initiatives sont tous alignés sur les processus de transformation à mettre en œuvre.

L'alignement de toute une entreprise sur un projet commun est un processus long et complexe qui touche parfois plusieurs milliers de personnes. Un ensemble de mécanismes permet alors de traduire la stratégie et le TBP global en objectifs locaux et en mesures spécifiques, qui orienteront les actions personnelles. Ces mécanismes sont de trois sortes :

1. Programmes de communication et de formation. Ils sont destinés à faire connaître à l'ensemble des salariés la stratégie et les comportements à adopter pour atteindre les objectifs. Un programme d'information cohérent et continu sur les orientations stratégiques, renforcé par un système efficace de retour d'expérience sur les résultats effectivement obtenus, sont la condition *sine qua non* de l'alignement organisationnel.

2. Actions de définition d'objectifs. Lorsque les grandes lignes de la stratégie ont été communiquées et comprises, les salariés et les équipes peuvent définir leurs propres objectifs en fonction des objectifs d'ensemble. Les programmes de management par objectif classiques utilisés par la plupart des entreprises doivent être liés aux objectifs et mesures du TBP.

3. Articulation au système de primes. L'alignement de l'entreprise sur la stratégie est également encouragé au travers des systèmes de rémunération et d'encouragement. L'articulation doit être abordée avec prudence et seulement après que les programmes de communication et de formation aient été mis en place, mais beaucoup d'entreprises l'ont déjà mise en pratique avec profit.

Nous examinerons dans ce chapitre l'expérience de plusieurs entreprises ayant eu recours à ces mécanismes. L'alignement stratégique d'une unité opérationnelle doit se faire dans plusieurs directions : de haut en bas, par un processus en cascade très complexe en raison du nombre de personnes concernées et de la logistique nécessaire, mais aussi du bas vers le haut, c'est-à-dire en direction des membres du conseil d'administration et des actionnaires.

Figure 9.1. Un autre système de management – Communication et alignement

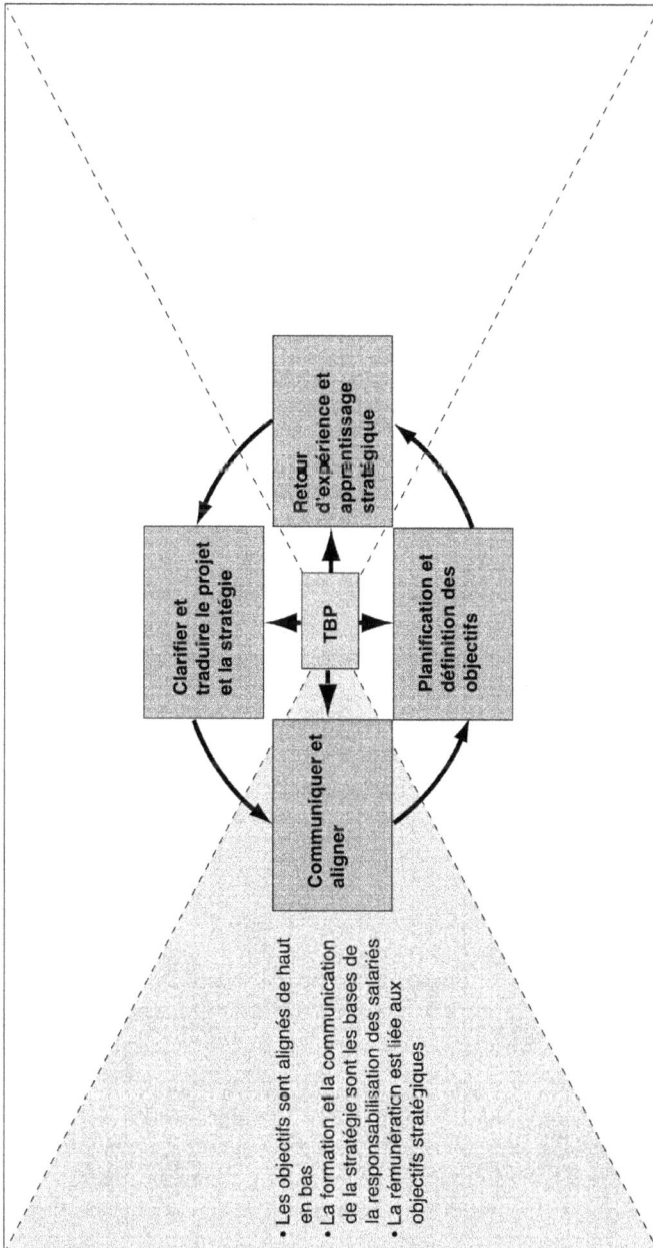

Retour d'expérience et apprentissage stratégique

Clarifier et traduire le projet et la stratégie

TBP

Planification et définition des objectifs

Communiquer et aligner

• Les objectifs sont alignés de haut en bas
• La formation et la communication de la stratégie sont les bases de la responsabilisation des salariés
• La rémunération est liée aux objectifs stratégiques

PROGRAMMES DE COMMUNICATION
ET DE FORMATION

La communication aux employés du projet et de la stratégie d'une entreprise doit être abordée comme une campagne de marketing interne. Ses objectifs sont identiques à ceux d'une campagne de marketing classique : sensibiliser et influer sur les comportements. La communication doit éclairer la stratégie et inciter les salariés à atteindre les objectifs stratégiques. Un projet commun est un élément essentiel à la réussite de la mise en œuvre de la stratégie.

L'entreprise qui utilise un TBP emploie parfois plusieurs milliers de salariés. Communiquer une stratégie à un public aussi vaste exige un plan à long terme et exhaustif. Malheureusement, le TBP est parfois traité comme un événement ponctuel : après avoir consacré plusieurs mois à le construire, les entreprises s'empressent d'annoncer sa naissance à leurs salariés qui, faute de suite à ce « spot publicitaire » initial, considèrent le TBP comme le dernier avatar d'une longue suite d'initiatives éphémères et l'oublient aussitôt.

Le programme de communication doit s'inscrire dans le temps. De nombreux outils peuvent servir à sa mise en œuvre : annonces de la direction, vidéos, réunions, brochures et journal interne. Les premières annonces doivent être suivies à intervalle régulier de la publication des mesures et des résultats sur les panneaux d'information, dans le journal interne et via le courrier électronique.

Beaucoup d'entreprises ont choisi la brochure comme support de communication. Celle d'une grande compagnie aérienne européenne (figure 9.2) énumère sept axes stratégiques et indique les objectifs de la compagnie ainsi que les moyens de les atteindre. Elle décrit également les indicateurs spécifiques utilisés par la direction pour surveiller les progrès de sa stratégie. La brochure fait périodiquement le point sur les tendances et les résultats par rapport à chacun des sept objectifs et décrit les actions menées. Nous encourageons les entreprises à communiquer les axes, les mesures et les objectifs du TBP en utilisant ce type de support.

D'autres entreprises se servent du journal interne pour informer régulièrement les salariés de l'évolution et des résultats du TBP. Une page de la lettre mensuelle de Pioneer Petroleum est consacrée à des informations concernant le TBP du groupe. Au début du programme, cette page était destinée à former les employés. Chaque numéro analysait l'un des axes du TBP, en expliquait la fonction, articulait la démarche par rapport aux objectifs retenus et décrivait les indicateurs qui seraient utilisés pour motiver et surveiller la performance correspondant à cet axe. Cette page a ensuite servi de support au retour d'expérience : tous les mois, la lettre présente les résultats des mesures de chaque axe. Les chiffres et les diagrammes sont complétés par des comptes rendus sur la contribution des départements ou des salariés à la performance.

Certaines entreprises, toutefois, choisissent délibérément de ne pas mettre le TBP en avant, en tant que tel, dans le cadre de leurs programmes de communication. Elles expliquent ce choix par le fait que les salariés, ballottés pendant des années d'un programme à un autre, sont blasés et imperméables à toute nouvelle démarche annoncée par la direction comme celle qui permettra une réelle avancée dans la performance. Pour vaincre ce scepticisme, la direction présente les grandes orientations du TBP dans le journal interne, sans le désigner nommément. Le texte explique la place prépondérante du client, identifie les segments de marché visés, insiste sur l'image de marque de l'entreprise, traite de la qualité des produits et des services qu'elle veut offrir à ces segments, mais évite de parler d'offre à forte valeur ajoutée. Après avoir souligné l'importance de répondre aux attentes des segments visés, le programme de communication met l'accent sur les processus internes dans lesquels l'entreprise doit exceller pour atteindre les objectifs de satisfaction, de conquête et de fidélisation de la clientèle.

Lorsque nous avons rencontré l'équipe dirigeante de Metro Bank, nous avons demandé si le TBP avait été communiqué aux salariés des agences. Pas encore, nous a-t-on répondu, mais tous les salariés connaissent la nouvelle orientation de la banque en faveur du client et savent qu'ils doivent faire des efforts pour améliorer le service en évitant, par exemple, les erreurs de facturation et les attentes inutiles aux guichets.

Les réseaux électroniques et les *groupware* comme Lotus Notes offrent également la possibilité aux entreprises de communiquer et de faire accepter les objectifs du TBP. On peut imaginer de voir, dans un futur relativement proche, les objectifs et les indicateurs du TBP affichés sur des panneaux électroniques. Le texte pourrait être complété par des clips vidéo sur les clients, les processus internes, le travail des salariés, et par des messages vidéo de la direction expliquant le choix de tel ou tel objectif et des mesures de résultats correspondantes. Les résultats effectifs et les tendances concernant la performance pour chaque indicateur seraient actualisés et communiqués chaque mois sur le *groupware* et via le réseau électronique interne. Pour encourager le dialogue, des panneaux de présentation seraient créés pour chaque indicateur, afin que les managers et les salariés puissent identifier les raisons des bons ou des mauvais résultats.

Figure 9.2. Brochure de communication de la stratégie par le TBP

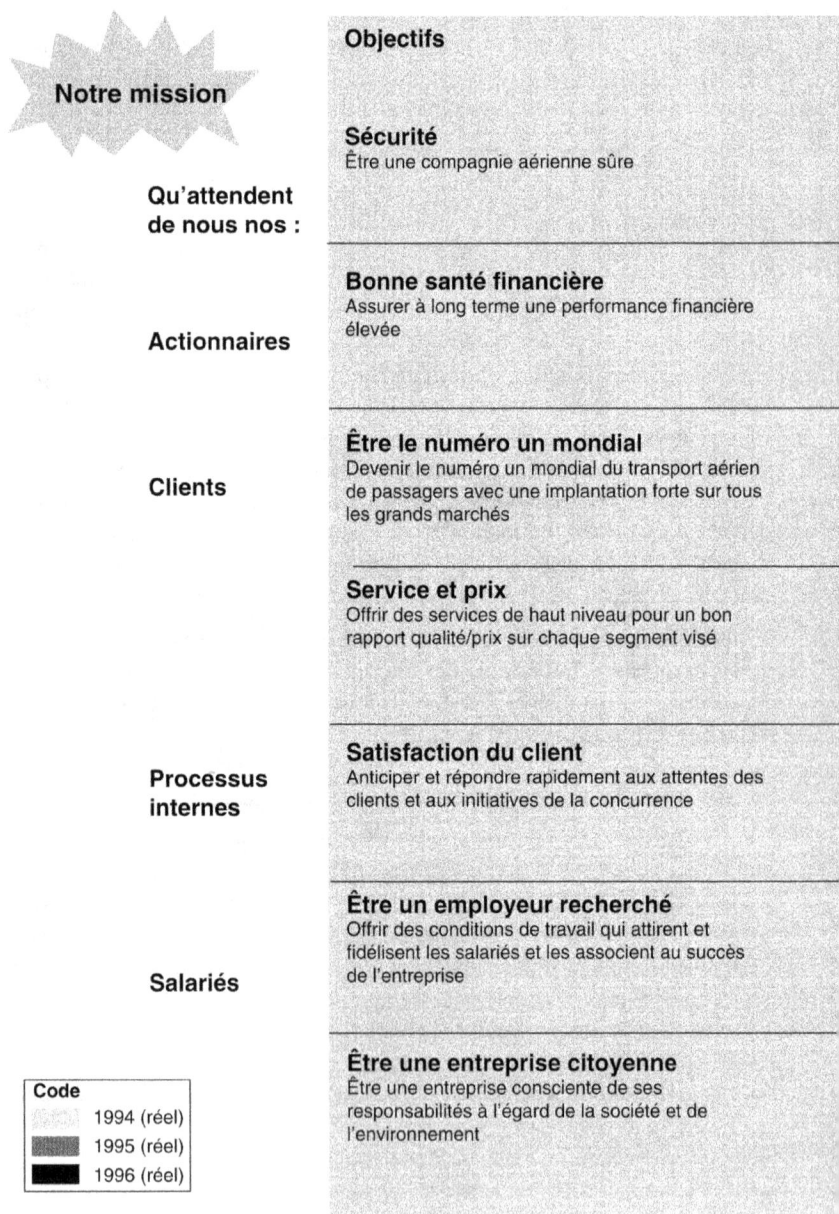

Notre mission

**Qu'attendent
de nous nos :**

Actionnaires

Clients

**Processus
internes**

Salariés

Objectifs

Sécurité
Être une compagnie aérienne sûre

Bonne santé financière
Assurer à long terme une performance financière
élevée

Être le numéro un mondial
Devenir le numéro un mondial du transport aérien
de passagers avec une implantation forte sur tous
les grands marchés

Service et prix
Offrir des services de haut niveau pour un bon
rapport qualité/prix sur chaque segment visé

Satisfaction du client
Anticiper et répondre rapidement aux attentes des
clients et aux initiatives de la concurrence

Être un employeur recherché
Offrir des conditions de travail qui attirent et
fidélisent les salariés et les associent au succès
de l'entreprise

Être une entreprise citoyenne
Être une entreprise consciente de ses
responsabilités à l'égard de la société et de
l'environnement

Code	
	1994 (réel)
	1995 (réel)
	1996 (réel)

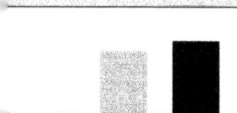

dicateurs	Initiatives
mage « sécurité » de la compagnie aux yeux des Voyageurs	- Audits sécurité dans tous les services opérationnels - Amélioration continue de la sécurité - Poursuite des actions de sensibilisation à la sécurité auprès des salariés
Cash flow en % du CA	- Réduction des coûts unitaires par services - Optimisation des routes, rendements et CA généré par la sous-traitance - Amélioration de la performance des équipements
Présence sur les marchés mondiaux	- Négociation de l'accès aux marchés nord-américain et Asie/Pacifique - Élargissement de la présence en Europe - Actions de fidélisation sur les grands marchés
Résultats obtenus	- Extension de l'*Executive Club* pour identifier les grands voyageurs et leur trajet - Amélioration durable de la ponctualité des vols
Recommandation de la compagnie un ami	- Accueil personnalisé des membres de l'*Executive Club* - Mise en place de procédures pour encourager les initiatives du personnel pour répondre aux clients
Satisfaction des salariés	- La moitié des salariés ont participé au concours du meilleur service - Évaluation des besoins en formation et création de programmes qualité - Mise en place de méthodes d'amélioration de la performance et de plans de carrière
Performance dans le domaine de environnement	- Définition des objectifs après un « état des lieux » interne concernant l'environnement - Intensification de la communication et du dialogue avec les populations locales - Participation accrue à des actions éducatives, sociales et de protection de l'environnement

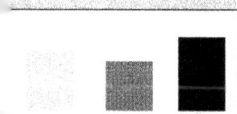

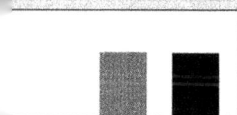

Brochure, journal interne et messagerie électronique sont donc les outils de la mise en œuvre d'un programme de communication. Mais pour être efficaces, ils doivent être intégrés à un effort de communication global visant l'alignement stratégique à long terme. La conception de ce programme doit être guidée par les réponses à plusieurs questions de fond.

- Quels sont les objectifs de la stratégie de communication ?
- Quels sont les publics visés ?
- Quel est le message clé à adresser à chaque public ?
- Quel est le support le plus approprié à chaque public ?
- Quelle doit être la durée de chaque étape du programme ?
- Comment déterminer si le message a été reçu ?

La figure 9.3 représente le programme de communication de Kenyon Stores.

Les responsables de la communication et de la planification stratégique ont établi ensemble un programme correspondant aux besoins de chaque public. Le premier a dirigé le processus de communication proprement dit, et le second a fourni le contenu des messages. Les deux partenaires ont ensuite évalué l'efficacité du programme par une enquête trimestrielle auprès des salariés.

Si la transparence des priorités stratégiques est indispensable avant la mise en œuvre au niveau local, les programmes de communication doivent aussi respecter certains impératifs de confidentialité. Nous l'avons vu au chapitre 7 : une bonne stratégie doit être explicite, identifier les segments de marché sur lesquels l'entreprise s'appuie pour accroître sa part de marché et définir les mécanismes propres à conquérir de nouveaux clients. Lorsque la stratégie est dévoilée à des milliers de salariés, les concurrents en ont très vite connaissance, par des employés trop bavards, des managers quittant l'entreprise, voire de simples conversations entre des salariés peu habitués à avoir accès à des informations confidentielles. Révéler trop tôt la nouvelle stratégie peut permettre aux concurrents de la contrer.

Chaque entreprise doit évaluer les avantages d'un vaste programme de communication au regard des inconvénients potentiels d'une annonce trop hâtive et du risque de perdre un avantage concurrentiel. Une solution consiste à communiquer des indicateurs, mesures des résultats (part de marché, satisfaction, conquête et fidélité des clients) et déterminants de la performance (qualité, réactivité et prix de revient) génériques, en limitant la diffusion des informations relatives aux segments de marché et aux concurrents que vise l'entreprise. On peut aussi utiliser des indices à la place des chiffres.

COMMUNICATION AU CONSEIL D'ADMINISTRATION ET AUX ACTIONNAIRES

Le tableau de bord prospectif, parce qu'il reflète la stratégie de l'entreprise, doit aussi être communiqué au conseil d'administration et aux actionnaires. En théorie, l'une des principales tâches du conseil est de définir les orientations stratégiques de l'entreprise. Dans la pratique, cependant, il consacre davantage de temps à l'analyse des résultats financiers trimestriels qu'à des bilans stratégiques. Sachant que les principaux outils de communication entre la direction et le conseil d'administration sont des indicateurs financiers à court terme, il n'est pas surprenant que les administrateurs s'intéressent aux résultats opérationnels immédiats plus qu'au projet stratégique à long terme.

Figure 9.3. Le programme de communication de Kenyon Stores

Publics visés	Supports de la communication					
	Dialogue stratégique	États mensuels détaillés	Réunions	Gros plan/ présentation sur le leadership	Vidéo	Brochure / journal interne
Direction générale	√		Semestrielles		√	Trimestriel
Direction des unités	Semestriel	√	Mensuelle et en fin d'année	Gros Plan	√	Mensuel
Cadres	Semestriel	√	Mensuelle	Gros Plan pour les directeurs	√	Mensuel
Boutiques		Selon les besoins	Selon les besoins	Gros Plan pour les animateurs de groupe Présentation par les animateurs	√	Mensuel
Centre de distribution		Selon les besoins	Selon les besoins	√	√	Mensuel
Fonctions logistiques • **Immobilier** • **Planification boutiques** • **Principaux fournisseurs**	Selon les besoins	√ √		√	√	Selon les besoins

Jay Lorsch, notamment, plaide pour que les conseils d'administration jouent un rôle plus actif dans le suivi de la stratégie et de la performance.

... les administrateurs doivent pouvoir évaluer en toute indépendance la performance des dirigeants et de l'entreprise ; amener la direction à changer de cap si les résultats ne correspondent pas aux attentes du conseil ; et, si nécessaire, changer l'équipe dirigeante... Pour cela, ils doivent suivre non seulement les résultats financiers de l'entreprise, qui traduisent la performance passée, mais aussi les progrès de la mise en œuvre de la stratégie au travers du développement de nouvelles technologies, de nouveaux produits et services mais aussi de la conquête de nouveaux marchés. Cela suppose également qu'ils comprennent l'évolution des besoins des clients et connaissent la situation concurrentielle. Les administrateurs ont aussi besoin de données sur la santé structurelle de l'entreprise. En bref, ils ont besoin de leur propre version du tableau de bord prospectif [1].

Le TBP peut et doit être le mécanisme au travers duquel la direction expose sa stratégie au conseil d'administration et qui servira ensuite au retour d'expérience et à la présentation des résultats à ses membres.

Faut-il communiquer le TBP aux actionnaires extérieurs ? Par tradition, les entreprises limitent l'information de ceux-ci au strict minimum imposé par la loi, et ce pour plusieurs raisons. La principale est que les dirigeants redoutent des fuites qui profiteraient à leurs concurrents. En effet, si le TBP est l'expression de la stratégie de l'entreprise, sa publication peut permettre à des concurrents de la saboter. Une autre raison est le peu d'intérêt que les investisseurs portent aux mesures non financières et en particulier aux objectifs à long terme (pour beaucoup d'analystes, tout ce qui n'est pas le bénéfice trimestriel est déjà du long terme). Le président d'une entreprise qui fut parmi les premières à adopter le TBP se souvient d'une réunion avec des analystes financiers :

Je faisais une présentation à un groupe d'analystes d'un fonds commun de placement qui possédait en portefeuille 40 % de nos actions. Tant que j'ai parlé de nos objectifs et de nos prévisions de bénéfices, ils sont restés pendus à mes lèvres. Dès que j'ai abordé nos projets en matière d'amélioration de la qualité et de réduction des délais, les trois quarts ont quitté la salle !

---

1. Jay W. Lorsch, « Empowering the Board », *Harvard Business Review*, janvier-février 1995, p. 107, 115-116.

Tant que les analystes financiers ne s'intéresseront pas aux mesures relatives à la stratégie à long terme de l'entreprise, il est probable que le TBP ne sera pas intégré au programme de communication destiné aux actionnaires.

Cependant, l'amélioration de la présentation de l'information financière en interne ne peut que contribuer à celle de la présentation extérieure. Pour l'instant, la plupart des entreprises expérimentent le TBP en tant qu'outil de définition, de communication et d'évaluation de la performance. Lorsqu'elles en maîtriseront le fonctionnement et qu'elles auront découvert tout le potentiel des mesures du système pour le suivi de la performance stratégique et la prévision financière, elles trouveront certainement le moyen de les communiquer aux investisseurs extérieurs sans révéler d'informations confidentielles.

Skandia : comment communiquer le TBP aux actionnaires

La compagnie suédoise d'assurance et de services financiers Skandia est un précurseur en matière de communication des déterminants de la performance aux investisseurs extérieurs. À son rapport d'activité annuel est joint un supplément, intitulé *Business Navigator*, qui présente la stratégie de l'entreprise, les indicateurs utilisés pour l'évaluer et la communiquer, et rend compte des résultats de ces indicateurs pour l'exercice écoulé. L'introduction du supplément du rapport annuel de 1994, sous le titre « Le capital intellectuel de Skandia », déclare :

Les entreprises commerciales ont toujours été évaluées en fonction du chiffre d'affaires, des investissements, du patrimoine immobilier ou d'autres actifs tangibles. Ces critères, issus de l'ère industrielle, ont toujours cours alors qu'ils ne correspondent plus à la réalité depuis déjà plusieurs décennies. Aujourd'hui, le tertiaire est le secteur leader en termes de dynamisme et d'innovation... Les entreprises de services n'ont pourtant pas beaucoup d'actifs tangibles. Comment chiffrer la créativité, la qualité du service ou la performance des systèmes informatiques ? Les commissaires aux comptes, les analystes et les responsables financiers ne disposent pas d'instruments et de règles généralement acceptées pour déterminer avec précision la valeur des entreprises de services et de leur capital intellectuel.

Le supplément présente les axes directeurs de huit grandes lignes d'activité [2], comme l'illustre la figure 9.4.

---

2. Pour Skandia, ce système de description du capital humain, structurel et commercial est une boussole qui « guide la société vers l'avenir et favorise son adaptation et son développement »

En divulguant les objectifs et les mesures de son TBP, Skandia annonce clairement à la communauté financière sa volonté d'être un acteur dominant du marché. Son but est d'attirer les investisseurs souhaitant prendre des positions à long terme dans une entreprise et qui, par conséquent, accorderont davantage d'attention à la manière dont elle est gérée pour atteindre la performance financière souhaitée. Cette démarche semble prometteuse, puisque les produits, la technologie, les clients et le potentiel humain, et pas uniquement les prévisions financières, font aujourd'hui partie des critères d'évaluation des analystes concernant Skandia.

ARTICULER LE TBP AUX OBJECTIFS INDIVIDUELS

La communication des objectifs et des mesures du TBP est une première étape pour gagner l'adhésion des salariés à la stratégie de l'entreprise. Elle est nécessaire mais pas suffisante pour modifier les comportements. Il faut parfois traduire les objectifs et les mesures stratégiques en actions individuelles susceptibles de contribuer à la réalisation de ces objectifs. Par exemple, si l'un des objectifs de l'axe « clients » du TBP d'une unité est d'améliorer la ponctualité des livraisons, il peut être traduit en objectif individuel consistant à réduire le temps de réglage des machines les plus utilisées ou la durée du transfert des commandes d'un poste de travail à l'autre. Ainsi, les efforts d'amélioration au niveau local sont alignés sur les déterminants de la performance de l'entreprise dans son ensemble.

Beaucoup d'entreprises, cependant, ont de la difficulté à décomposer des mesures stratégiques globales, en particulier non financières, en mesures opérationnelles locales. Autrefois, lorsque les managers s'appuyaient exclusivement sur des indicateurs financiers, ils pouvaient déployer une mesure globale comme le retour sur investissement ou la valeur ajoutée économique, en indicateurs locaux comme la rotation des stocks, le chiffre d'affaires journalier, les charges d'exploitation et les marges brutes. Malheureusement, les indicateurs non financiers que sont la satisfaction des clients et le potentiel des systèmes d'information, sont plus difficiles à décliner. Pour ce faire, le TBP est un outil précieux, car il s'appuie sur un modèle de performance qui identifie les déterminants de la stratégie au plus haut niveau. La chaîne de relations de cause à effet qui lui sert de cadre peut guider le choix d'objectifs et de mesures compatibles avec la stratégie pour les niveaux suivants. La figure 9.5 montre que le modèle de performance reflété dans le TBP est le point de départ d'un processus en cascade permettant de décliner verticalement les mesures. Le TBP de l'entreprise ou de l'unité peut ainsi être articulé à celui des départements, des services et des salariés. Plusieurs démarches sont possibles pour mettre en œuvre ce concept, comme le montrent quelques exemples.

Pour introduire le TBP dans la hiérarchie intermédiaire, la direction générale d'une entreprise a défini une stratégie pour les axes « financier » et « clients » uniquement, en y intégrant les segments visés et l'offre à valeur ajoutée destinée à chacun d'eux. Les deux niveaux hiérarchiques suivants ont ensuite été invités à participer au développement des axes « processus internes » et « apprentissage organisationnel » ainsi qu'à la définition des objectifs de croissance susceptibles de permettre à l'entreprise de réaliser la performance visée, tant financière qu'à l'égard des clients.

Figure 9.4. Business Navigator, la boussole de Skandia

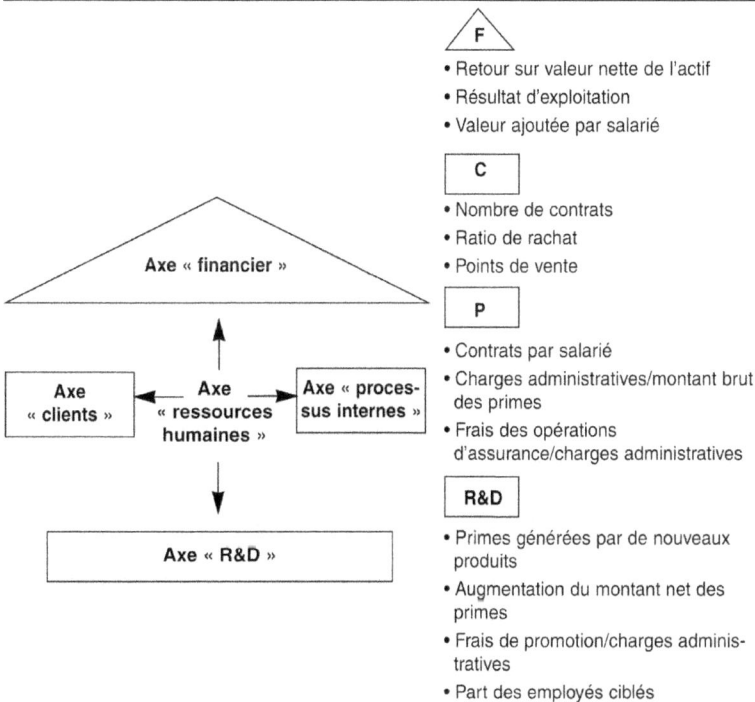

F
• Retour sur valeur nette de l'actif
• Résultat d'exploitation
• Valeur ajoutée par salarié

C
• Nombre de contrats
• Ratio de rachat
• Points de vente

P
• Contrats par salarié
• Charges administratives/montant brut des primes
• Frais des opérations d'assurance/charges administratives

R&D
• Primes générées par de nouveaux produits
• Augmentation du montant net des primes
• Frais de promotion/charges administratives
• Part des employés ciblés

Axe « financier »

Axe « clients » — Axe « ressources humaines » — Axe « processus internes »

Axe « R&D »

Figure 9.5. Diffusion verticale des objectifs du TBP

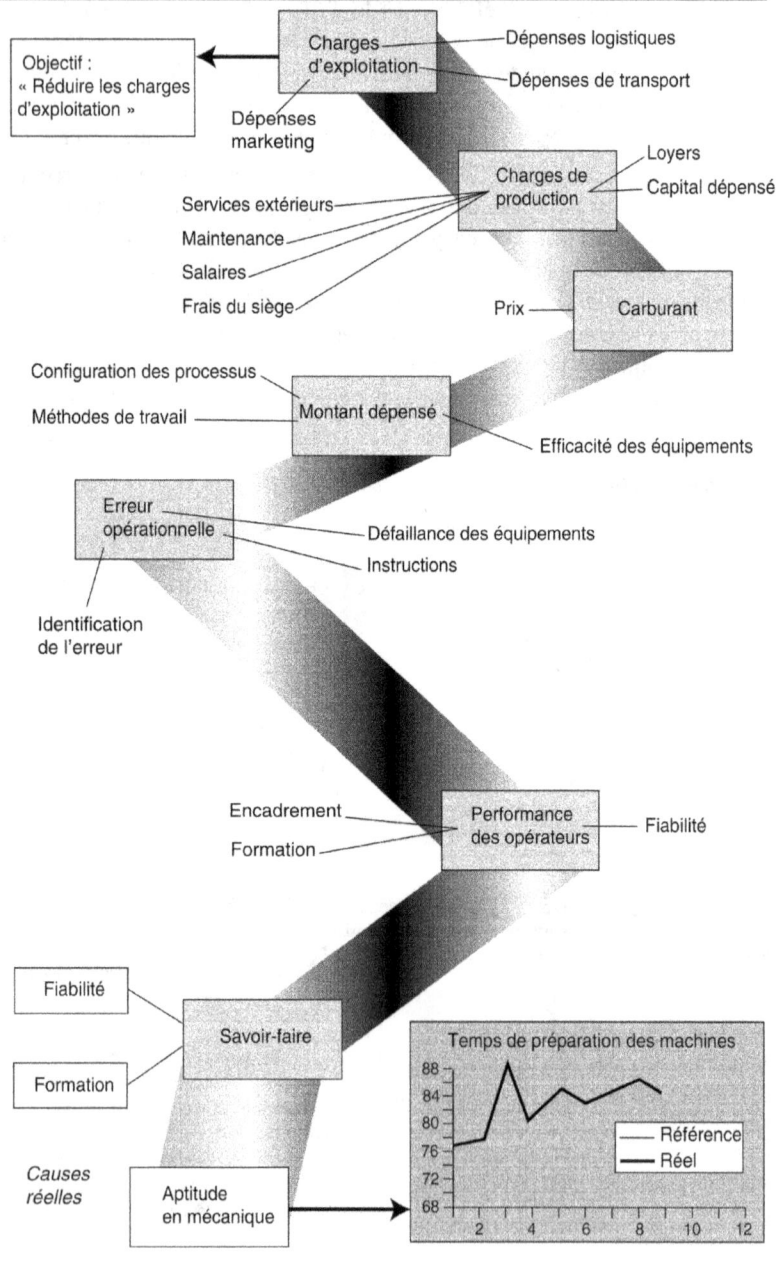

Figure 9.6. Traduire les objectifs de la division en objectifs locaux

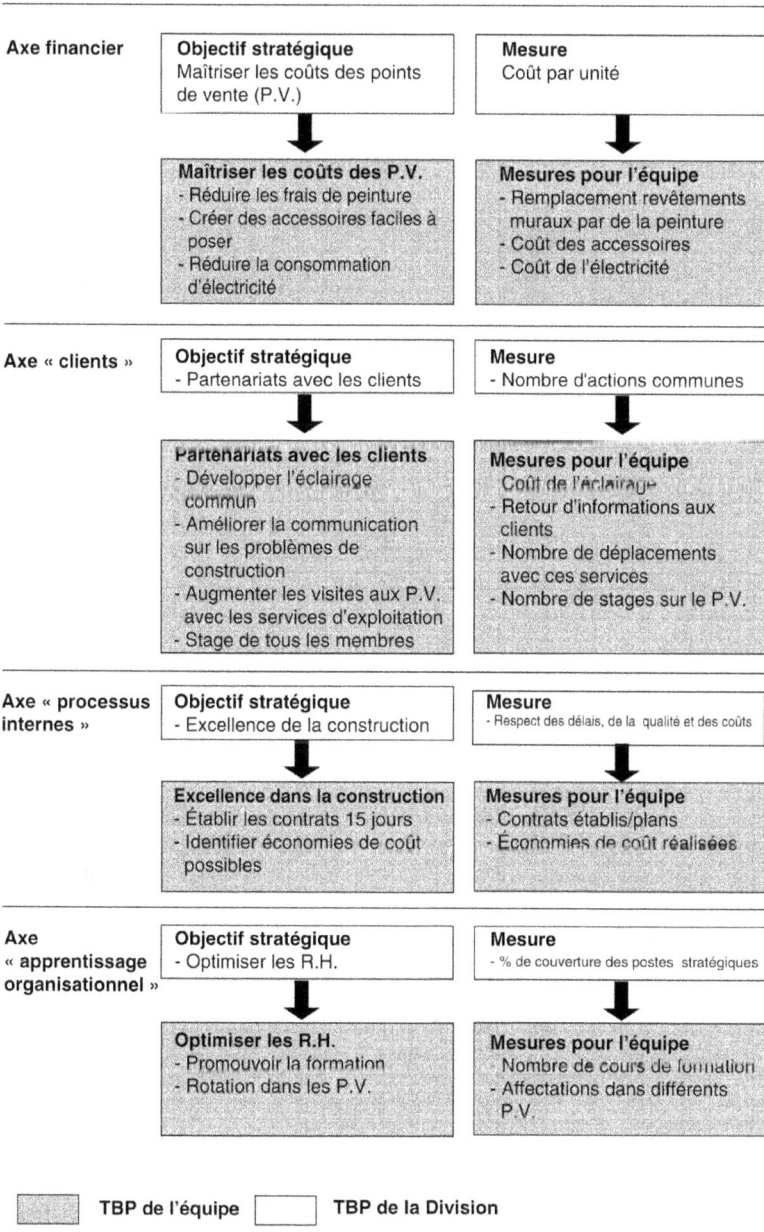

Axe financier

| **Objectif stratégique** Maîtriser les coûts des points de vente (P.V.) | **Mesure** Coût par unité |

↓ ↓

| **Maîtriser les coûts des P.V.** - Réduire les frais de peinture - Créer des accessoires faciles à poser - Réduire la consommation d'électricité | **Mesures pour l'équipe** - Remplacement revêtements muraux par de la peinture - Coût des accessoires - Coût de l'électricité |

Axe « clients »

| **Objectif stratégique** - Partenariats avec les clients | **Mesure** - Nombre d'actions communes |

↓ ↓

| **Partenariats avec les clients** - Développer l'éclairage commun - Améliorer la communication sur les problèmes de construction - Augmenter les visites aux P.V. avec les services d'exploitation - Stage de tous les membres | **Mesures pour l'équipe** Coût de l'éclairage - Retour d'informations aux clients - Nombre de déplacements avec ces services - Nombre de stages sur le P.V. |

Axe « processus internes »

| **Objectif stratégique** - Excellence de la construction | **Mesure** - Respect des délais, de la qualité et des coûts |

↓ ↓

| **Excellence dans la construction** - Établir les contrats 15 jours - Identifier économies de coût possibles | **Mesures pour l'équipe** - Contrats établis/plans - Économies de coût réalisées |

Axe « apprentissage organisationnel »

| **Objectif stratégique** - Optimiser les R.H. | **Mesure** - % de couverture des postes stratégiques |

↓ ↓

| **Optimiser les R.H.** - Promouvoir la formation - Rotation dans les P.V. | **Mesures pour l'équipe** Nombre de cours de formation - Affectations dans différents P.V. |

▨ **TBP de l'équipe** ☐ **TBP de la Division**

La division architecture d'intérieur d'un grand groupe de distribution a progressivement étendu le TBP de la direction générale jusqu'aux unités puis aux services et aux équipes. On voit dans la figure 9.6 que chaque équipe a pris le TBP de l'unité comme référence pour identifier les objectifs et les mesures sur lesquelles elle pourrait influer par son action. Les managers ont développé un TBP d'équipe, traduisant les objectifs stratégiques au plus haut niveau en initiatives et mesures locales.

Ces deux exemples illustrent la démarche consistant à amener la hiérarchie intermédiaire, par le biais du TBP, à mettre le savoir-faire local au service de la mise en œuvre de la stratégie de leur unité opérationnelle et, par ricochet, de celle de toute l'entreprise.

Le troisième exemple est celui du groupe d'exploration d'une grande compagnie pétrolière, qui a imaginé une méthode originale pour promouvoir l'alignement des objectifs individuels et d'ensemble. Ce groupe a créé un TBP individuel (figure 9.7) pour chaque salarié, sous forme d'une fiche, avec trois niveaux d'information. Au premier niveau sont indiqués les objectifs et les mesures stratégiques. Le second est réservé aux objectifs des unités opérationnelles et le troisième, le plus important, à ceux des salariés et des équipes qui y consignent également les actions à mener pour les atteindre. Les salariés définissent également de une à cinq mesures de performance pour leurs objectifs personnels et pour ceux de l'unité. Ce TBP individuel permet de communiquer et de traduire les objectifs des niveaux supérieurs aux niveaux inférieurs et sert d'aide-mémoire quotidien à tous les acteurs de l'entreprise.

Si les initiatives d'alignement des objectifs sur la stratégie d'ensemble sont le plus souvent déclenchées par la création d'un TBP pour les unités, beaucoup d'entreprises pratiquent déjà le management par objectifs dans le cadre duquel elles fixent des objectifs pour les départements, les services et les salariés. La plupart des programmes de management par objectifs utilisant des paramètres proches de ceux du TBP, ils peuvent être reliés à la construction de TBP d'équipe et individuels compatibles avec les objectifs stratégiques et qui piloteront leur réalisation.

ARTICULATION AUX SYSTÈMES DE RÉMUNÉRATION

Toutes les entreprises s'interrogent sur l'opportunité et la manière de relier leur système de rémunération aux mesures du TBP. Les politiques suivies dans ce domaine sont multiples et variées. Mais il est certain que, pour que le TBP génère le changement de culture, il doit y avoir une incitation financière à la réalisation de ses objectifs. La question n'est donc pas de savoir si un lien doit être créé, mais bien quand et comment.

Figure 9.7. Le TBP individuel

Axes stratégiques de l'entreprise

- Doubler le CA en sept ans
- Augmenter le bénéfice de 20 % par an en moyenne
- Parvenir à un taux de rendement de 2 % supérieur au coût de l'argent
- Augmenter la production et les réserves de 20 % dans les dix ans à venir

	Objectifs de l'entreprise			Mesures du TBP	Objectifs de l'unité			Objectifs et initiatives des équipes /individuels
	1997	1998	1999		1997	1998	1999	
Financiers	160	180	250	Bénéfice (millions de $)				1.
	200	210	225	Flux net de trésorerie				
	80	75	70	Frais généraux et charges d'exploitation				2.
D'exploitation	73	70	64	Coût de production par baril				
	93	90	82	Coût de développement par baril				
	108	108	110	Production annuelle totale				3.

Mesures des équipes/individuelles	Objectifs
1.	
2.	4.
3.	
4.	
5.	5.

Nom :

Site :

* Année de référence (100) : 1995

Source : Adapté de Robert S. Kaplan et David P. Norton, « Using the Balanced Scorecard as a Strategic Management System », *Harvard Business Review*, janvier-février 1996, p. 81. Reproduction autorisée.

La récompense financière étant une puissante motivation, certaines entreprises relient très rapidement la rémunération de leurs cadres dirigeants aux mesures du TBP. L'une d'elle a modifié les critères de calcul des primes qui leur sont versées : elles sont aujourd'hui basées pour moitié sur la réalisation des objectifs d'augmentation de la valeur ajoutée économique sur trois ans et pour moitié sur les mesures de résultats des trois axes non financiers. Cette politique stimule l'alignement des intérêts financiers de ces cadres sur la réalisation des objectifs stratégiques de leur unité.

Pioneer Petroleum a très vite adopté le TBP comme seule et unique base de calcul des primes des cadres dirigeants, qui sont pour 60 % liées à la performance financière. Pioneer, au lieu d'attribuer un coefficient unique à ce critère, a établi une moyenne pondérée entre cinq indicateurs financiers : la marge d'exploitation et le retour sur le capital engagé, mesurés par rapport à la concurrence ; la réduction réelle des coûts par rapport au plan ; la croissance sur les marchés existants et sur les nouveaux marchés. Les 40 % restant dépendent de la performance sur les axes « clients », « processus internes » et « apprentissage organisationnel », avec notamment un indicateur essentiel qui mesure la responsabilité sociale et environnementale de l'entreprise. Le P-DG de l'entreprise se déclare très satisfait des effets positifs de cette démarche sur l'alignement stratégique.

Articuler les incitations aux mesures du TBP présente des avantages incontestables mais comporte aussi des risques. Les mesures retenues sont-elles appropriées ? Les données correspondant à ces mesures sont-elles fiables ? Peut-il y avoir des conséquences inattendues ou imprévues sur la manière dont les objectifs sont atteints ? Des problèmes se posent lorsque les mesures définies pour le TBP ne traduisent pas parfaitement les objectifs stratégiques et que les actions visant à améliorer les résultats à court terme ne sont pas compatibles avec les objectifs à long terme.

Certaines entreprises, conscientes de ces risques et du poids des incitations financières, préfèrent ne pas utiliser ce levier lorsqu'elles mettent en place le TBP pour la première fois. Il s'agit alors d'un premier essai pour énoncer la stratégie. Il exprime les hypothèses sur les relations de cause à effet entre les mesures susceptibles de générer, à long terme, une performance financière élevée. Les dirigeants, lorsqu'ils traduisent la stratégie en mesures et formulent ces hypothèses, n'ont pas la certitude d'avoir choisi les bonnes mesures. Ils craignent que ces mesures ne soient pas appropriées aux efforts que déploieront des cadres très motivés (et bien payés) pour atteindre les objectifs correspondants. C'est pourquoi beaucoup d'entreprises hésitent à relier leurs systèmes de rémunération et d'encouragement aux mesures du TBP. Bien entendu, si la rémunération n'est pas explicitement liée à ces mesures, les systèmes d'incitation classiques basés sur les résultats financiers à court terme devront probablement être abandonnés. Sinon, les cadres dirigeants se trouveraient dans la situation de devoir atteindre un ensemble cohérent d'objectifs stratégiques à long terme, tout en étant rémunérés sur la base de la performance financière à court terme.

Le deuxième risque est lié à la méthode traditionnellement utilisée pour gérer les multiples objectifs entrant dans le calcul de la rémunération. Selon cette méthode, comme on l'a vu avec l'exemple de Pioneer Petroleum, un coefficient est attribué à chaque objectif et les primes sont calculées en fonction du pourcentage de résultats obtenus pour chacun. Cela permet de verser des primes substantielles même lorsque la performance n'est pas équilibrée, certains objectifs étant largement dépassés alors que d'autres sont loin d'être atteints.

Le tableau de bord prospectif propose une autre démarche pour justifier les primes. Les dirigeants peuvent fixer des seuils minima pour tout ou partie des mesures stratégiques pour les périodes comptables à venir. Les managers ne reçoivent pas de prime si le résultat réel de la période considérée n'atteint pas les minima pour les mesures sélectionnées. Cette contrainte favorise une performance équilibrée sur les quatre axes du TBP et sert aussi à contrebalancer les mesures de résultats à court terme et les déterminants de la performance financière future. Si les minima sont atteints sur toutes les mesures, les primes peuvent être liées à un résultat

Figure 9.8. Primes d'incitation liées au TBP

Axe	Indicateur	Coefficient (%)
Financier (60 %)	Marge comparée à la concurrence	18
	Retour sur capital engagé comparé à la concurrence	18
	Réductions de coût par rapport aux prévisions	18
	Croissance du CA sur les nouveaux marchés	3
	Croissance du CA sur les marchés existants	3
Clients (10 %)	Part de marché	2,5
	Satisfaction des clients (enquête)	2,5
	Satisfaction des stations-service (enquête)	2,5
	Rentabilité des stations-service	2,5
Processus (10 %) internes	Impact social/environnemental	10
Apprentissage (20 %) organisationne	Motivation des salariés	10
	Savoir-faire stratégique	7
	Disponibilité des informations stratégiques	3

exceptionnel sur un sous-ensemble de mesures, composé, par exemple, des mesures des quatre axes considérées comme les plus essentielles pour que l'entreprise réalise une performance de premier plan dans le futur.

Certaines entreprises laissent aux responsables d'unités le soin de fixer leurs propres objectifs pour les mesures du TBP, puis la direction évalue le degré de difficulté des objectifs retenus, qui est pris en compte dans le montant de la prime versée en cas de succès. Les dirigeants s'appuient sur une comparaison à la concurrence et une évaluation subjective pour apprécier le niveau de difficulté des objectifs.

L'introduction d'une composante subjective dans l'évaluation est le signe que les entreprises ont compris que les systèmes de primes exclusivement fondés sur les résultats ne sont pas la panacée pour récompenser les managers. De nombreux facteurs que les managers n'ont aucun moyen de maîtriser ou d'influencer interviennent également dans la performance. De plus, beaucoup d'actions managériales créent (ou détruisent) une valeur économique mais ne peuvent être mesurées. Dans l'idéal, les managers devraient être rémunérés en fonction de leur compétence, de leurs efforts et de la qualité de leurs décisions et de leurs actions. Ces éléments ne sont pas pris en compte dans les systèmes classiques de rémunération, car ils sont trop difficiles à suivre et à mesurer. Le salaire au mérite est une alternative moins équitable mais largement utilisée en raison de la difficulté à tenir compte des autres facteurs.

Nous avons observé que l'utilisation active du TBP met en évidence les capacités, les efforts et la qualité décisionnelle des managers beaucoup plus nettement que les indicateurs financiers classiques. Les entreprises qui, pour un temps au moins, abandonnent les systèmes de primes basés sur des formules mathématiques s'aperçoivent souvent que le dialogue entre les dirigeants et les managers au sujet du TBP offre de nombreuses possibilités d'observer le comportement et le potentiel de ces derniers. Il est donc plus facile de justifier et de gérer des systèmes de récompense basés sur une évaluation subjective. Par ailleurs, celle-ci ouvre moins la voie aux manœuvres diverses que les formules mathématiques.

Les primes d'encouragement sont un exemple de motivation externe – les salariés agissent parce qu'ils ont reçu des ordres ou parce qu'ils seront récompensés s'ils atteignent certains objectifs. C'est une motivation importante. La réalisation des objectifs de l'unité ou de l'entreprise doit générer une contrepartie, financière ou autre. Mais la motivation externe, seule, ne suffit pas à encourager l'initiative et l'innovation dans la résolution de problèmes ou la prise de décision. Plusieurs études ont montré que la motivation intrinsèque – les salariés sont guidés par leurs préférences et leurs convictions personnelles – stimule la créativité et l'initiative. Dans le contexte du TBP, la motivation intrinsèque naît de l'alignement des objectifs et des initiatives individuels sur les objectifs et les mesures de l'entreprise, que les salariés s'efforcent d'atteindre, même s'ils ne sont pas expressément liés à des primes d'encouragement.

L'articulation au sein du TBP des objectifs stratégiques des unités, associés à des déterminants de la performance, permet aux salariés de percevoir, souvent pour la première fois, les liens entre leurs actes et les objectifs à long terme de l'entreprise. Au lieu de travailler comme des robots pour percevoir une prime s'ils atteignent ou dépassent les objectifs locaux, les salariés peuvent maintenant identifier les tâches où ils doivent exceller pour contribuer à la réalisation des objectifs de l'entreprise. Leur motivation intrinsèque s'en trouve accrue et ils donnent libre cours à leur imagination pour résoudre les problèmes, même si aucune prime ne vient récompenser leurs efforts. Il est toutefois logique, la motivation externe restant très importante, que l'entreprise qui réalise une performance exceptionnelle récompense les employés qui y ont contribué. Pioneer Petroleum, par exemple, a mis en place pour son personnel un système de primes modulables, liées à la réalisation des objectifs de performance des unités et du groupe.

Si nous recommandons la prudence dans l'utilisation de mesures du TBP dans les systèmes de rémunération, il n'est pas question d'y renoncer. Le rôle que peut jouer le TBP dans le calcul des primes est encore très mal connu. Il est évident, en revanche, qu'il est difficile de demander aux managers et aux salariés une performance équilibrée sur un large éventail d'indicateurs avancés et *a posteriori* si les systèmes de rémunération et d'encouragement restent subordonnés aux résultats financiers à court terme. Il faut au moins renoncer à baser l'évaluation sur le court terme.

Plusieurs voies peuvent être intéressantes à explorer. À court terme, lier les primes d'encouragement des cadres dirigeants à un groupe équilibré de mesures du TBP stimulera les efforts en faveur de la réalisation des objectifs globaux. Le dialogue par lequel sont définis les objectifs et les actions à mener pour les atteindre est souvent révélateur du potentiel des managers, et une appréciation subjective peut être associée à des mesures quantitatives pour le calcul des primes. D'autres expériences apporteront des indications complémentaires sur l'équilibre à trouver entre les critères purement objectifs et l'évaluation subjective pour lier la rémunération à la réalisation des objectifs du TBP.

RÉSUMÉ

Construire un TBP qui articule le projet et la stratégie de l'entreprise à des objectifs et des mesures explicites n'est que le premier pas vers sa transformation en système de management. Le TBP doit être communiqué à différents publics : salariés, équipe dirigeante et conseil d'administration. Le processus de communication a pour but d'aligner tous les salariés, les cadres dirigeants et les administrateurs sur la stratégie de l'entreprise, pour faciliter la définition des objectifs locaux, le retour d'expérience et la responsabilisation des salariés.

L'alignement et la responsabilisation seront renforcés si les contributions individuelles à la réalisation des objectifs du TBP sont liées à des programmes de reconnaissance des efforts, de promotion et d'encouragement. Aux entreprises de décider si le lien doit être explicite, basé sur des critères objectifs ou sur une évaluation subjective. On connaîtra sans doute mieux dans quelques années les avantages et les inconvénients d'une articulation explicite.

Chapitre 10

DE LA STRATÉGIE À L'ÉTABLISSEMENT DU BUDGET

Le tableau de bord prospectif permet aux managers d'intégrer la mise en œuvre de la stratégie et de la procédure budgétaire. On a vu au chapitre 9 pourquoi et comment les objectifs des unités, des départements et des salariés devaient être alignés sur la stratégie de l'entreprise. Cet alignement est un premier pas, mais ne suffit pas : il doit être étendu aux ressources financières et physiques de l'entreprise. Les programmes d'investissement à long terme, les initiatives stratégiques et les budgets annuels doivent tous contribuer à la réalisation des objectifs et des mesures du TBP.

L'intégration de la planification stratégique à long terme et de la procédure budgétaire au moyen du TBP comprend quatre étapes (voir figure 10.1) :

1. Définir des objectifs ambitieux pour des indicateurs que tous les salariés peuvent accepter et gérer. Les relations de cause à effet mises en évidence dans le TBP aident à identifier les déterminants d'une avancée de la performance pour les mesures importantes, notamment sur les axes « financier » et « clients ».

2. Identifier et organiser les initiatives stratégiques. L'écart entre les objectifs de haut niveau associés aux mesures du TBP et la performance réelle permet aux managers de fixer des priorités dans les programmes d'investissement et les plans d'action destinés à combler cet écart. Ils peuvent ainsi éliminer ou rétrograder les programmes qui n'ont pas d'impact majeur sur un ou plusieurs objectifs du TBP.

3. Recenser les initiatives transversales qui généreront des synergies favorables à la réalisation des objectifs stratégiques d'autres unités ou du siège.

4. Articuler la stratégie aux ressources et aux budgets annuels. Les managers relient le plan stratégique à trois ou cinq ans aux budgets et aux résultats prévisionnels qui serviront de points de repère pendant l'exercice. Ces jalons leur permettent de veiller à ce que l'entreprise maintienne son cap stratégique.

Ce processus en quatre étapes commence par l'identification de la performance à long terme visée par l'entreprise. Il ne s'agit pas seulement de cerner les mesures à améliorer mais également de définir des objectifs explicites et ambitieux pour ces mesures. On détermine ensuite le mécanisme qui permettra de parvenir à ces résultats, puis on établit des jalons intermédiaires pour suivre les progrès des mesures financières et non financières.

DÉFINIR DES OBJECTIFS AMBITIEUX

Le TBP est un outil extrêmement efficace pour piloter le changement organisationnel. La nécessité du changement sera mise en évidence en fixant des objectifs pour les mesures du TBP dont l'amélioration dans les trois à cinq ans peut transformer l'entreprise. Les objectifs retenus doivent impérativement introduire une discontinuité dans la performance. Pour une société cotée en bourse, par exemple, le but doit être de multiplier par deux le prix de l'action. Le doublement du rendement des investissements, une augmentation de 150 % du chiffre d'affaires en cinq ans, sont deux des objectifs financiers souvent retenus par les entreprises. Ainsi, un fabricant de composants électroniques a décidé d'augmenter son chiffre d'affaires presque deux fois plus vite que sa base de clientèle existante.

Si la plupart des managers n'hésitent pas à fixer des objectifs financiers ambitieux, leur crédibilité est souvent mise en doute par ceux à qui il appartient de les atteindre. Steve Kerr, responsable de l'apprentissage organisationnel chez General Electric, explique pourquoi beaucoup d'entreprises peinent à atteindre des objectifs élevés : « La mode aujourd'hui, dans les entreprises, est de demander aux managers et aux salariés de doubler le chiffre d'affaires ou de réduire de moitié le temps de mise sur le marché des produits. Mais on ne leur fournit pas le savoir-faire, les outils et les moyens d'y parvenir [1]. »

[1]. S. Sherman, « Stretch Goals » : The Dark Side of Asking for Miracles » *Fortune*, 13 novembre 1995, p. 231-232.

Figure 10.1. Un nouveau système de management – Planification et définition des objectifs

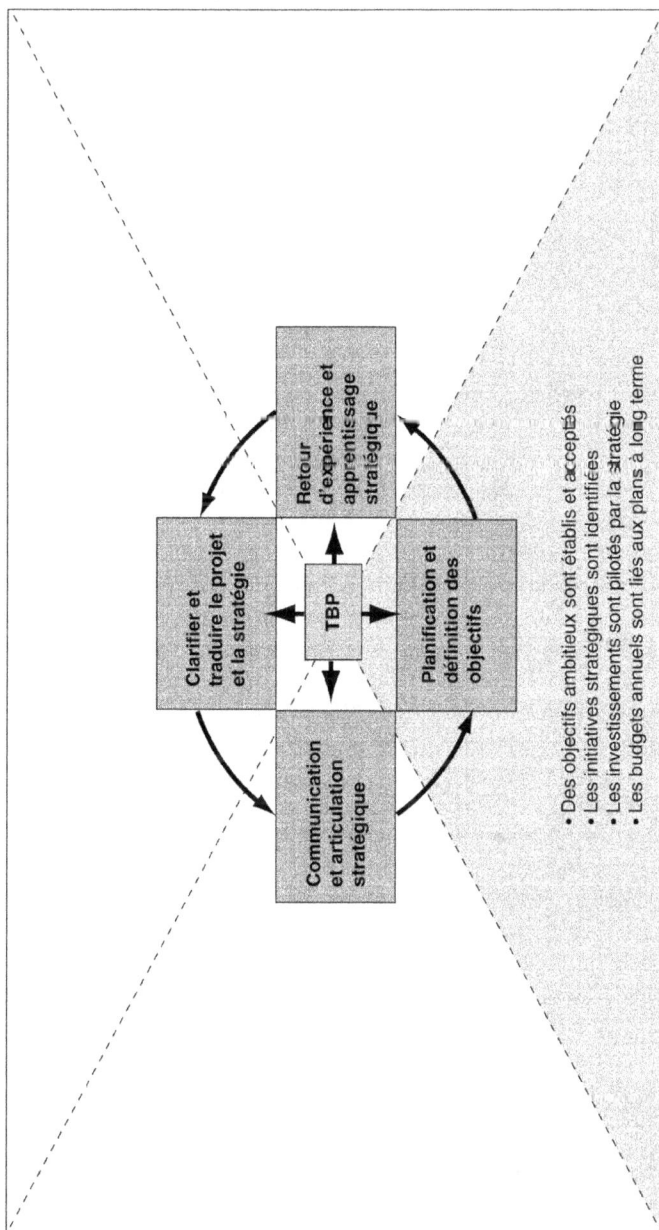

Le défaut majeur de la démarche, dans la plupart des cas, est qu'elle fixe des objectifs ambitieux pour des mesures isolées. Le *benchmarking* est l'exemple type de cette approche fragmentée : on étudie la performance d'autres entreprises dans un domaine spécifique, on adopte cette performance comme objectif et on met en place le dispositif nécessaire pour l'atteindre. Si le concept est séduisant, et même si l'entreprise atteint ses objectifs dans le domaine concerné, le *benchmarking* ne garantit pas l'avancée souhaitée dans la performance financière future.

Le TBP s'est révélé d'une grande efficacité pour faire accepter des objectifs ambitieux, car il met en évidence les relations de cause à effet grâce auxquelles il est possible de réaliser une performance élevée pour plusieurs mesures et pas seulement pour des mesures isolées. Prenons par exemple le processus de définition d'objectifs par la direction d'une firme de haute technologie, après la construction de son premier TBP. Le P-DG a demandé a ses collaborateurs de définir un ensemble d'objectifs dont la réalisation « ferait leur fierté et la jalousie des autres divisions ». L'équipe s'est répartie en quatre groupes, un pour chacun des axes du TBP. Le groupe « clients », sous la direction du directeur du marketing, a établi des objectifs volontaristes pour la conquête de nouveaux clients, le chiffre d'affaires moyen par client et la fidélisation des clients. Le groupe a basé ses objectifs sur une nouvelle stratégie de partenariats avec les clients. Le groupe « processus internes », confié au directeur des opérations, a décliné une série d'objectifs concernant la production : réduction des délais, respect des normes, réduction des défauts, amélioration de la qualité et de la sécurité. Leur réalisation passe par la restructuration profonde du processus de management de projets. Les objectifs du groupe « apprentissage organisationnel », dirigé par le directeur des ressources humaines, étaient axés sur l'innovation, pilotée par les suggestions des salariés, et visaient la réduction des coûts et la création de partenariats avec les clients. De ces innovations devaient découler une responsabilisation accrue des salariés, fondée sur le développement des compétences et une meilleure communication. En revanche, le groupe « financier » a choisi de modérer ses ambitions en limitant l'augmentation de la rentabilité à 20 % environ. Le directeur financier s'est opposé à aller au-delà, ne voulant pas mettre ses pairs sous pression par un objectif très ambitieux. Il a préféré fixer un but raisonnable et l'atteindre plutôt que de placer la barre plus haut et d'échouer.

Après la présentation des objectifs, le P-DG a déclaré que ceux du groupe « financier », trop modestes, n'étaient pas acceptables, approuvé en cela par les autres groupes. Le directeur des opérations a exprimé l'opinion générale en ces termes : « Si nous atteignons les objectifs que nous nous sommes fixés pour le marketing, l'innovation et le service du client, la rentabilité progressera inévitablement et dans des proportions considérables. La réussite ne dépend que de nous. Je m'engage personnellement à doubler nos bénéfices. » L'équipe dirigeante a, d'un commun accord, adopté un objectif d'accroissement de la rentabilité visant à faire de l'entreprise le numéro un de son secteur. Si l'objectif avait été fixé sans concertation, ce consensus n'aurait jamais existé. Mais chaque membre de l'équipe dirigeante savait désormais que les déterminants de la performance financière future étaient en place et qu'il bénéficiait du soutien de tous ses collègues.

L'incorporation de déterminants de la performance et d'indicateurs avancés sur les axes du TBP permet aux managers d'identifier les éléments – investissements stratégiques, études de marché, produits et services innovants, réorientation des compétences, systèmes d'information, etc. – à mettre en place pour pouvoir atteindre des objectifs financiers élevés. L'expérience a montré que les responsables opérationnels n'hésitent pas à se fixer des objectifs encore plus ambitieux que ceux envisagés par la direction, s'ils ont la certitude de disposer des investissements, des ressources et du temps nécessaires pour exécuter un plan à long terme.

Les dirigeants peuvent inciter les managers à se monter ambitieux en créant un déficit de performance sur des objectifs financiers essentiels. La figure 10.2, par exemple, montre comment une des chaînes de distribution de Kenyon Stores s'est appuyée sur la logique du TBP pour atteindre un objectif à première vue hors de portée : doubler le chiffre d'affaires en cinq ans. Les plans existants étaient très loin du compte, l'écart se chiffrant à 1 milliard de dollars. Selon les responsables d'exploitation de la chaîne, combler le fossé dans ce laps de temps était impossible. Mais l'équipe dirigeante a analysé différents scénarios basés sur le modèle des relations de causes à effet (chapitre 7) du TBP. Cette démarche a permis à la direction de proposer et de tester la faisabilité de différentes stratégies avant de s'entendre sur un ensemble d'objectifs. Celui concernant la croissance du chiffre d'affaires a été systématiquement décomposé en une série de facteurs :

• nombre de nouveaux points de vente,

• nombre de nouveaux clients par point de vente,

• pourcentage des personnes entrant dans chaque point de vente qui deviennent des clients,

• conservation de la clientèle existante,

• chiffre d'affaires moyen par client.

Plusieurs scénarios ont été analysés. Dans l'un d'eux, la chaîne gardait la même stratégie en matière de points de vente et continuait de privilégier l'ouverture de boutiques dans des centres commerciaux. Dans ces conditions, le seul moyen d'atteindre l'objectif financier était de réaliser un chiffre d'affaires par mètre carré plus de deux fois supérieur à la norme de la profession. Personne n'était prêt à promettre une telle performance. Dans un autre scénario, la direction a envisagé de créer une nouvelle génération de points de vente hors des environnements traditionnels. Après réflexion, les dirigeants ont estimé que cette option était viable et ont défini une nouvelle stratégie, dans le cadre de laquelle ils ont fixé comme objectif minimum le doublement du chiffre d'affaires.

Ce processus a permis de décomposer un objectif apparemment irréalisable en plusieurs objectifs plus accessibles dont la réalisation permettrait d'atteindre le premier. En définissant les déterminants de la performance et en y associant des mesures et des actions précises, les dirigeants se donnaient les moyens de leurs ambitions. De plus, la mise en œuvre de la stratégie pouvait être suivie au moyen du TBP.

IDENTIFIER LES INITIATIVES STRATÉGIQUES

Après avoir défini les objectifs de croissance pour les quatre axes du TBP, il reste aux managers à déterminer si les actions en cours ou prévues (programmes de Qualité Totale, réduction des délais, responsabilisation des salariés, *reengineering*, etc.) permettront de les atteindre ou si de nouvelles initiatives s'imposent.

Malheureusement, ces actions sont souvent menées sans liens explicites avec les objectifs stratégiques de l'entreprise. Elles sont conduites isolément, par des personnes différentes et se font concurrence pour l'attribution des ressources, notamment la plus rare d'entre elles : le temps et le soutien des dirigeants. Lorsque le TBP devient le pivot du système de management, les initiatives peuvent être concentrées sur les orientations, les objectifs et les mesures stratégiques de l'entreprise.

Si la définition des initiatives et leur focalisation sur les objectifs de performance est un processus essentiellement créatif, un travail de planification basé sur le TBP peut stimuler et canaliser cette créativité de trois manières :

1. Par l'identification des mesures manquantes
2. Par des programmes d'amélioration continue articulés à des indicateurs de progression (des taux)

Figure 10.2. Fixer des objectifs à partir des relations de cause à effet – Kenyon Stores

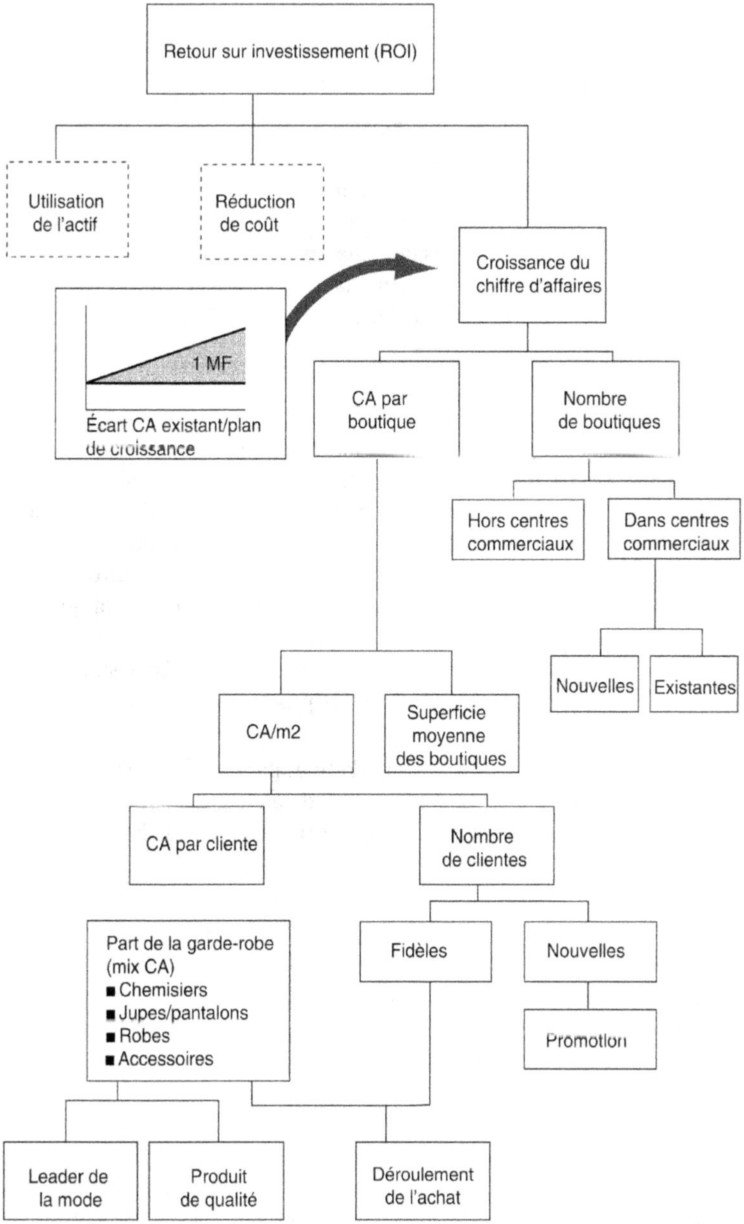

3. Par des initiatives stratégiques – programmes de reengineering et de transformation, par exemple – liées à l'amélioration radicale des principaux déterminants de la performance

Identifier les mesures manquantes

Les premières possibilités d'amélioration de la performance apparaissent dès la construction du tableau de bord prospectif. En effet, on constate toujours à ce stade un déficit de données qui touche au minimum 20 % des indicateurs. Le manque d'indicateurs pour le développement et la réorientation des compétences des salariés a déjà été abordé au chapitre 6. Ce déficit révèle un problème de management, car ce qui ne peut pas être mesuré ne peut pas être géré. S'il n'existe pas de données à l'appui d'une mesure, c'est que le processus de management d'un objectif stratégique essentiel est inadapté ou insuffisant.

À titre d'exemple, reprenons le cas des trois entreprises citées dans les chapitres précédents : National Insurance ne disposait pas d'indicateurs de conformité à la législation, d'efficacité de la gestion des sinistres, de satisfaction des clients et de niveaux de compétence ; Metro Bank, du coût des comptes de dépôt, de la part de marché par segment, du taux d'erreurs dans les services et des niveaux de compétence ; Pioneer Petroleum, de la fidélité des clients, de la rentabilité des stations-service, de la qualité des prestations et de la compétence technique. Pour ces trois entreprises, l'absence de ces indicateurs montre que les managers ne disposaient pas des moyens nécessaires pour gérer plusieurs processus pourtant essentiels à la réussite de la stratégie.

Impossible aux responsables marketing, par exemple, de déterminer si un compte client était rentable, faute d'indicateurs de coûts concernant ces comptes. Le développement de cette mesure a conduit la banque à étendre son système d'imputation des coûts par activité de manière à mesurer non seulement le prix de revient des produits mais aussi des comptes clients. Cette initiative a permis à Metro Bank de restructurer ses prix et d'orienter son offre de services sur des segments de marché mieux ciblés.

L'incapacité de National Insurance à mesurer l'efficacité de la gestion des sinistres l'empêchait d'adapter le processus correspondant aux segments de marché que la compagnie visait. Toute sa stratégie en était affectée. National Insurance a donc développé une nouvelle démarche de gestion des sinistres adaptée à ces segments de marché. Sans indicateurs permettant de mesurer la fidélité des clients, Pioneer était incapable de gérer le processus de segmentation du marché. Lorsqu'ils ont établi le programme destiné à générer cette mesure, les dirigeants de Pioneer ont également mis en place des mécanismes de collecte des données et de suivi des préférences des clients ciblés.

Dans chacun de ces cas, la mesure qui faisait défaut n'était que la partie émergée de l'iceberg. Organiser la collecte des données a amené l'entreprise à développer des initiatives stratégiques visant à produire les informations appropriées, et surtout permettant une meilleure gestion d'un des processus internes essentiels, deux éléments qui jouent un rôle clé dans l'amélioration de la performance.

Articulation des programmes d'amélioration aux progrès des indicateurs

Il appartient aux managers de déterminer si leurs objectifs peuvent être atteints au moyen de méthodes d'amélioration continue (TQM, par exemple) ou discontinue (*reengineering*, programmes de réorganisation). L'approche TQM s'applique aux processus existants et s'appuie systématiquement sur la résolution de problème pour réduire puis supprimer les défauts de ces processus (retards de livraison, activités qui n'apportent pas de valeur ajoutée, produits défectueux, défaillances globales, manque de qualification des opérateurs). Une démarche discontinue comme le *reengineering* donne naissance à une méthode de travail totalement nouvelle. Elle part du principe que le processus existant est fondamentalement mauvais et doit donc être complètement remanié pour être efficace.

Si l'entreprise opte pour l'amélioration continue, elle doit définir un indicateur pour vérifier que les efforts qu'elle déploie vont dans le bon sens. L'indicateur intermédiaire développé par Analog Devices (chapitre 6) est un bon exemple. Il mesure le temps nécessaire pour réduire de moitié les défauts des processus. Le raisonnement tenu pour créer cet indicateur est que lorsque les équipes Qualité appliquent avec rigueur des méthodes d'amélioration continue, il est possible de réduire les défauts à un rythme constant (chaque réduction de 50 % prenant à peu près autant de temps que la précédente). En fixant le rythme auxquels ils comptent éliminer les défauts du système, les managers peuvent s'assurer qu'ils se trouvent dans une logique d'amélioration continue qui aboutira au résultat visé dans les délais impartis.

Un fabricant de fournitures industrielles s'est appuyé sur le concept de l'indicateur intermédiaire pour créer une mesure originale, l'indice d'amélioration continue, basé sur huit mesures stratégiques de l'axe « processus internes », parmi lesquelles :

- La fréquence des réclamations des clients
- Les délais de résolution de problème

- Le nombre d'incidents (sécurité)
- Les volumes de déchet
- Le pourcentage de produits non conformes aux spécifications dès la sortie des chaînes.

Pour chaque mesure, l'entreprise a fixé un rythme d'amélioration surveillé par des indicateurs intermédiaires, et défini les actions à mettre en œuvre pour réaliser les améliorations visées. L'indice d'amélioration continue signale les mesures qui, parmi les huit retenues, atteignent ou dépassent leur objectif.

Amélioration radicale des déterminants de la performance au travers d'initiatives stratégiques

Lorsqu'il apparaît que la résolution de problème au niveau local ne permettra pas d'atteindre les objectifs d'amélioration à trois ou cinq ans des processus essentiels fixés par les managers, il faut développer de nouvelles méthodes de mise en œuvre de ces processus. Le TBP justifie et oriente les programmes de *reengineering* ou de transformation de l'entreprise. Au lieu d'opter pour la solution de facilité qui consiste à réorganiser ou à recomposer localement tel ou tel processus, les managers créent de nouveaux processus qui joueront un rôle critique dans la performance stratégique. À l'inverse des programmes de *reengineering* classiques qui visent des réductions de coût massives, les programmes de transformation dont sont issus ces nouveaux processus ne se mesurent pas en termes d'économies. Les objectifs des initiatives stratégiques peuvent être la réduction spectaculaire de la durée des cycles d'exécution des commandes ou des délais de mise sur le marché des produits, et le renforcement du potentiel des salariés. Ces mesures non financières servent à justifier et surveiller le déroulement des initiatives stratégiques, puisqu'elles sont associées dans le TBP à une amélioration spectaculaire de la performance financière.

De plus, lorsque le TBP sert à piloter les programmes de *reengineering* et de transformation, l'entreprise peut se concentrer sur les facteurs générateurs de croissance et pas seulement d'économies de coût. L'élément déterminant du choix des priorités de ces programmes est, une fois encore, le réseau de relations de cause à effet du TBP. Revenons à l'exemple de National Insurance (chapitre 7), qui avait construit un TBP pour faciliter la réorientation de ses activités d'assurance sur des créneaux spécifiques. Le TBP a été le point de départ du *reengineering* des processus de souscription des polices, de gestion des sinistres et de management des agences.

On voit dans la figure 10.3 que les mesures stratégiques du TBP ont donné naissance à un modèle de performance plus détaillé pour le processus de souscription des polices. Ce modèle identifiait les facteurs de ce processus qui contribuaient le plus largement aux résultats visés sur l'axe « processus internes » du TBP. Un exemple : le ratio de perte, l'une des mesures de cet axe, était déterminé par trois facteurs, à savoir la sélection des clients, les prix et la réduction des sinistres. Ces trois facteurs dépendaient eux-mêmes de la capacité de la compagnie à réunir des données sur des risques spécifiques. On voit dans la figure 10.4 que le modèle de performance a servi à mettre en place un système informatique destiné à faciliter la tâche du service de souscription. Chaque résultat identifié dans le modèle générait des spécifications pour la conception d'un système d'information et d'aide à la décision. Ces spécifications indiquaient le savoir-faire et le partage d'expérience indispensables à la conception du nouveau processus. Le modèle de performance, lié au TBP, a permis de développer une plate-forme technologique d'information focalisée sur l'objectif stratégique du TBP, qui était d'améliorer le processus de souscription des polices. Cet objectif a permis à la direction de National Insurance d'investir dans les déterminants de la performance à long terme et notamment dans les systèmes de collecte de données et d'information qui appuieraient la performance financière de la compagnie.

Les entreprises doivent aussi passer au crible les actions en cours afin de déterminer si elles contribuent réellement à la réalisation d'un ou de plusieurs objectifs du TBP. Par exemple, peu de temps après sa création, Metro Bank avait lancé plus de 70 programmes d'action. Chacun avait pour but d'améliorer la compétitivité et la performance, mais aucun ne se rattachait à une stratégie d'ensemble. Lors de la construction du TBP, les dirigeants de Metro ont regroupé ou abandonné nombre de ces actions. Ils ont notamment remplacé un programme de formation destiné à élever le niveau de compétence des chargés de clientèle, par un vaste programme de réorientation des compétences aligné sur l'objectif stratégique consistant à faire des chargés de clientèle de véritables conseillers financiers, capables de vendre à toutes les catégories de clients une gamme complète de nouveaux produits et services.

Il faut aussi que les décisions d'investissement soient prises en fonction des plans stratégiques. Cela semble évident, mais beaucoup d'entreprises négligent de le faire [2]. La plupart des dépenses en capital restent subordonnées à des indicateurs financiers restrictifs, comme le taux

---

2. C.Y. Baldwin et K.B. Clark, « Capital Budgeting Systems and Capabilities Investments in U.S. Compagnies after the Second World War », *Business History Review*, printemps 1994, p. 73-109.

d'amortissement ou le flux monétaire actualisé, qui ne sont pas nécessairement liés au développement du potentiel stratégique ni même à l'amélioration de facteurs non financiers comme la qualité, la satisfaction des clients et la compétence des salariés [3].

Les dirigeants nient fonder leurs décisions d'investissement uniquement sur des critères financiers. L'analyse du flux monétaire actualisé, affirment-ils, n'est qu'un élément du processus plus complexe d'allocation des ressources, et les effets d'un investissement sur les concurrents, l'entreprise et les marchés financiers peuvent avoir plus d'importance que les chiffres issus de l'analyse du flux monétaire [4]. Pourtant, la majorité des entreprises continue d'allouer les ressources en fonction de considérations tactiques et de mécanismes centrés sur les mouvements de trésorerie. Elles n'intègrent pas formellement le développement du potentiel à long terme dans le processus et les décisions d'allocation des ressources. Le TBP pallie cette lacune, avec un mécanisme permettant aux managers d'incorporer des considérations stratégiques à ce processus.

Par exemple, une entreprise (figure 10.5) se sert systématiquement des indicateurs de son TBP pour évaluer l'impact de chaque projet d'investissement. Une pondération est effectuée, mettant l'accent sur les indicateurs financiers comme le ROI et la rentabilité, mais aussi sur les déterminants de la performance financière comme la qualité, le service et la fidélisation des clients. Les investissements sont classés en fonction de leur incidence sur les indicateurs du TBP et ceux qui concordent avec le budget des dépenses en capital sont retenus.

Chem-Pro, un fabricant de polymères industriels, a appliqué une variante de cette démarche pour rationaliser ses investissements stratégiques. Les dirigeants estimaient en effet que les projets d'investissement ne devaient pas être considérés isolément et évalués un par un à l'aide de critères financiers. Pour atteindre ses objectifs stratégiques, l'entreprise devait lancer plusieurs programmes orientés chacun sur un facteur différent mais relié aux autres. Le TBP de Chem-Pro identifiait cinq initiatives nécessaires à l'exécution de sa stratégie (figure 10.6). À chacune étaient associés des déterminants de la performance explicites. Comme le montre la figure 10.7, l'une de ces initiatives – augmenter le chiffre d'affaires et l'efficacité du marketing – comprenait neuf programmes d'action axés respectivement sur un déterminant de

---

3. Ibid, et R. S. Kaplan , « Must CIM Be Justified by Faith Alone », *Harvard Business Review, mars-avril* 1986, p. 87-97 ; R.L. Hayes et D.A. Garvin, « Managing as if Tomorrow Mattered », *Harvard Business Review*, mai-juin 1982, p. 71-79.

4. G. Donaldson, *Managing Corporate Wealth : The Operation of a Comprehensive Financial Goals System*, New York, Basic Books, 1984.

Figure 10.3. Mesures de performance de processus complexes – National Insurance

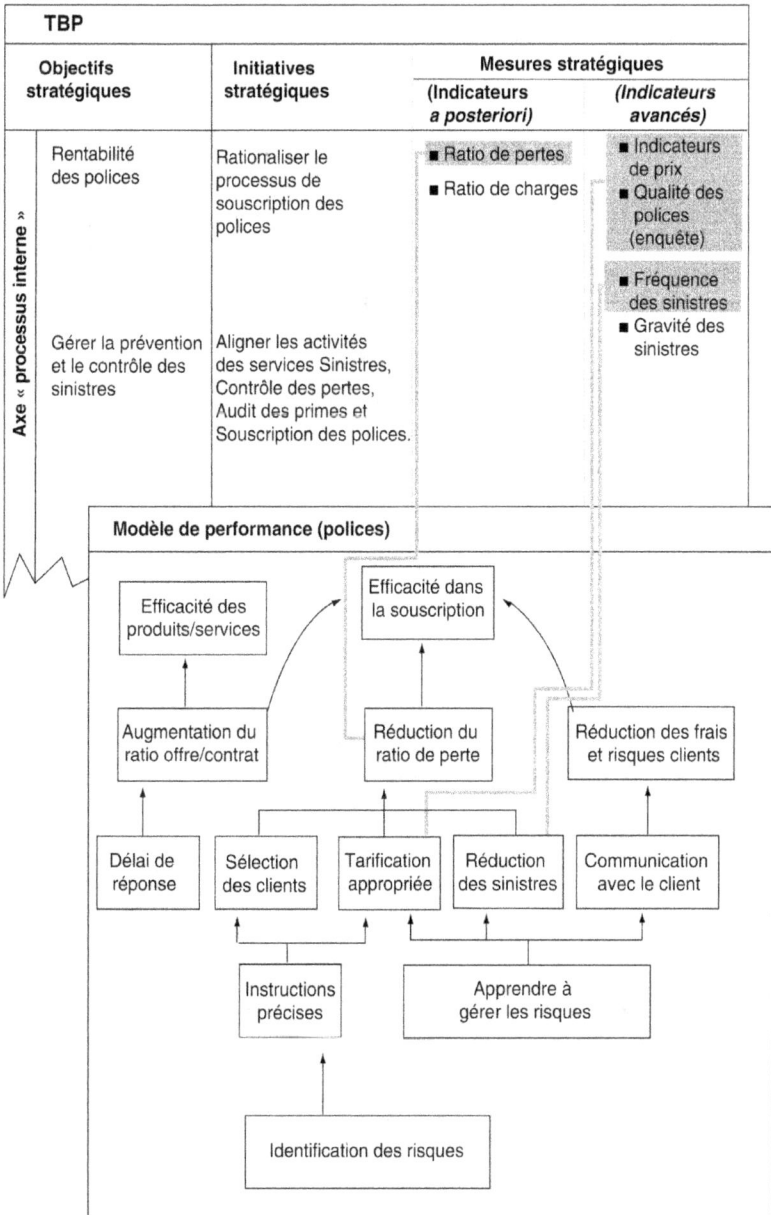

Figure 10.4. Transformation de l'activité de National Insurance par un processus structuré

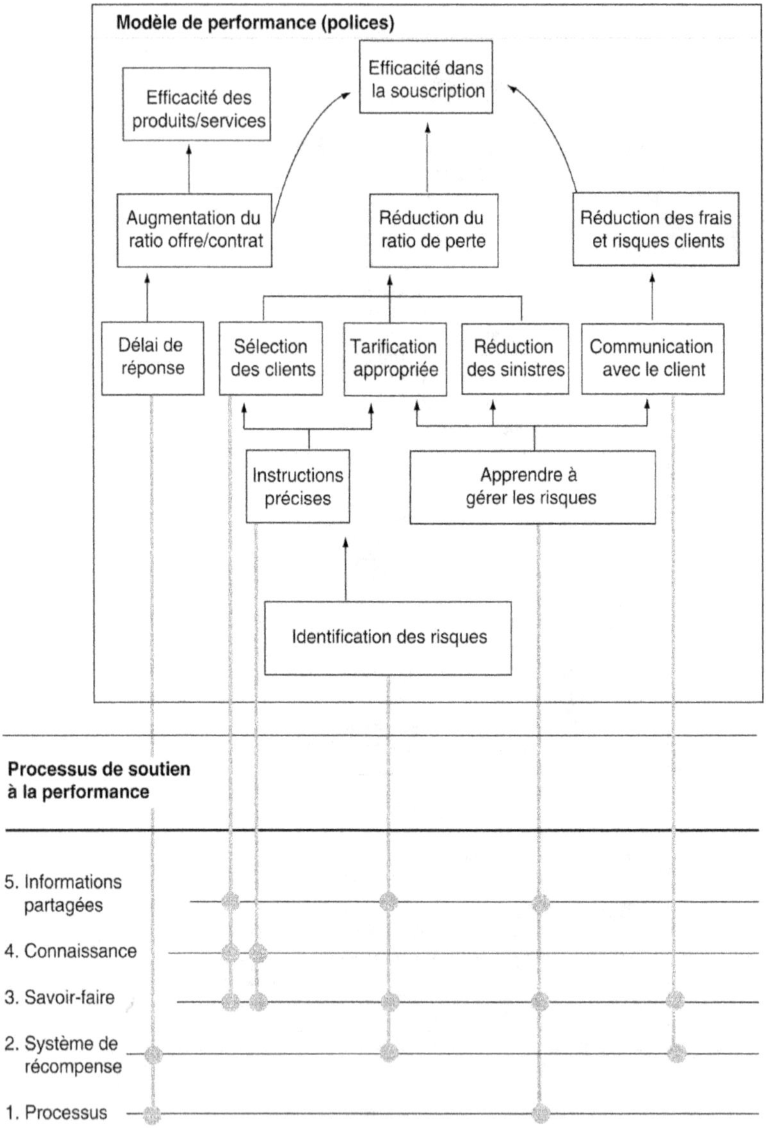

Figure 10 .4 (suite)

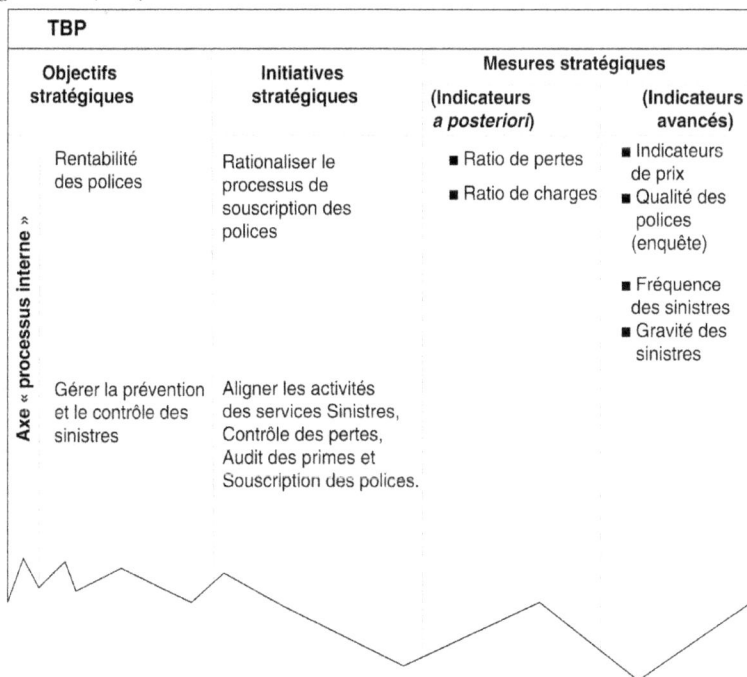

TBP

Objectifs stratégiques	Initiatives stratégiques	Mesures stratégiques	
		(Indicateurs a posteriori)	(Indicateurs avancés)
Rentabilité des polices	Rationaliser le processus de souscription des polices	▪ Ratio de pertes ▪ Ratio de charges	▪ Indicateurs de prix ▪ Qualité des polices (enquête) ▪ Fréquence des sinistres ▪ Gravité des sinistres
Gérer la prévention et le contrôle des sinistres	Aligner les activités des services Sinistres, Contrôle des pertes, Audit des primes et Souscription des polices.		

Axe « processus interne »

Conception du système informatique

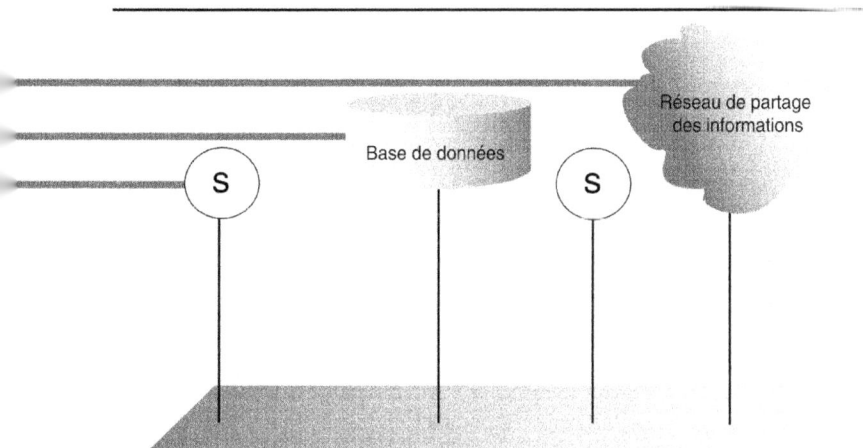

Réseau de partage des informations

Base de données

S

S

l'objectif visé. Dans une démarche budgétaire classique, ces programmes auraient été évalués séparément. Beaucoup auraient été considérés comme des dépenses à financer sur le budget d'exploitation de l'exercice et non par un budget s'inscrivant dans le cadre d'une stratégie à long terme. Les managers, appliquant un processus d'évaluation classique, n'auraient probablement pas perçu l'impact global d'un investissement dans l'ensemble de ces programmes et nombre d'entre eux auraient sans doute été écartés.

La démarche de Chem-Pro, fondée sur les initiatives stratégiques, permettait de mettre en place l'ensemble des programmes indispensables à une progression spectaculaire de la performance future. Dans un premier temps, tous les programmes d'investissements et de dépenses discrétionnaires ont été identifiés. Puis une première sélection a été faite, seuls étant approuvés les projets allant dans le sens d'une initiative stratégique. Plus de 40 % des programmes ont été éliminés à ce stade. Au terme d'une deuxième sélection, encore 10 % ont été éliminés. Le processus a également révélé des secteurs dans lesquels aucun programme d'investissement n'avait été proposé pour atteindre les objectifs du TBP. De nouveaux programmes de dépenses ont donc été financés. Le TBP est devenu le pivot des décisions de Chem-Pro concernant les dépenses discrétionnaires et en capital. « Le TBP est un prisme au travers duquel nous pouvons focaliser tous nos investissements avec la précision d'un rayon laser. Toutes nos ressources sont concentrées sur quelques objectifs vitaux », a commenté l'un des dirigeants après avoir vu fonctionner le processus pour la première fois.

Figure 10.5. La procédure budgétaire basée sur les critères du TBP

Projet	Financier 40 %	Clients 20 %	Processus internes 20 %	Appr. organisationnel 20 %		Investissement par projet	Investissement cumulé
X X X	36 %	17 %	20 %	9 %	82	X X X	X X X
X X X					78	X X X	X X X
X X X					76	X X X	X X X
X X X						X X X	X X X
X X X					59	X X X	X X X
Sélection des investissements							
X X X					48	X X X	X X X
X X X					40	X X X	X X X
X X X					32	X X X	X X X
X X X					25	X X X	X X X
X X X						X X X	X X X

Lorsqu'elles ont articulé leur stratégie et identifié les déterminants de sa mise en œuvre au travers du TBP, les entreprises sont en mesure :

- d'identifier de nouvelles initiatives stratégiques ;
- de concentrer les programmes d'amélioration continue, de *reengineering*, de transformation, etc. sur des objectifs stratégiques ;
- d'aligner les budgets d'investissements et de dépenses discrétionnaires.

Elles peuvent ainsi combler le fossé entre les objectifs à long terme pour les indicateurs essentiels du TBP et les niveaux de performance actuels, ce qui permet de traduire la stratégie en actions.

IDENTIFIER LES INITIATIVES TRANSVERSALES ESSENTIELLES

L'identification des liens entre les unités opérationnelles ou les sociétés et les activités fonctionnelles développées au niveau du siège ou du groupe est un élément important du processus de planification. On a vu en effet que cela permettait de partager des ressources, des technologies et des savoir-faire, de coordonner les actions commerciales axées sur des clients communs et de créer des synergies.

La figure 10.8 montre le processus suivi par Kenyon Stores pour coordonner les plans et les actions stratégiques de chacune de ses unités (chaînes de distribution). Les priorités stratégiques sont définies par le TBP du siège, puis chaque unité définit sa stratégie et son TBP en fonction de sa situation particulière. Les fonctions centralisées du siège s'appuient ensuite sur les TBP individuels pour développer les plans et initiatives qui appuieront les objectifs des unités et permettront des économies d'échelle par le partage d'une ressource commune. Par exemple, toutes les unités du groupe louent des locaux dans des centres commerciaux pour leurs points de vente. Cet élément étant commun à toutes les unités, la direction de Kenyon a créé un service immobilier central qui identifie les meilleurs emplacements et négocie les baux avec les promoteurs et les sociétés d'exploitation des centres commerciaux. Le savoir-faire de ce service est ainsi mis à profit par toutes les unités.

Cette coordination, facilitée par l'échange d'informations via les TBP du groupe, des unités et des services fonctionnels du siège, permet au service immobilier d'identifier les possibilités de transfert de baux entre les unités,

Figure 10.6. TBP et initiatives stratégiques de Chem-Pro

La mission

« Aider nos clients à être les meilleurs grâce à des services exceptionnels. Utiliser notre savoir-faire pour être le numéro un du marché. »

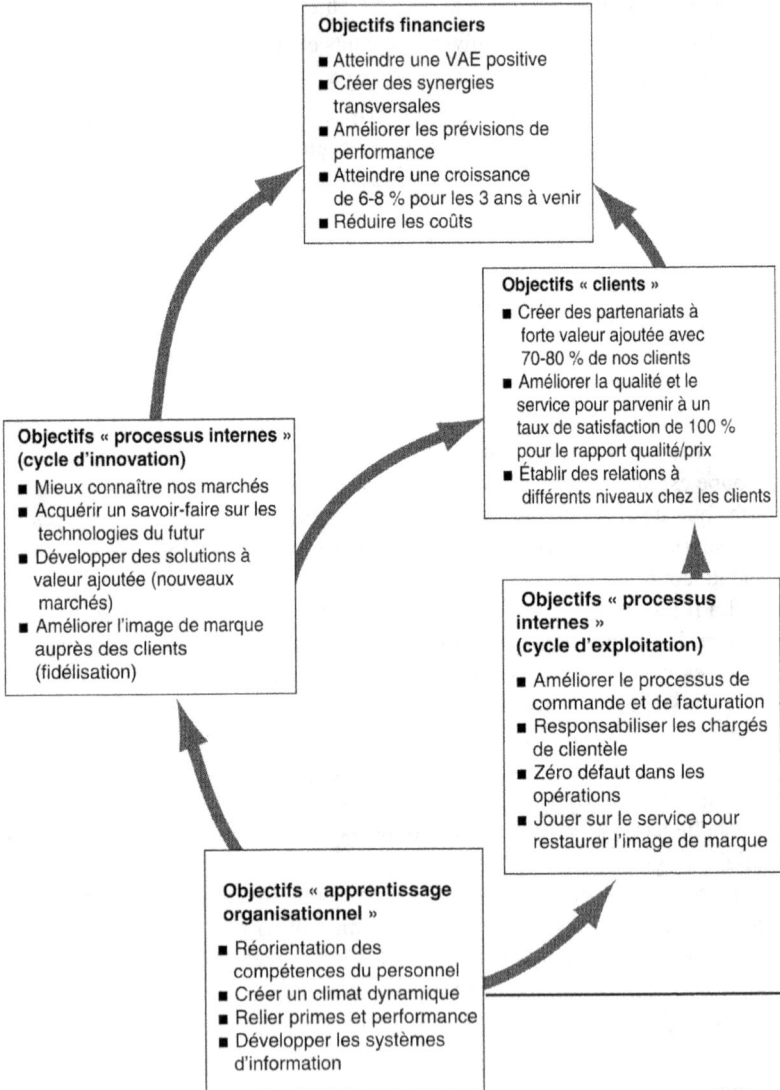

Objectifs financiers

- Atteindre une VAE positive
- Créer des synergies transversales
- Améliorer les prévisions de performance
- Atteindre une croissance de 6-8 % pour les 3 ans à venir
- Réduire les coûts

Objectifs « clients »

- Créer des partenariats à forte valeur ajoutée avec 70-80 % de nos clients
- Améliorer la qualité et le service pour parvenir à un taux de satisfaction de 100 % pour le rapport qualité/prix
- Établir des relations à différents niveaux chez les clients

**Objectifs « processus internes »
(cycle d'innovation)**

- Mieux connaître nos marchés
- Acquérir un savoir-faire sur les technologies du futur
- Développer des solutions à valeur ajoutée (nouveaux marchés)
- Améliorer l'image de marque auprès des clients (fidélisation)

**Objectifs « processus internes »
(cycle d'exploitation)**

- Améliorer le processus de commande et de facturation
- Responsabiliser les chargés de clientèle
- Zéro défaut dans les opérations
- Jouer sur le service pour restaurer l'image de marque

Objectifs « apprentissage organisationnel »

- Réorientation des compétences du personnel
- Créer un climat dynamique
- Relier primes et performance
- Développer les systèmes d'information

Initiatives stratégiques

1. Cycle de développement

Améliorer le cycle de développement pour que 75 % du CA soit généré par des partenariats à forte valeur ajoutée et atteindre un taux annuel de croissance du CA de 15 % d'ici à 1998.

2. Gestion de comptes/Vente

Améliorer très fortement le processus de vente et de marketing pour atteindre un taux de croissance des ventes supérieur de 2 % à celui du marché et augmenter les marges de 5 points d'ici à 1998.

3. Gestion des commandes et de la facturation

Créer un processus fiable de suivi des commandes et de facturation pour réduire les pertes et le taux d'erreur à 1 %, diminuer de moitié le coût par commande et améliorer sensiblement la satisfaction des clients.

4. Compétences des salariés

Développer les compétences des salariés pour que la totalité des postes stratégiques soient couverts en 1998.

5. Systèmes d'information

Constituer les bases de données sur les clients et la performance nécessaires pour promouvoir la stratégie.

en fonction du développement de leur activité dans un même secteur. Grâce à l'articulation explicite des objectifs et des initiatives à long terme (plusieurs années) au travers des TBP, les fonctions logistiques centralisées ont pu très sensiblement améliorer la qualité des prestations fournies aux unités.

D'autres entreprises utilisent également leur TBP pour accroître l'efficacité et le sens du client des fonctions du siège. Larry Brady, patron de FMC Corporation, analysait la stratégie de ses services fonctionnels dans ces termes : fait-on appel à eux parce que leurs prestations sont moins chères que celles de fournisseurs extérieurs ou des services internes de chaque société du groupe ? Ou sont-ils préférés parce qu'ils offrent des services qu'ils sont seuls à pouvoir fournir ? Si ces services ne sont pas capables d'offrir des produits ou des prestations qui soient moins chers ou uniques, ils n'ont plus de raison d'être.

Figure 10.7. Gestion de comptes/vente – L'initiative stratégique de Chem-Pro

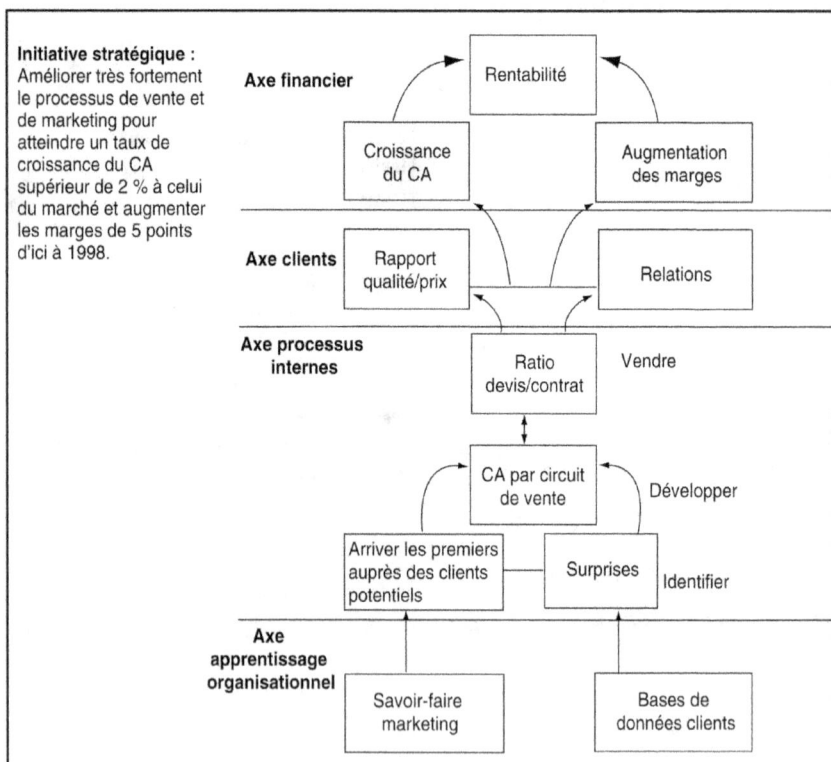

Pioneer Petroleum a également appliqué une démarche logique pour piloter l'intégration fonctionnelle transversale. La direction savait qu'il fallait changer une culture d'entreprise dominée par les services fonctionnels. D'importantes économies d'échelle étaient possibles en centralisant un certain nombre d'activités comme la mise en place de franchises, la publicité, la protection de l'environnement et les programmes de sécurité. Malheureusement, les services fonctionnels avaient perdu le contact avec le marché et étaient inefficaces et onéreux. Pour réorienter l'activité, Pioneer a demandé à chacun d'établir un « contrat de service » définissant ses relations avec ses clients – les unités opérationnelles. Le contrat détaillait les prestations à fournir, leur coût, les délais et le niveau de qualité. Ce contrat a été intégré au TBP des services fonctionnels du siège.

Le TBP constitue une trame pour organiser le processus de planification des services de soutien du siège. Il les aide à comprendre les stratégies du groupe et des unités et leur permet de créer et de fournir des prestations de meilleure qualité et adaptées aux objectifs stratégiques.

Objectif	Mesure	Valeur cible	Programme d'action
Dépasser croissance du marché Croissance rentable	Croissance du CA Augmentation des marges	Taux de croissance du marché + 2 % Marges : + 5 points en 3 ans	
Rapport qualité/prix Établir des relations à différents niveaux chez les clients	Enquête clients Nb. de contacts avec des segments ciblés	Classé n° 1 par 75 % des clients 100 %	Programme d'enquêtes ciblées Programme de pénétration de la clientèle potentielle
Maximiser la fidélité Développer les marchés régionaux Identifier les nouveaux marchés rentables	Ratio devis/contrats CA potentiel des circuits de vente Nb. de clients potentiels conquis Nb. d'initiatives spéciales (surprises)	Plus de 60 % sur les segments cibles Augmentation de 30 % Doubler le nombre actuel en 2 ans Réduire de moitié en deux ans	Programme d'aide à la vente Sélection des circuits les plus porteurs Marketing « Pull » et construction de l'image de marque Programme de marketing ciblé
Développer le savoir-faire marketing Développer les bases de données clients	% de compétences stratégiques existantes % de clients dont les caractéristiques clés sont identifiées	100 % en deux ans 80 % en deux ans	Programme de perfectionnement des vendeurs Bases de données clients Système d'analyse des ventes

ARTICULATION AUX RESSOURCES
ET AUX BUDGETS ANNUELS

Dans la plupart des entreprises, la planification stratégique et la procédure budgétaire sont confiées à des services différents. La première – le processus par lequel sont définis les plans, les objectifs et les initiatives stratégiques à long terme dont on vient de parler – s'inscrit dans un cycle annuel. Une fois par an, généralement au milieu de chaque exercice fiscal, l'équipe dirigeante se réunit avec les responsables de la planification et du développement et, parfois, des consultants extérieurs, pour des discussions approfondies dont sortira un plan stratégique avec des objectifs à trois, cinq ou dix ans. Ceux-ci sont généralement consignés dans un dossier qui reste sur le bureau des managers sans jamais être ouvert pendant 12 mois.

La procédure budgétaire se déroule parallèlement et tout au long de l'exercice. Elle définit les objectifs de chiffre d'affaires, de dépenses, de bénéfice et d'investissement pour l'exercice suivant et aboutit en fin d'année à un budget structuré. Le budget est constitué presque exclusivement de chiffres qui n'ont généralement que peu de rapport avec les objectifs à cinq ans énoncés dans le plan stratégique.

Le document de travail utilisé lors des réunions mensuelles et trimestrielles des responsables des unités opérationnelles et du siège est généralement le budget, car les bilans périodiques comparent les résultats réels aux prévisions, poste par poste, pour identifier et expliquer les écarts notables. Le plan stratégique, lui, est probablement discuté une fois par an, lorsqu'un nouveau plan à trois, cinq et dix ans est établi.

La planification stratégique et la procédure budgétaire sont des processus trop importants pour être ainsi séparés. Pour que le projet d'entreprise soit suivi d'effets, stratégie et budget doivent impérativement concorder. Le processus de définition des objectifs dont on a parlé plus haut indique ce que l'entreprise doit faire pour améliorer sensiblement la performance dans les mesures stratégiques des quatre axes du TBP. Des moyens et des actions sont mis en œuvre pour combler l'écart entre la performance actuelle et celle que l'entreprise veut atteindre dans les trois à cinq ans. Mais les dirigeants ne peuvent pas attendre si longtemps pour savoir si leur stratégie, leur vision pour l'entreprise, est la bonne. Ils doivent pouvoir vérifier en permanence le bien-fondé des hypothèses qui sous-tendent la stratégie ainsi que l'efficacité de sa mise en œuvre. Pour ce faire, ils ont besoin d'indicateurs à court terme pour les mesures du TBP. Ces indicateurs, ou jalons, sont l'expression tangible de l'impact des programmes et des actions en cours sur les indicateurs stratégiques.

Cette démarche élargit la procédure budgétaire classique pour y incorporer des objectifs stratégiques et opérationnels. En règle générale, cette procédure définit les objectifs détaillés à court terme pour des mesures financières comme le chiffre d'affaires, les charges d'exploitation, le bénéfice net, la trésorerie et le ROI. Elle détermine et autorise le niveau des dépenses d'équipement, de R&D, de marketing et de promotion. Cette planification financière détaillée à court terme est importante, mais la procédure budgétaire doit aussi englober la performance à court terme sur les objectifs et mesures stratégiques des trois autres axes du TBP. Dans le cadre d'un processus intégré de planification et de définition des budgets, il incombe aux dirigeants de fixer les objectifs qu'ils veulent atteindre à l'horizon mensuel ou trimestriel

Figure 10.8. Utiliser le TBP pour piloter les synergie transversales

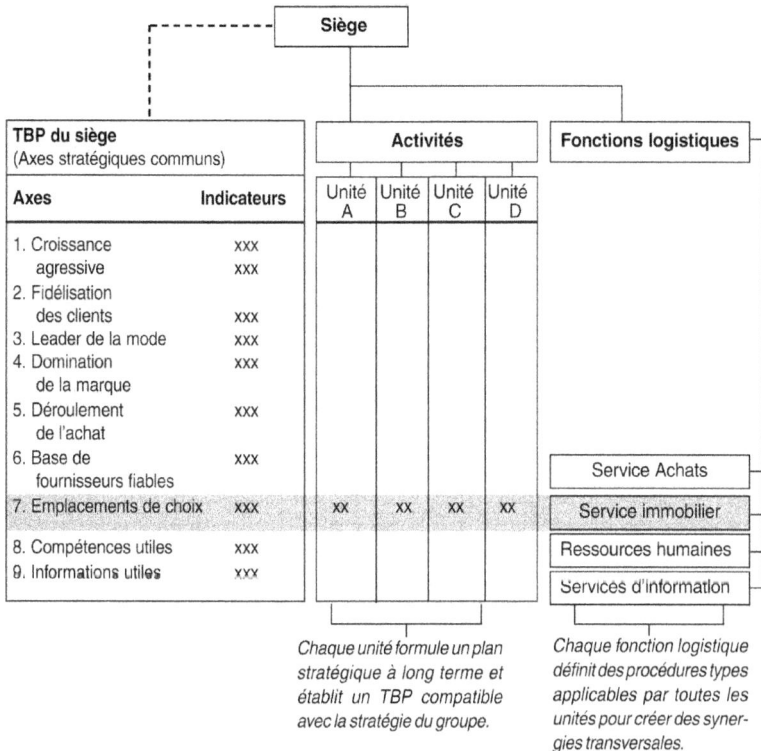

TBP du siège (Axes stratégiques communs)		Activités				Fonctions logistiques
Axes	**Indicateurs**	Unité A	Unité B	Unité C	Unité D	
1. Croissance agressive	xxx xxx					
2. Fidélisation des clients	xxx					
3. Leader de la mode	xxx					
4. Domination de la marque	xxx					
5. Déroulement de l'achat	xxx					
6. Base de fournisseurs fiables	xxx					Service Achats
7. Emplacements de choix	xxx	xx	xx	xx	xx	Service immobilier
8. Compétences utiles	xxx					Ressources humaines
9. Informations utiles	xxx					Services d'information

Chaque unité formule un plan stratégique à long terme et établit un TBP compatible avec la stratégie du groupe.

Chaque fonction logistique définit des procédures types applicables par toutes les unités pour créer des synergies transversales.

ainsi que les déterminants de la performance concernant les clients, l'innovation et les processus de production mais aussi les employés, les systèmes et l'alignement organisationnel. Ces jalons délimitent les résultats intermédiaires visés par l'entreprise sur la voie stratégique qu'elle a empruntée à long terme.

Si le processus de définition des objectifs à long terme est bien conduit, la procédure budgétaire consiste simplement à traduire la première année d'un plan à cinq ans en budgets de fonctionnement qui appuieront les objectifs et mesures stratégiques des quatre axes du TBP.

RÉSUMÉ

Les processus décrits dans ce chapitre – planification, définition des objectifs, alignement des ressources sur les initiatives stratégiques et procédure budgétaire – jouent un rôle essentiel dans la traduction d'objectifs stratégiques ambitieux en actions. Beaucoup d'entreprises découvrent en construisant un TBP la première étape du nouveau processus de management : la traduction du projet et de la stratégie en objectifs et mesures à communiquer aux acteurs internes et externes de l'entreprise. Sauf à consacrer des ressources efficaces à la réalisation de ces objectifs, ils resteront des abstractions. Dès lors qu'ils associent des objectifs à long terme aux mesures stratégiques, concentrent les programmes, les initiatives et des ressources suffisantes sur leur réalisation et fixent des jalons sur le parcours stratégique de l'entreprise, les managers s'engagent à mener à bien le projet organisationnel et sont comptables de sa réussite.

Chapitre 11

RETOUR D'EXPÉRIENCE ET APPRENTISSAGE STRATÉGIQUE

Dans les chapitres précédents, nous avons vu de quelle manière :

- une entreprise peut articuler sa stratégie comme un ensemble d'hypothèses sur les relations de cause à effet entre les mesures du TBP (chapitre 7) ;
- la mise en œuvre de la stratégie est favorisée par l'alignement des ressources humaines sur la stratégie (chapitre 9) ;
- les initiatives stratégiques ainsi que les ressources financières et physiques de l'entreprise doivent être liées à sa stratégie (chapitre 10).

Tout cela favorise la définition de la stratégie et sa traduction en actions. Un dernier élément, toutefois, doit être ajouté pour constituer un système de management stratégique complet : un processus de retour d'expérience, d'analyse et de réflexion pour tester la stratégie et l'adapter à l'évolution des conditions.

DU MODÈLE « CONSIGNE/CONTRÔLE » À L'APPRENTISSAGE STRATÉGIQUE

De nombreuses entreprises restent attachées aux systèmes hiérarchiques de planification et de contrôle des activités datant de l'ère indus trielle. La stratégie, les objectifs à long terme, les politiques et le déploiement des ressources sont définis par la direction [1]. Les ordres d'exécution

---

1. Voir par exemple, R.N. Anthony, *Planning and Control Systems : A Framework for Analysis*, Boston, Harvard Business School, 1965.

sont ensuite transmis aux managers et aux employés. Dirigeants et cadres contrôlent la répartition et l'exploitation des ressources en fonction du plan stratégique. Un cran au-dessous, la performance des processus de production et des salariés est suivie par des systèmes de contrôle opérationnels.

Cette approche hiérarchique de la définition et de la mise en œuvre de la stratégie est efficace lorsque les dirigeants ont un idée précise du but que doit atteindre l'entreprise et de la manière d'y parvenir. Il s'agit d'un processus de retour d'expérience en boucle simple, dans lequel l'objectif est fixé à l'avance et ne change pas. Les écarts par rapport aux prévisions ne soulèvent pas de question quant à la pertinence des résultats visés, ni des méthodes utilisées pour les atteindre. Ils sont traités comme des défauts et des actions correctives sont mises en place pour ramener l'entreprise dans le droit chemin.

Mais la stratégie des entreprises de l'ère de l'information ne peut pas être aussi linéaire ni aussi stable. Les stratégies étant plus complexes, les environnements plus turbulents et concurrentiels, les dirigeants ont besoin d'un retour d'information continu.

Les entreprises doivent disposer d'un système d'apprentissage à deux boucles qui permette aux managers d'analyser leurs hypothèses et de déterminer si les principes qui guident leur action sont toujours conformes aux résultats et adaptés aux observations et à l'expérience [2]. Il leur faut parfois concevoir de nouvelles stratégies pour exploiter de nouveaux débouchés ou contrer des menaces imprévues. Les niveaux intermédiaires ou inférieurs de la hiérarchie sont souvent les premiers à prendre conscience des nouvelles opportunités. Mintzberg et Simons ont identifié les caractéristiques de cette nouvelle forme de stratégie [3] :

- les stratégies sont évolutives et se dessinent dans le temps ;
- elles peuvent être rapidement déphasées ;
- la formulation et la mise en œuvre de la stratégie vont de pair ;
- tous les acteurs de l'entreprise peuvent enrichir la stratégie par leurs idées ou leurs suggestions ;
- la stratégie est un processus continu.

---

2. Pour une étude approfondie de l'apprentissage en boucle simple et double dans les processus de management, voir C. Argyris, *Reasonning, Learning, and Action*, San Francisco, Jossey-Bas, 1982 ; *Strategy, Change and Defensive Routines*, New York, Harper & Row, 1985 ; et « Teaching Smart People How to Learn », *Harvard Business Review*, mai-juin 1991, p. 99-109.

3. Voir H. Mintzberg, « Crafting Stragegy », *Harvard Business Review*, juillet-août 1987, p. 66-75 ; et « The Design School : Reconsidering the Basic Premises of Strategic Management », *Strategic Management Journal*, novembre-décembre 1990, p. 171-195 ; Robert Simons, *Levers of Control : How Managers Use Innovative Control Systems to Drive Strategic Renewal*, Boston, Harvard Business School Press, 1995, p. 18-21.

Dans la pratique, bien sûr, les deux processus cohabitent. Chaque jour, managers et salariés appliquent des plans prédéterminés, tout en restant attentifs aux possibilités d'exploiter les changements intervenants chez les clients, sur les marchés, dans la technologie et la concurrence. Les processus de management articulés sur la stratégie décrite dans le TBP doivent effectuer une double boucle d'apprentissage, passant par la collecte de données stratégiques, l'analyse de la stratégie, l'évaluation de sa pertinence en fonction des évolutions récentes et le suivi des idées sur de nouvelles possibilités et orientations stratégiques.

VERS L'APPRENTISSAGE STRATÉGIQUE

Nombreuses sont les entreprises qui soumettent aujourd'hui les processus essentiels, notamment le développement des produits, le service au client et la livraison, à un programme de *reengineering*. Elles cherchent aussi à étendre l'apprentissage au niveau opérationnel jusqu'aux équipes et aux salariés [4]. Améliorer les modes de fonctionnement pour atteindre des objectifs stratégiques est un bon exemple d'apprentissage en boucle simple. Mais les entreprises commencent à utiliser le TBP pour faire de leurs bilans opérationnels et de management des outils d'apprentissage et ajouter une deuxième boucle au processus d'apprentissage stratégique au niveau de la direction et des unités opérationnelles (voir figure 11.1).

Pour être efficace, un processus d'apprentissage organisationnel doit comporter trois éléments :

1. Un cadre stratégique commun qui communique la stratégie globale et montre à chaque acteur en quoi ses activités contribuent à sa réalisation.

2. Un processus de retour d'information sur les effets de la stratégie qui permette de tester les hypothèses sur les relations de cause à effet entre les objectifs et les initiatives stratégiques.

3. Un processus de résolution de problème qui analyse et tire les enseignements des données sur la performance puis adapte la stratégie en fonction de l'évolution des conditions et des problèmes.

---

4. David Garvin, « Building a Learning Organization » *Harvard Business Review*, juillet-août 1993, p. 78-91.

UN CADRE STRATÉGIQUE COMMUN

Le TBP représente le projet d'entreprise. Ses objectifs et ses mesures précisent et communiquent ce projet pour mobiliser et concentrer les efforts. Un projet commun est le point de départ indispensable du processus d'apprentissage stratégique, car il définit, dans des termes clairs et concrets, les résultats que l'entreprise souhaite atteindre. Au-delà du projet, le TBP propose un modèle de performance commun et une démarche générale pour articuler les efforts et les résultats individuels aux objectifs d'ensemble. Le projet et le modèle de performance communs, structurés autour du TBP, constituent le premier élément du processus d'apprentissage stratégique.

RETOUR D'EXPÉRIENCE STRATÉGIQUE

Le système de retour d'expérience stratégique doit permettre de tester, valider et modifier les hypothèses qui sous-tendent la stratégie. Les relations de cause à effet mises en évidence par le TBP permettent aux dirigeants d'établir des objectifs à long terme, reflétant leurs estimations concernant le temps nécessaire pour que l'évolution des déterminants de la performance produise un effet sur les mesures de résultats. Combien de temps faudra-t-il, par exemple, avant que l'amélioration de la formation et le développement des systèmes d'information permettent aux salariés de vendre une gamme complète de produits financiers à une base de clientèle élargie ? Quel est l'impact d'une amélioration de 10 % de la ponctualité des livraisons sur la satisfaction des clients ? Quel est le temps de réaction entre l'amélioration de la qualité et la fidélisation des clients ?

Cerner ces relations de cause à effet est difficile. Les impacts doivent d'abord être évalués en termes subjectifs et qualitatifs. Mais le simple fait d'amener les managers à analyser leur stratégie de manière systématique est déjà une amélioration par rapport à la plupart des systèmes d'évaluation stratégique fondés sur les seuls processus opérationnels. Plusieurs démarches sont possibles pour promouvoir l'apprentissage stratégique.

Figure 11. 1. Un autre système de management – Retour d'expérience et apprentissage stratégique

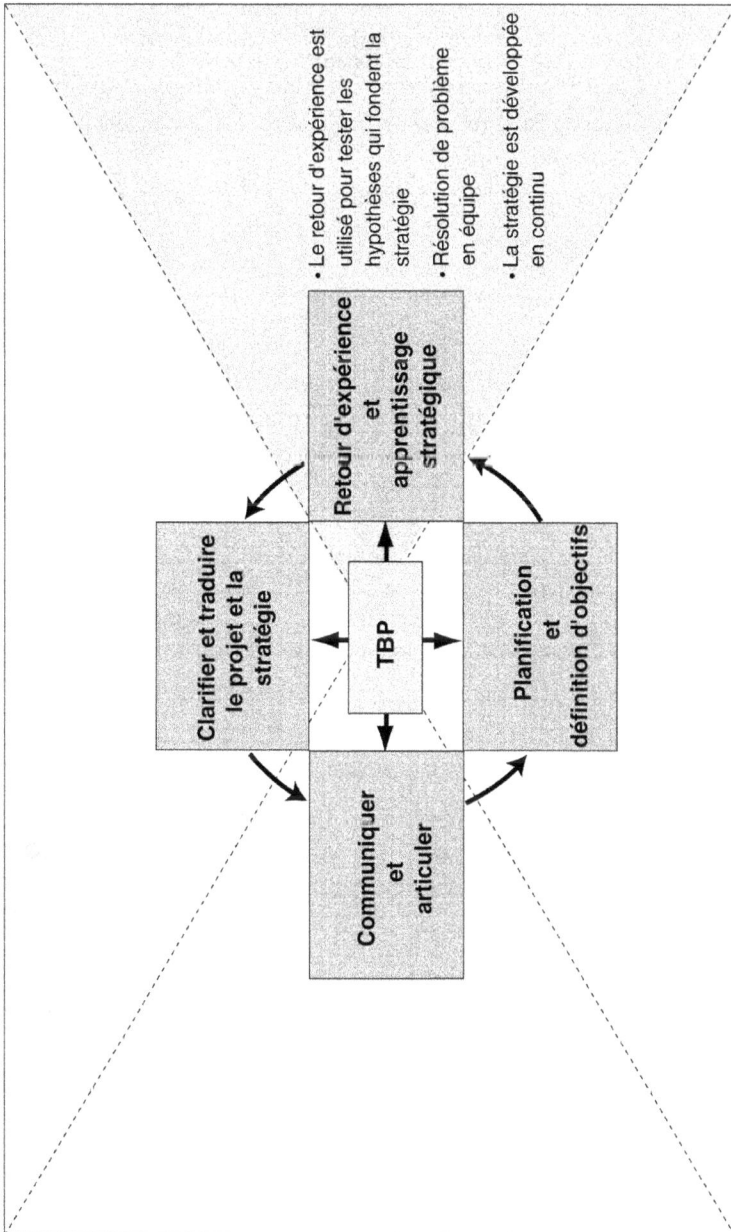

Analyse de corrélations

Au lieu de se borner à réunir des données sur chaque mesure du TBP, les managers peuvent valider leurs hypothèses concernant les relations de cause à effet en mesurant la corrélation entre plusieurs mesures. Les liens identifiés entre ces variables confirment ou infirment la pertinence de la stratégie. L'absence de corrélation est la preuve que le raisonnement qui sous-tend la stratégie est erroné.

Prenons l'exemple de Echo Engineering, illustré dans la figure 11.2. Beaucoup d'entreprises mesurent le moral de leur personnel en s'appuyant sur des critères abstraits, voire abscons. Or, pour justifier des investissements à long terme dans le développement du potentiel humain, la réorientation des compétences et l'alignement des objectifs individuels, une évaluation subjective ne suffit pas. En procédant à une analyse de corrélation, Echo Engineering a découvert que ses clients les plus satisfaits étaient servis par les salariés se déclarant eux-mêmes les plus satisfaits de leur activité professionnelle. Un bon moral n'était donc pas une fin en soi mais un facteur indispensable à la réussite de la stratégie d'Echo à l'égard de ses clients.

Les sceptiques diront que relier le moral des salariés à la satisfaction des clients revient à établir un lien de cause à effet entre un facteur interne et un facteur externe aussi abstraits l'un que l'autre. Dans la réalité, prétendent-ils, les entreprises ont besoin de bénéfices, de ROI élevés, etc. et pas simplement de salariés heureux et de clients satisfaits. En effet, elles peuvent s'assurer la fidélité des premiers en les payant mieux que leurs concurrents et celle des seconds en offrant des produits à bas prix assortis d'une kyrielle de services gratuits.

C'est là que le TBP, en imposant que toutes les mesures soient reliées à la performance financière, joue un rôle décisif. Echo Engineering a découvert une autre corrélation, négative celle-là, entre la satisfaction des clients et les délais de règlement : les clients satisfaits payent leur facture dans les quinze jours, alors que les clients mécontents peuvent tarder jusqu'à trois mois pour le faire. L'entreprise a mis au jour une série de liens de cause à effet illustrée dans la figure 11.2 :

Amélioration du moral des salariés	=	clients plus satisfaits
	=	diminution des comptes clients
	=	augmentation du retour sur le capital engagé

Veiller au moral des salariés ne relevait donc pas du paternalisme. C'était une nécessité pour atteindre des résultats financiers de haut niveau. Les relations de cause à effet identifiées dans le TBP démontraient que l'amélioration de deux mesures « abstraites » (le moral des employés et la satisfaction des clients) se traduisait par un gain concret (l'augmentation du retour sur le capital engagé). Des analyses de ce

Figure 11.2. Echo Engineering – Relier les mesures des quatre axes

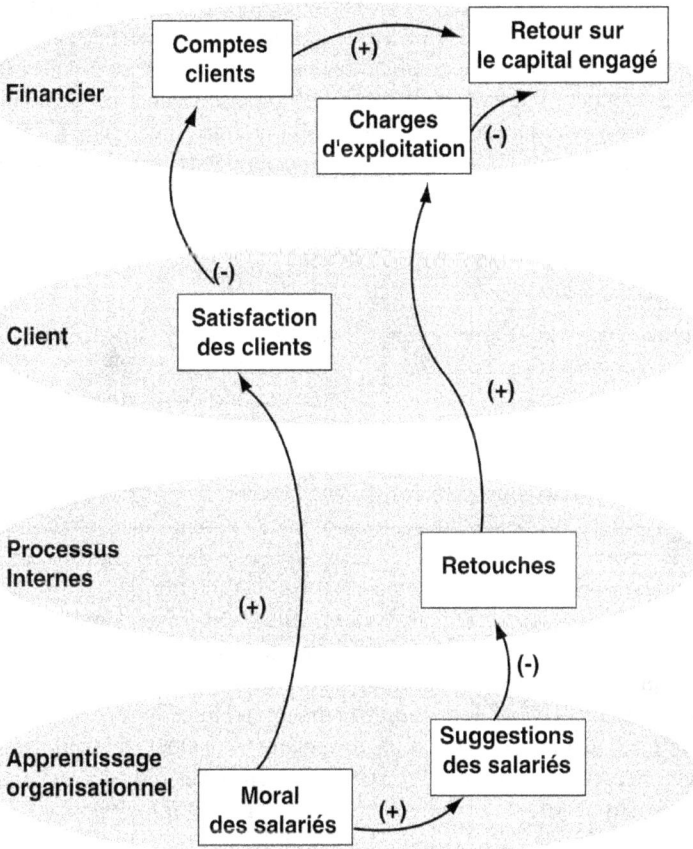

type focalisent la réflexion sur les déterminants de la performance financière et de son amélioration.

La chaîne de rentabilité du tertiaire [5], autre exemple des liens unissant les quatre axes du TBP, a été développée après de nombreuses études sur les facteurs susceptibles d'expliquer la performance exceptionnelle d'entreprises comme Progressive Corporation (assurance), Southwest Airlines, MCI et Taco Bell. Cette chaîne peut être considérée comme un TBP générique. La figure 11.3 montre les liens explicites entre les mesures relatives aux salariés et à la qualité des services internes et externes, ainsi que le lien entre les salariés et la qualité du service (processus internes) et l'augmentation de la satisfaction et de la fidélité des clients. Ces deux derniers facteurs déterminent l'amélioration de la performance financière (augmentation du chiffre d'affaires et de la rentabilité) qui, à son tour, guide les futurs investissements dans le développement du potentiel des salariés et des systèmes. Des études sur les entreprises de services les plus performantes ont identifié des liens étroits, souvent statistiquement signifiants, entre les éléments de la chaîne de rentabilité du tertiaire :

Satisfaction et compétence des salariés	=	processus internes impeccables
	=	clients satisfaits et fidèles
	=	amélioration du résultat financier

Simulation/analyse de scénarios

Une entreprise s'est servie des hypothèses causales de son TBP d'une manière originale pour promouvoir l'apprentissage stratégique. Pour le premier anniversaire de la mise en œuvre du TBP, mais avant de l'adapter en prévision du prochain exercice, la direction a organisé deux journées de réunions. Des analystes avaient créé une simulation de management basée sur le modèle de corrélation du TBP. Des données statistiques sur les exercices précédents avaient été réunies, qui mettaient en évidence les liens entre diverses variables essentielles. Il a d'abord été demandé à l'équipe dirigeante d'évaluer la stratégie de l'exercice précédent et d'en identifier les carences les plus graves. Si des mesures du TBP n'affichaient aucune amélioration, les managers devaient en découvrir la cause. Par exemple, le contexte opérationnel était-il différent de celui qui avait été anticipé au moment de la défini-

---

5. James L. Heskett, Thomas O. Jones, Gary W. Loveman, W. Earl Sasser, Jr. Et Leonard A. Schlesinger, « Putting the Service-Profit Chain to Work », *Harvard Business Review*, mars-avril 1994, p. 164-174.

tion de la stratégie ? Avait-on oublié des déterminants importants dans le modèle de performance ? À partir de cette analyse, les managers ont ensuite été invités à formuler une stratégie plus efficace pour l'exercice à venir. Les nouveaux scénarios stratégiques ont été quantifiés à l'aide du TBP. À la fin de l'exercice, les managers ont reconnu que cette simulation avait relancé et stimulé leur réflexion sur les déterminants de la performance stratégique.

Les notes explicatives

Dans les grandes entreprises en particulier, il faut parfois beaucoup de temps avant de pouvoir réunir suffisamment de données pour tirer des conclusions statistiquement significatives sur les liens de cause à effet entre les mesures du TBP. Pour être probants, les résultats doivent être réguliers et durables. Il est important de disposer de données statistiquement signifiantes et pertinentes, mais un système d'apprentissage stratégique doit fournir très tôt des indications sur les effets de la stratégie.

Par exemple, lorsque Rockwater a choisi, dans le cadre de sa stratégie marketing, de privilégier les clients du groupe I (partenariat avec le fournisseur) au détriment de ceux du groupe II (déterminés uniquement par le prix), les managers ont systématiquement complété l'évaluation quantitative de la performance par un compte rendu sur les relations avec les nouveaux clients, sur la manière dont elles avaient été établies et sur les enseignements à en tirer. Metro Bank, lorsqu'elle a opté pour la vente de nouveaux produits financiers à des segments de marché ciblés, citait dans la lettre mensuelle les salariés ayant gagné un nouveau client, en précisant les techniques utilisées et les avantages pour la banque. National Insurance accompagne systématiquement les rapports d'évaluation de la performance d'exemples d'agents spécialisés ayant réalisé une bonne performance. Les explications sur la façon dont les résultats sont obtenus apportent à ces entreprises un retour d'expérience informel sur le bon fonctionnement de la stratégie et favorisent la communication des orientations et des détails de la stratégie. Les managers peuvent ainsi s'appuyer sur les expériences passées pour influer sur la performance future.

Le bilan des initiatives

On a vu au chapitre 10 que les entreprises devaient impérativement identifier et financer les initiatives stratégiques qui leur permettront d'atteindre les objectifs ambitieux qu'elles se fixent pour les mesures de leur TBP. Un

Figure 11.3. La chaîne de rentabilité du tertiaire

Stratégie d'exploitation et système de prestation de services

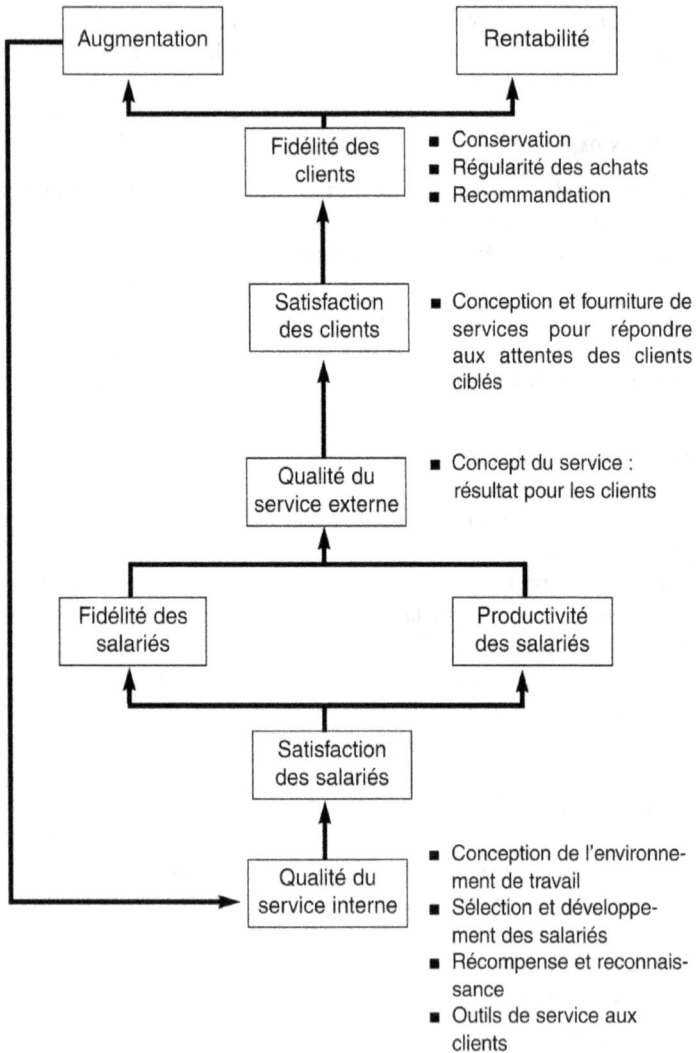

Source : James L. Heskett, Thomas O. Jones, Gary W. Loveman, W. Earl Sasser et Leonard A. Schlesinger, « Putting the Service-Profit Chain to Work ", *Harvard Business Review*, mars-avril 1994, p. 166. Reproduction autorisée.

bilan périodique et complet durant le processus d'apprentissage stratégique indiquera aux managers que les progrès sont évalués en permanence. Cela aidera l'entreprise à rester concentrée sur la mise en œuvre
des programmes d'action et à déterminer s'ils vont toujours dans le sens
des objectifs visés.

La figure 11.4 présente un groupe d'initiatives stratégiques classiques
et les mesures qu'elles sont censées améliorer. En règle générale, une
seule action ne suffit pas à améliorer une mesure. Il faut souvent une série
de programmes pour atteindre le résultat souhaité. Dans cet exemple, il a
fallu associer une campagne de publicité, la conquête de nouveaux porteurs de cartes de crédit et l'expansion des possibilités d'utilisation de la
carte pour améliorer deux mesures de résultats : le nombre de nouveaux
comptes ouverts et le pourcentage de comptes actifs. Lors du choix, les
managers ont retenu les actions censées avoir l'impact le plus marquant et
écarté celles qui semblaient avoir un potentiel moins grand. Des décisions
subjectives similaires sont prises à chaque évaluation de l'impact des initiatives. Les notes explicatives qui accompagnent les rapports d'évaluation rendent compte des premiers résultats des investissements. Cette évaluation permanente de l'impact des programmes d'action sur les mesures
permet aux managers d'affiner leur connaissance des relations de cause à
effet qui guident leur stratégie.

L'évaluation indépendante

L'évaluation indépendante est une autre voie d'apprentissage. La
société HI-Tek, fabricant de composants électroniques, a utilisé le TBP
pour piloter l'alignement organisationnel. Un an plus tard, la plupart des
défauts avaient été éliminés du programme et le bilan mensuel des
mesures du TBP faisait partie intégrante du processus de management.
Toutefois, le P.-D.G. de HI-Tek s'inquiétait de voir les bilans mensuels
perdre de vue la stratégie. Pour éviter que l'examen des objectifs opérationnels tombe dans la routine, il a introduit dans le processus une évaluation par des observateurs indépendants. Tous les six mois, un groupe
composé de trois à cinq managers d'une autre division, examine le TBP.
Il passe en revue la stratégie, les objectifs et les mesures ainsi que les initiatives stratégiques. Il interroge également des salariés choisis au hasard
pour déterminer le degré de notoriété et de pénétration du programme. Il
présente ensuite une évaluation indépendante et objective de la structure
et du fonctionnement du TBP.

Cette initiative a permis aux dirigeants de HI-Tek de se dégager de la
routine des réunions mensuelles pour se concentrer sur les aspects straté-

giques de leur activité. L'évaluation des pairs apporte de la rigueur et un certain formalisme au processus. Elle favorise également le transfert de bonnes pratiques d'une division à une autre.

Tous ces mécanismes – analyse des corrélations, simulation et analyse de scénarios, notes explicatives, bilan des initiatives et évaluation indépendante – permettent à l'entreprise de faire régulièrement le point sur sa stratégie. Les comités de direction ne sont plus consacrés à l'explication du passé mais à l'apprentissage du futur. Les écarts par rapport à la performance attendue ne servent plus à punir mais à tirer des leçons, à apprendre, en incitant les dirigeants à s'interroger sur la validité des hypothèses qui sous-tendent la stratégie. L'offre faite aux segments de marché ciblés permet-elle d'améliorer la performance à l'égard des clients et les résultats financiers ? L'entreprise est-elle capable de fournir des prestations et de développer de nouveaux produits et services suffisamment vite pour répondre aux attentes de la clientèle visée ? Le TBP, à l'inverse des systèmes *ad hoc* de mesure de la performance, articule la « théorie de l'entreprise » [6]. Disposant d'une chaîne explicite de relations de cause à effet entre les mesures du TBP, les managers peuvent tester de manière informelle, sinon statistique, la chaîne des relations causales entre les initiatives stratégiques, les déterminants de la performance et les résultats.

Figure 11.4. Objectifs stratégiques, initiatives et responsabilité

Axe stratégique	Mesure	Objectif	Initiatives	Responsable
Construction de l'image Passer d'une image générique à une image clairement identifiée par le client.	Nb. de nouveaux clients	97 – 100 98 – 115 99 – 150	Programme de promotion dans les médias Expansion de la carte de crédit	M.X M.Y
	Activité du compte (%)	97 – 100 98 – 105 99 – 115	Programme d'utilisation de la carte	M.Z

---

6. Peter F. Drucker, « The Theory of the Business » *Harvard Business Review*, septembre-octobre 1994, p. 95-104.

RÉSOLUTION DE PROBLÈME EN ÉQUIPE

Un processus efficace de résolution de problème en équipe est le troisième élément de l'apprentissage stratégique [7]. « Équipe » est le mot clé. L'importance de l'équipe a été soulignée lorsque nous avons décrit comment les entreprises clarifient leur stratégie et réunissent un consensus sur ses orientations puis s'appuient sur celui-ci pour construire des TBP. La mise en œuvre et l'évaluation de la stratégie doivent se faire dans le même esprit.

Les équipes transversales

Une vision plurifonctionnelle est un élément important de l'apprentissage organisationnel. Les entreprises doivent éviter leur tendance naturelle à revenir à la spécialisation fonctionnelle. Par exemple, il peut sembler logique de confier au directeur financier la responsabilité de l'axe « financier » du TBP, au directeur du marketing celle de l'axe « client », au directeur de la production celle de l'axe « processus internes » et au directeur des ressources humaines celle de l'axe « apprentissage organisationnel ». Ce cloisonnement fonctionnel est incompatible avec les concepts d'autonomie et de résolution de problème en équipe. La responsabilité d'améliorer les mesures et de mettre en œuvre les initiatives nécessaires doit être assumée par tous les membres de l'équipe dirigeante.

Echo Engineering, à partir de l'enchaînement des processus internes, a créé cinq équipes transversales pour gérer différentes facettes de sa stratégie (voir figure 11.5). L'équipe chargée d'identifier les besoins des clients – fonction généralement assumée par le service marketing – comptait des représentants de la production, du bureau d'études et du service qualité, qui portent chacun un regard différent sur les attentes du client. La synthèse de ce qui était autrefois un savoir-faire dispersé a fortement amélioré l'efficacité du processus.

Le bilan stratégique

Un bilan stratégique formel, effectué à intervalle régulier, joue un rôle clé dans le processus d'apprentissage stratégique de l'équipe dirigeante. Malheureusement, la plupart des comités de direction sont consacrés aux

---

7. Jon R. Katzenbach et Douglas K. Smith, *The Wisdom of Teams : Creating the High-Performance Organization*, Boston, Harvard Business School Press, 1993.

questions opérationnelles et non stratégiques. Un exemple : la direction de Kenyon Stores se réunissait une fois par mois pour examiner les résultats du mois précédent. Les réunions étaient organisées à une date aussi proche que possible de la clôture mensuelle des comptes et se tenaient en général le samedi matin pour éviter les interruptions.

L'ordre du jour était établi par centre de responsabilité. Le contrôleur de gestion remettait les états mensuels à l'ouverture de la réunion, de sorte que les participants ne pouvaient pas préparer d'explication à l'avance. Il ouvrait la réunion par un examen des résultats financiers, suivi d'un exposé par les trois responsables produits et le directeur de la division distribution. Chaque manager présentait la performance de son service. Ces communications unilatérales absorbaient 65 % de la durée de la réunion. Le reste du temps était consacré à un débat qui constituait pour les managers la partie la plus intéressante de la rencontre. Mais dans cet échange interactif, les discussions étaient essentiellement axées sur un problème immédiat soulevé par les rapports d'activité. Dix pour cent seulement de la réunion étaient consacrés à des questions liées à la stratégie à long terme (par exemple, comment créer une culture qualité dans l'entreprise). La réunion ayant officiellement pour objet l'examen de la performance, les aspects non financiers étaient expédiés en quelques minutes. À la fin de la réunion, les participants dressaient une liste de sept points à suivre pour améliorer la performance à court terme.

À l'évidence, le but de cette réunion était de surveiller la performance par rapport au plan et de lancer des actions correctives à court terme pour remettre l'entreprise sur la bonne trajectoire. En ce sens, elle pouvait être considérée comme un succès. Elle créait un climat favorable à la résolution de problèmes en équipe. L'examen mutuel des prévisions et des résultats par des managers issus de différentes fonctions et ayant une expérience variée renforçait la formation transversale. De plus, les deux tiers de la réunion étaient consacrés à des sujets non financiers. En revanche, les participants se contentaient d'écouter pendant une grande partie du temps et peu de problèmes étaient résolus collectivement. L'ordre du jour était articulé autour des responsabilités fonctionnelles et non de problèmes stratégiques appelant une solution imaginée d'un commun accord par plusieurs services.

Il est incontestable que ce comité de direction mensuel avait des effets positifs sur le contrôle opérationnel et de gestion. Mais parce que c'était le *seul* bilan de performance effectué par les dirigeants, son efficacité était limitée par ses carences, parmi lesquelles l'absence de processus permettant de déterminer si la stratégie de l'entreprise générait des améliorations et était correctement exécutée.

La plupart des entreprises suivent la même démarche que Kenyon Stores. Avant que le TBP ne devienne un système de management, les réunions trimestrielles chez FMC Corporation entre les équipes dirigeantes du holding et des sociétés d'exploitation étaient exclusivement consacrées à l'analyse des derniers résultats financiers. Des dizaines de managers étaient également présents, prêts à expliquer un éventuel écart dans la centaine de résultats présentés dans les états financiers. La discussion portait sur la performance du trimestre écoulé et sur les raisons pour lesquelles tel ou tel objectif n'avait pas été atteint.

En résumé, les bilans périodiques de la plupart des entreprises servent à vérifier si la performance immédiate est conforme aux plans d'action à court terme du budget annuel. Les participants examinent les états financiers mensuels ou trimestriels, les résultats et les processus tactiques. Ils ne s'interrogent pas pour savoir si la stratégie de l'entreprise se déroule comme prévu ; si l'environnement concurrentiel, commercial et technologique est toujours compatible avec le plan stratégique ; enfin, si des ressources suffisantes sont consacrées à la réalisation de ce plan. À notre connaissance, la possibilité d'un apprentissage stratégique fait défaut à la plupart des entreprises.

FMC Corporation, en faisant du TBP la pierre angulaire de son système de management, a totalement modifié la nature de ses réunions trimes-

Figure 11.5. Promouvoir la résolution de problème par des équipes transversales

Chaîne des processus Echo Engineering

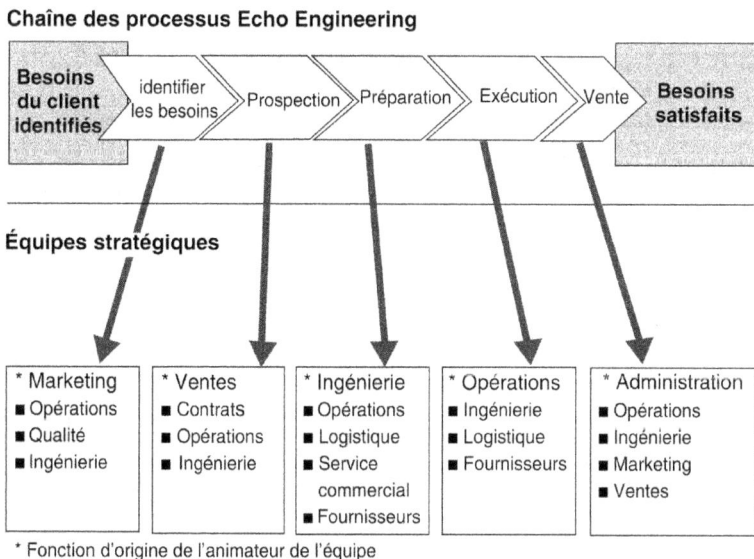

* Marketing	* Ventes	* Ingénierie	* Opérations	* Administration
■ Opérations	■ Contrats	■ Opérations	■ Ingénierie	■ Opérations
■ Qualité	■ Opérations	■ Logistique	■ Logistique	■ Ingénierie
■ Ingénierie	■ Ingénierie	■ Service commercial	■ Fournisseurs	■ Marketing
		■ Fournisseurs		■ Ventes

* Fonction d'origine de l'animateur de l'équipe

trielles. Le changement est spectaculaire : les présidents des sociétés d'exploitation signalent et expliquent à l'avance aux dirigeants du holding tout écart significatif entre les résultats réels et les prévisions. La réunion ne compte plus que trois personnes du siège et les trois principaux responsables de chaque société d'exploitation. La discussion porte systématiquement sur la stratégie : les objectifs à court terme sont-ils atteints ? Les objectifs à long terme le seront-ils ? Quelles modifications faut-il apporter à la stratégie ?

Pour que les bilans stratégiques soient efficaces, ils doivent être séparés dans le temps et dans l'espace des bilans opérationnels. Par ailleurs, une fréquence trimestrielle est préférable, car des indicateurs stratégiques comme la part de marché, la satisfaction des clients, le lancement de nouveaux produits et les compétences des salariés n'évoluent pas de façon significative d'un mois sur l'autre. Un bilan trimestriel donne également davantage le temps de réfléchir aux tendances, aux déterminants de la stratégie et aux liens qui en découlent. La discussion doit porter sur les problèmes des services fonctionnels et non sur leur performance, dans la perspective d'une redéfinition de la stratégie et de sa mise en œuvre.

Avec l'identification des aspects stratégiques qui appellent une étude plus approfondie et des éclaircissements, la boucle du processus d'apprentissage est bouclée. Les bilans trimestriels sont l'occasion de vérifier la validité de la stratégie et sa bonne exécution. Par exemple, un de ces bilans a révélé chez Metro Bank une forte augmentation des réclamations des clients motivées par la qualité que les statistiques internes ne confirmaient pourtant pas. Une petite équipe transversale a été constituée pour analyser le problème et proposer une solution. Ainsi, la stratégie a été en partie validée et en partie redéfinie. En règle générale, lors des bilans stratégiques, les dirigeants modifient la stratégie sans la révolutionner.

Le processus d'apprentissage est d'autant plus efficace que les bilans opérationnels et stratégiques sont reliés. Comme le montre la figure 11.6, le bilan opérationnel, bien qu'il porte sur le court terme, soulève souvent des questions ayant un impact à plus long terme. Kenyon Stores a découvert par ce moyen que trois responsables produits rencontraient des problèmes similaires de qualité et de fiabilité avec leurs fournisseurs respectifs. Les relations de la compagnie avec des fournisseurs importants avaient des implications trop vastes pour pouvoir être étudiées dans le cadre du bilan mensuel. La question a donc été inscrite à l'ordre du jour du bilan stratégique trimestriel. Inversement, les bilans stratégiques peuvent faire apparaître des difficultés qui seront traitées plus efficacement dans le cadre d'un bilan opérationnel. La liaison entre les bilans opérationnels et stratégiques permet de cerner nombre de pro-

Figure 11.6. Management opérationnel et management stratégique sont distincts mais interdépendants

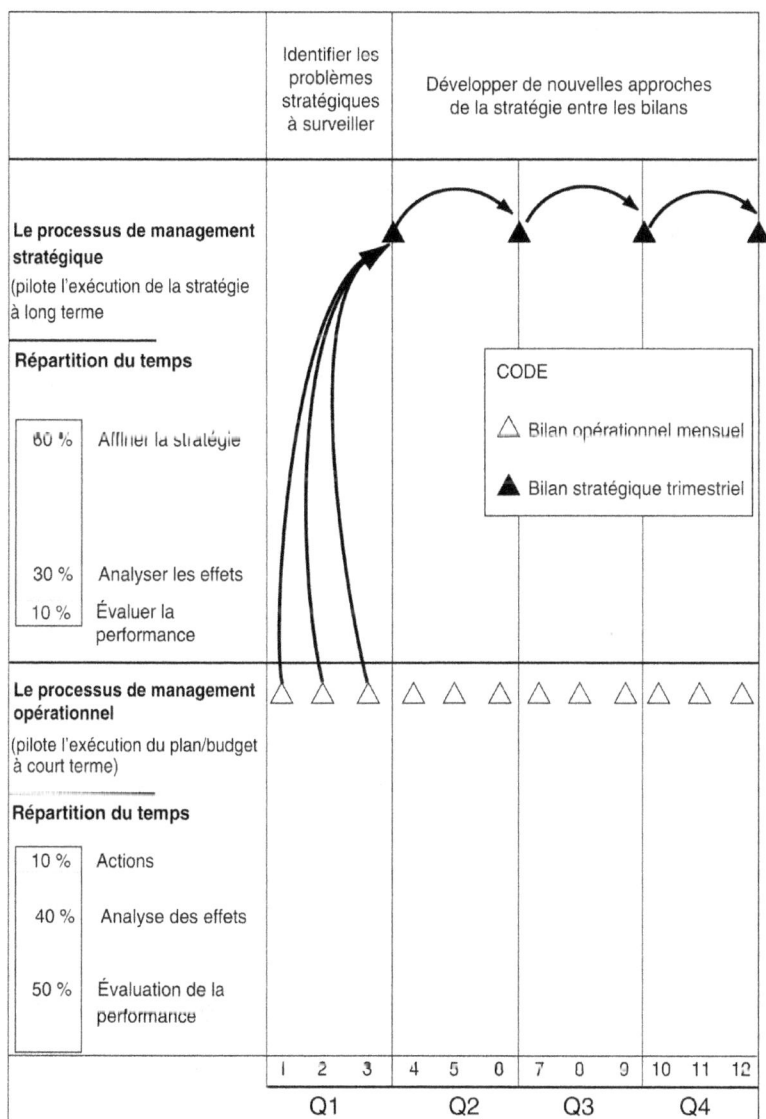

blèmes de ce type et d'y apporter immédiatement des solutions, afin que la stratégie et les opérations puissent évoluer de concert.

L'apprentissage stratégique continu

Le dialogue qui se noue pendant les bilans stratégiques favorise l'esprit d'équipe et développe la capacité à résoudre les problèmes en commun, deux éléments essentiels de l'apprentissage stratégique. Il n'en reste pas moins que la moitié des réunions se passe toujours à écouter un intervenant présenter et expliquer des chiffres. De nouvelles technologies peuvent changer le caractère événementiel du processus d'apprentissage pour lui donner un caractère continu. Des technologies de *groupware* comme Lotus Notes, par exemple, permettent à un groupe de personnes de travailler en permanence sur des sujets d'intérêt commun. Certaines entreprises commencent à se tourner vers cette approche technologique du management. Le TBP offre un mécanisme parfaitement adapté pour appliquer cette technologie, comme le montre la figure 11.7.

Dans cette forme d'apprentissage, la présentation des chiffres par un individu est totalement éliminée des réunions. Les états financiers sont introduits dans le réseau et chaque manager peut les consulter à sa convenance et engager un dialogue continu avec les autres participants, via le réseau, sur la signification et les implications des chiffres. Lorsqu'elle se réunit, l'équipe dirigeante peut ainsi se concentrer sur les problèmes stratégiques et leur interprétation.

On peut envisager un processus plus formel pour tester, analyser et adapter la stratégie en s'appuyant sur les informations présentées lors du bilan stratégique trimestriel. Supposons, par exemple, que les dirigeants de Metro Bank constatent, à l'occasion d'un de ces bilans, que l'augmentation des achats de nouveaux produits et services bancaires par les clients ciblés – un indicateur clé de l'axe « processus internes » – n'est pas aussi forte que prévue. Considérant les relations de cause à effet identifiées dans le TBP, les managers commenceront par vérifier si les déterminants de la performance pour cette mesure de résultats ont atteint leurs objectifs. Les nouveaux produits et services sont-ils disponibles ? Les salariés ont-ils été formés pour vendre ces produits et services ? Disposent-ils des systèmes d'informations nécessaires pour identifier les clients potentiels, connaître leurs relations actuelles avec la banque et déterminer leur intérêt éventuel pour les nouveaux produits financiers ? Si un ou plusieurs des déterminants de la performance n'ont pas atteint leur objectif, le mauvais résultat affiché par la mesure considérée peut être attribué à des défauts dans la mise en œuvre de la stratégie. Des actions correctives peuvent être déployées pendant les trois prochains mois. Voilà un bon exemple d'apprentissage en boucle simple : les managers constatent une insuffisance par rapport aux prévisions et agissent immédiatement pour ramener l'entreprise sur la bonne trajectoire stratégique.

Supposons maintenant que tous les objectifs des déterminants de la performance ont été atteints : les salariés ont reçu la formation nécessaire, les systèmes d'information sont en place, les nouveaux produits et services financiers ont été développés et introduits dans les délais. Le fait que

Figure 11.7. Le bilan stratégique du futur

Aujourd'hui (apprentissage événementiel)	Demain (apprentissage continu)	
Le bilan trimestriel	**Entre les bilans** (*l'apprentissage continu est facilité par la communication en réseau (groupware) permettant aux dirigeants de suivre et de dialoguer sur la performance*)	**Le bilan stratégique trimestriel**
Examen des problèmes stratégiques (10 %)	• Apporter des informations sur les problèmes stratégiques déjà à l'étude	
Analyse des effets (40 %)	• Échanger des vues sur la performance Expliquer les anomalies Proposer des solutions Identifier les problèmes • Identifier les problèmes stratégiques à étudier lors du prochain bilan	Examen des problèmes stratégiques (60 %)
Évaluation de la performance (50 %)	• Examiner les résultats (disponibles sur le réseau)	Analyse des effets (30 %)
		Évaluation de la performance (10 %)

l'objectif d'augmentation du chiffre d'affaires généré par les nouveaux produits et services financiers n'ait pas été atteint est un signal fort : la théorie sur laquelle se fonde la stratégie clients de Metro Bank n'est peut-être pas valable. C'est un avertissement qui doit inciter la direction à mettre en place un processus d'apprentissage à deux boucles. La première étape consistera à revoir en détail les hypothèses concernant les conditions du marché, l'offre faite aux clients ciblés, la stratégie des concurrents et le potentiel des processus internes. Cette analyse peut conduire les dirigeants à confirmer la stratégie actuelle en ajustant les jalons qui permettent de surveiller les relations quantitatives entre les mesures stratégiques du TBP. Inversement, l'analyse peut révéler que la stratégie de l'entreprise n'est pas pertinente et doit être modifiée en fonction d'une nouvelle donne, issue de l'évolution des conditions du marché, des attentes des clients et du potentiel interne. Notre expérience nous permet d'affirmer que ce processus de collecte de données, d'analyse des hypothèses, de réflexion, d'apprentissage stratégique et d'adaptation est fondamental pour la réussite de la mise en œuvre de la stratégie. Le rôle moteur du TBP dans la promotion de l'apprentissage au niveau exécutif en fait le pivot du système de management stratégique.

Que les managers confirment la stratégie existante mais réajustent leurs estimations quant à la vitesse d'action et à l'ampleur des relations de cause à effet, ou qu'ils changent complètement de cap, le TBP aura réussi à créer une double boucle d'apprentissage sur la viabilité et la pertinence de la stratégie. Les dirigeants peuvent utiliser leur nouveau savoir pour revenir sur le processus initial de mise en œuvre du TBP, actualiser leur projet et leur stratégie, et transposer celle-ci dans un nouveau groupe d'objectifs et de mesures pour le prochain exercice.

RÉSUMÉ

Les possibilités d'apprentissage organisationnel – ce que nous appelons l'apprentissage stratégique – qu'il ouvre au niveau exécutif est peut-être l'aspect le plus innovant du TBP. L'utilisation de mesures comme langue véhiculaire facilite la traduction de concepts complexes et souvent nébuleux en notions précises qui guident et mobilisent tous les acteurs sur les actions qui permettront à l'entreprise d'atteindre ses objectifs. L'identification des relations de cause à effet dans le TBP conduit à un raisonnement systémique dynamique. Elle permet à tous les salariés de comprendre comment les pièces du puzzle s'emboîtent les unes dans les autres et comment leur action influe sur celle des autres. Elle facilite la définition des déterminants de la performance et des initiatives qui mesurent le changement et le stimulent. Enfin, cette démarche favorise le développement des équipes. Le TBP doit être construit et utilisé par une même équipe de managers pour surveiller la performance de l'entreprise. L'apprentissage et l'adaptation de la stratégie sont essentiels à sa bonne mise en œuvre.

Chapitre 12

LE TBP, SYSTÈME DE MANAGEMENT

« J'ai essayé de faire comprendre à mon patron que le TBP n'était pas un outil de mesure mais de management. » Ce manager s'était vu confié la tâche de construire un TBP pour la division. Il avait le sentiment que ses efforts et ceux de son équipe étaient voués à l'échec car la direction ne voyait dans le TBP qu'un moyen d'améliorer le système de mesure de la performance de l'entreprise et non une nouvelle approche du management.

Notre expérience corrobore le sentiment de ce manager. La construction d'un TBP n'a pas pour but ultime de créer un nouvel ensemble de mesures, même si elles constituent un puissant outil de motivation et d'évaluation. Le cadre qu'elles dessinent doit être déployé jusqu'à former un nouveau système de management. Cette distinction entre système de mesure et système de management est subtile mais fondamentale. Le premier n'est qu'un moyen d'atteindre un but beaucoup plus important : la création d'un système de management stratégique, qui aide les dirigeants à mettre en œuvre et à suivre les effets de la stratégie. Les dirigeants peuvent s'appuyer sur le cadre de mesures du TBP pour piloter le changement à long terme de l'entreprise.

Les programmes et les processus de management sont bâtis dans des cadres précis. Les systèmes de management classiques reposent essentiellement sur un cadre financier, généralement le modèle du ROI créé par DuPont. Ce cadre a donné satisfaction tant que les mesures financières ont pu guider la grande majorité des activités qui généraient (ou détruisaient) une valeur ajoutée sur des périodes de trois mois ou un an. Il a progressivement perdu son impact lorsque les entreprises ont commencé à investir davantage dans des relations avec les clients, des technologies et des capacités dont la valeur ne pouvait être déterminée selon le modèle financier du coût historique. Les entreprises adoptent le TBP parce que les résultats financiers à court terme y ont toujours une place importante mais aussi parce qu'il prend en compte l'importance des actifs intangibles et des atouts concurrentiels.

Grâce au TBP, les dirigeants peuvent concentrer la stratégie de l'entreprise sur la performance à long terme, une tâche jusqu'à présent difficile à mener à bien faute d'outil approprié. Parce qu'il identifie les objectifs essentiels sur lesquels l'entreprise doit concentrer son attention et ses ressources, le TBP constitue le cadre d'un système de management qui organise les axes stratégiques, l'information et un ensemble de processus de management fondamentaux (figure 12.1) et dont chaque élément doit être articulé à des objectifs stratégiques. Les axes « clients », « processus internes » et « apprentissage organisationnel » sont reliés les uns aux autres pour atteindre la performance financière à long terme souhaitée par l'entreprise. Les objectifs des départements, des services et des salariés sont alignés sur la performance stratégique. L'allocation des ressources, les initiatives stratégiques et les budgets annuels sont pilotés par la stratégie. Chaque bilan effectué par les dirigeants renforce le retour d'expérience et l'apprentissage stratégiques. Le TBP n'écarte pas totalement les mesures financières du système de management, mais il les intègre dans un ensemble plus équilibré qui associe la performance opérationnelle aux objectifs stratégiques à long terme.

LE PROJET DE TBP

Les entreprises se lancent dans un projet de TBP pour des raisons très diverses. On en trouvera quelques exemples dans l'Annexe, mais aucune de celles énumérées dans la figure 12.2 ne vise exclusivement à améliorer le système de mesure. Chaque motivation s'inscrit dans une perspective plus large : concentrer l'entreprise sur de nouvelles orientations stratégiques.

Notre expérience montre que les entreprises ont adopté le TBP essentiellement dans un but stratégique précis, qu'elles ont atteint avec la construction de leur TBP initial. Mais dans toutes ces entreprises, cette motivation de départ a évolué. Dans chaque cas, en effet, la première expérience semble avoir déclenché un processus de changement qui a largement dépassé la seule volonté de se doter de ce nouvel outil. Dans l'année qui suit la mise en œuvre du TBP, celui-ci devient généralement la pierre angulaire du système de management.

Figure 12.1. Le TBP, cadre stratégique de l'action

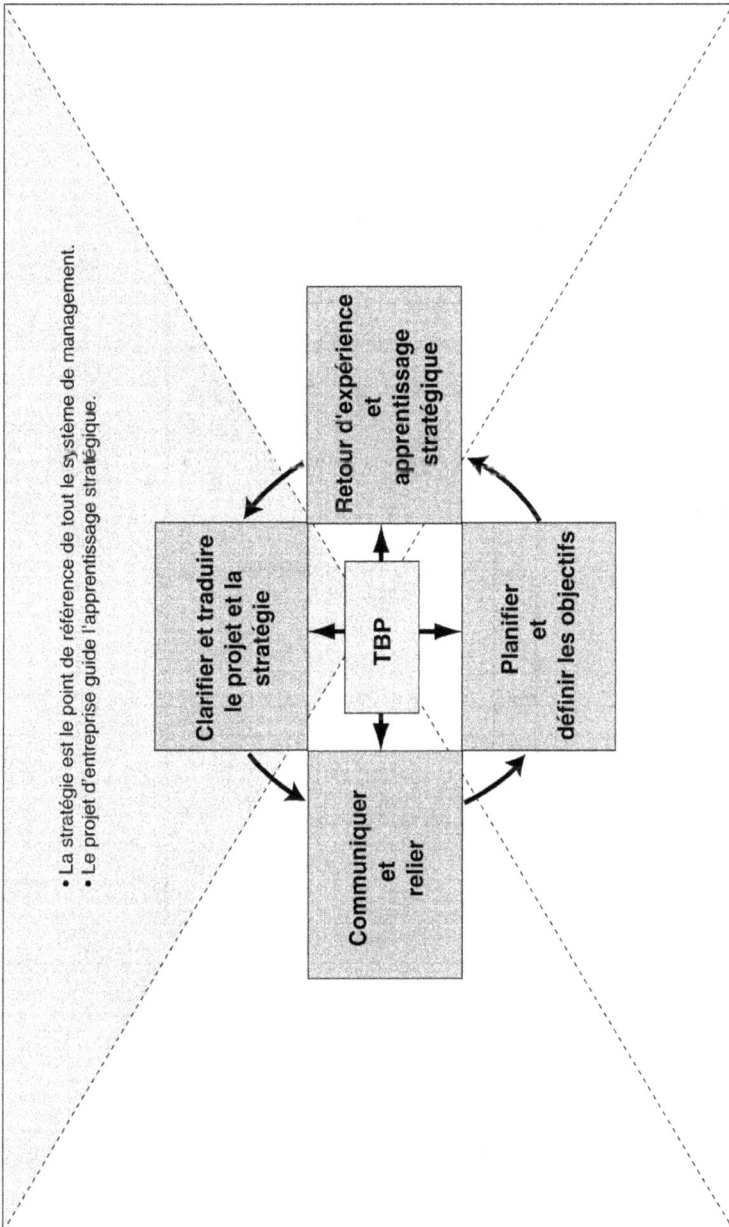

- La stratégie est le point de référence de tout le système de management.
- Le projet d'entreprise guide l'apprentissage stratégique.

Retour d'expérience et apprentissage stratégique

Clarifier et traduire le projet et la stratégie

TBP

Planifier et définir les objectifs

Communiquer et relier

Figure 12.2. Les entreprises instaurent généralement le TBP pour piloter un seul aspect de management

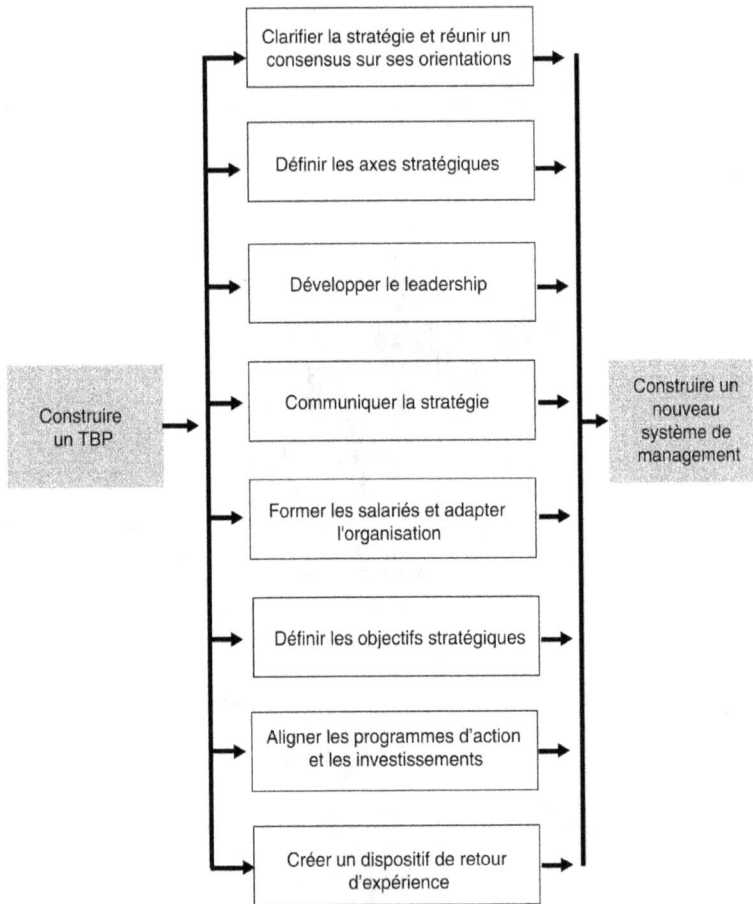

MOBILISER L'ENTREPRISE

Un système de management ne se fait pas en un jour. Compte tenu de son ampleur, de sa complexité et de son impact, il doit être mis en place progressivement, d'autant qu'à chaque fois qu'un élément est changé ou introduit, la direction peut envoyer un message au sujet du nouveau processus. Si chaque changement est lié à un message cohérent – une nouvelle stratégie pour l'entreprise, par exemple – il renforce le précédent et ouvre la voie au suivant. Lorsque le TBP est utilisé comme guide pour l'organisation du nouveau système de management, tous les changements peuvent être coordonnés. Le résultat peut être spectaculaire, comme en témoigne le cas de National Insurance (chapitre 7).

La nouvelle équipe dirigeante, chargée de redresser une situation catastrophique, avait décidé que la compagnie devait se recentrer sur certains créneaux, dans lesquels elle possédait déjà un savoir-faire spécifique et un avantage concurrentiel. Toutefois, les premières tentatives de communication du changement stratégique dans l'entreprise n'avaient guère eu d'effet. La plupart des salariés ne comprenaient pas le nouveau projet, pensant déjà être des spécialistes. C'est alors que la direction a décidé de construire un TBP qui, logiquement et inexorablement, a entraîné une série d'initiatives au terme desquelles National Insurance était devenue rentable.

Durant les premières étapes du processus de mise en œuvre :

- le projet et la stratégie de la compagnie ont été clarifiés ;
- la stratégie a été communiquée aux salariés ;
- des initiatives stratégiques transversales ont été lancées ;
- chaque unité opérationnelle a développé sa propre stratégie, dans le droit fil de celle de la compagnie.

Cette phase a duré un an.

L'analyse du TBP des différentes unités (étape 5 de la figure 12.3) a eu des conséquences inattendues mais positives. À mesure que les unités définissaient leur stratégie respective, elles ont mis au jour plusieurs problèmes communs qui n'avaient pas été pris en compte dans le TBP de la compagnie. Par exemple, plusieurs d'entre elles se sont aperçues qu'elles devaient améliorer leur connaissance des clients et obtenir un retour d'information sur leur satisfaction. Étant appelées à partager une clientèle, ces unités ont développé un nouveau processus interne : une démarche de vente intégrée auprès de segments de marché ciblés. Cette expérience est un excellent exemple de stratégie émergeant de la radioscopie de l'entreprise, telle que la décrivent Mintzberg et Simons (voir chapitre 11). Le processus de définition unité par unité d'une stratégie s'inscrivant dans le contexte global de l'entreprise a donné naissance à une démarche de mise en œuvre totalement nouvelle.

Dès l'approbation de leur TBP, les unités ont mis en place un bilan mensuel (étape 8 de la figure 12-3), complété par des bilans trimestriels plus spécialement consacrés aux problèmes stratégiques. Au début du processus, les managers ne disposaient d'informations que pour deux tiers seulement des mesures. Les bilans portaient essentiellement sur celles-ci mais d'autres problèmes étaient également abordés malgré l'absence de données, afin que les managers restent attentifs à la stratégie. Devant le déficit de mesures, la direction a développé un plan pour remédier aux carences, plan qui entraînait la modification du système de management, le manque de mesures étant le signe d'une insuffisance [1]. L'absence de mesures de la qualité, par exemple, signifiait qu'il n'existait aucune procédure de spécification, de mesure et de contrôle de la qualité des polices d'assurance. La construction du TBP a donc obligé les dirigeants de National Insurance à mettre en place un système de management plus complet, tâche qu'ils ont menée en six mois.

Deux ans plus tard, le TBP faisait partie intégrante du cycle de management de la compagnie. Elle avait atteint son objectif à court terme : survivre. Les nouvelles mesures et les nouveaux processus de management avaient profondément modifié la culture d'entreprise : National Insurance n'était plus une compagnie généraliste mais un assureur hautement spécialisé.

Au début de la troisième année, le président de National Insurance a déclaré : « Nous avons atteint nos objectifs immédiats. La survie de l'entreprise est assurée. Il faut maintenant modifier notre stratégie pour la focaliser sur la croissance et la rentabilité. » Une liste de dix questions portant sur des objectifs stratégiques a été établie. Par exemple : « Comment instaurer des relations privilégiées avec les agents ? »

Après avoir répondu à ces questions, chaque responsable d'unité se réunissait avec un représentant de la direction pour approfondir leur réflexion respective et définir un ensemble d'orientations pour les trois à cinq années à venir. Ces orientations servaient de principes directeurs pour développer des plans d'action à long terme et actualiser les TBP (étape 9 dans la figure 12.3).

---

1. Exemple du « déficit de mesures » décrit au chapitre 10.

Les dix étapes du processus se sont déroulées sur 24 mois. Pendant cette période, l'équipe dirigeante de National Insurance a non seulement mis en place une nouvelle stratégie, elle a aussi complètement remanié le système de management de la compagnie. Ce qui n'était initialement qu'une tentative de clarification du projet d'entreprise a abouti à une approche totalement nouvelle du management. Prévoyant les changements profonds qui ne manqueraient pas de suivre, le P-DG de la compagnie a annoncé dans la lettre de présentation du programme aux salariés : « Nous avons choisi de gérer désormais notre compagnie en nous appuyant sur le TBP et la philosophie qu'il représente. »

Autrefois, la plupart des dirigeants échouaient dans leurs tentatives de transformer la culture de l'entreprise et d'introduire une nouvelle stratégie parce que les systèmes et les processus de management n'étaient pas reliés, faute d'un cadre directeur, à cette stratégie. Parce qu'il constitue un cadre cohérent, les dirigeants peuvent utiliser le TBP comme un outil de management pour mobiliser les salariés autour des nouvelles orientations stratégiques et mettre en œuvre leur programme de changement. Le rôle premier du TBP est de combler le vide qui existe dans la plupart des systèmes de management : l'absence de mécanisme systématique de mise en œuvre de la stratégie.

CONSTRUIRE UN SYSTÈME DE MANAGEMENT INTÉGRÉ

De nombreuses entreprises ont connu la même expérience que National Insurance : l'introduction du TBP crée une dynamique qui incite à élargir son rôle dans le système de management. Une fois conçu et en place, la question se pose de son articulation à d'autres processus de management comme la procédure budgétaire, l'alignement des initiatives stratégiques et la définition des objectifs personnels. Sans cette liaison, l'effort consacré à la construction du TBP peut ne pas produire d'effets tangibles.

La plupart des entreprises ont un plan de management qui identifie les différents processus utilisés et leur séquence. En général, ce plan est organisé autour de la procédure budgétaire et du bilan opérationnel. Le plus souvent, la définition et l'examen de la stratégie sont séparés des processus de management périodiques. Le TBP est un moyen d'introduire la réflexion stratégique dans ces processus, mais le lien doit être explicite.

Figure 12.3. Orchestrer le changement au travers du système de management

2A *Communiquer la stratégie à la hiérarchie intermédiaire.* Les trois premiers niveaux de la hiérarchie (cent personnes) sont réunis pour être informés de la nouvelle stratégie. Le TBP est le véhicule de communication *(mois 4-5).*

2B *Développer les TBP des unités.* En utilisant le TBP comme référence, chaque unité traduit sa stratégie dans son propre TBP *(mois 6-9).*

4 *Examiner les TBP des unités :* Le P-D.G. et l'équipe dirigeante examinent les TBP des unités et contribuent ainsi à définir la stratégie de celles-ci.

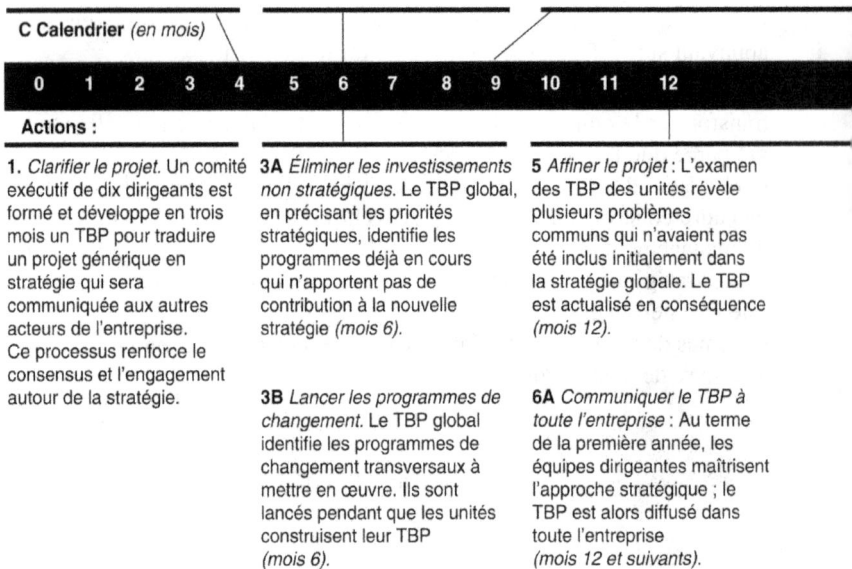

C Calendrier *(en mois)*

0	1	2	3	4	5	6	7	8	9	10	11	12

Actions :

1. *Clarifier le projet.* Un comité exécutif de dix dirigeants est formé et développe en trois mois un TBP pour traduire un projet générique en stratégie qui sera communiquée aux autres acteurs de l'entreprise. Ce processus renforce le consensus et l'engagement autour de la stratégie.

3A *Éliminer les investissements non stratégiques.* Le TBP global, en précisant les priorités stratégiques, identifie les programmes déjà en cours qui n'apportent pas de contribution à la nouvelle stratégie *(mois 6).*

3B *Lancer les programmes de changement.* Le TBP global identifie les programmes de changement transversaux à mettre en œuvre. Ils sont lancés pendant que les unités construisent leur TBP *(mois 6).*

5 *Affiner le projet :* L'examen des TBP des unités révèle plusieurs problèmes communs qui n'avaient pas été inclus initialement dans la stratégie globale. Le TBP est actualisé en conséquence *(mois 12).*

6A *Communiquer le TBP à toute l'entreprise :* Au terme de la première année, les équipes dirigeantes maîtrisent l'approche stratégique ; le TBP est alors diffusé dans toute l'entreprise *(mois 12 et suivants).*

6B *Fixer des objectifs individuels de performance* : Les trois premiers niveaux de la hiérarchie relient les objectifs individuels et la rémunération de leurs salariés à leur TBP respectif *(mois 13-14).*

9 *Bilan stratégique annuel* : Au début de la troisième année, la stratégie initiale doit être actualisée. Le comité exécutif établit une liste de dix objectifs stratégique et chaque unité est invitée à aligner sa stratégie et son TBP sur ces dix objectifs.

13	14	15	16	17	18	19	20	21	22	23	24	25	26

7 *Actualiser le plan stratégique à long terme et le budget* : des objectifs à cinq ans sont fixés pour chaque mesure. Les investissements correspondants sont chiffrés et engagés. La première année du plan quinquennal devient le budget annuel *(mois 15-17).*

8 *Bilans mensuels et trimestriels* : Après approbation des TBP des unités par la direction, un bilan opérationnel mensuel complété par un bilan stratégique trimestriel est mis en place *(mois 18 et suivants).*

10 *Relier la performance individuelle au TBP* : Tous les salariés sont invités à relier leurs objectifs individuels à ceux du TBP et le système de rémunération est lié au TBP *(mois 25-26).*

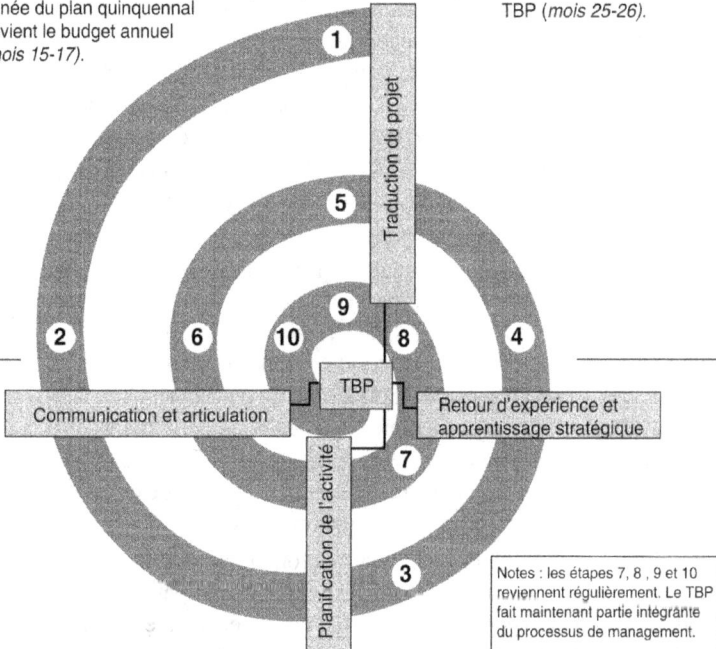

Traduction du projet

Communication et articulation

TBP

Retour d'expérience et apprentissage stratégique

Planification de l'activité

Notes : les étapes 7, 8 , 9 et 10 reviennent régulièrement. Le TBP fait maintenant partie intégrante du processus de management.

Source : Robert S. Kaplan et David P. Norton, « Using the Balanced Scorecard as a Strategic Management System », *Harvard Business Review*, janvier-février 1996, p. 78-79. Reproduction autorisée.

La figure 12.4 représente le plan de management de Kenyon Stores. Le P-DG l'a établi après avoir réorganisé le processus de management pour y intégrer le TBP et les perpectives stratégiques qu'il exprimait. Le plan comprend quatre des caractéristiques essentielles de tout système de management stratégique :

1. Formulation et actualisation de la stratégie.

2. Articulation aux objectifs personnels et aux systèmes de récompense.

3. Articulation aux activités de planification, à la répartition des ressources et aux budgets annuels.

4. Retour d'expérience et apprentissage stratégique.

Formulation et actualisation de la stratégie

Durant ce processus, les dirigeants peuvent développer un TBP associé à un nouveau plan à long terme ou actualiser la stratégie. À la fin du premier trimestre de l'exercice fiscal, le P-DG de Kenyon Stores avait défini dix objectifs stratégiques en s'appuyant en partie sur l'analyse des TBP effectuée au terme de l'exercice précédent et en partie sur les questions soulevées par les responsables fonctionnels du groupe. Ces objectifs stratégiques concernaient toutes les unités (chaînes de distribution) et reflétaient des priorités et des thèmes communs. Les patrons des unités ont ensuite été invités à indiquer comment ils comptaient procéder. Ils ont présenté leurs idées au P-DG dans le cadre d'un « dialogue stratégique », dont le but était concret et spécifique : parvenir à un consensus sur la marche à suivre pour atteindre chacun de ces objectifs.

Au terme de ce dialogue stratégique, les dirigeants des unités ont développé ou actualisé leurs plans à long terme et leur TBP. Ce processus, qui s'étend généralement sur trois mois, intervient durant le deuxième trimestre de l'exercice. L'articulation des stratégies du groupe et des unités aux stratégies fonctionnelles est un prolongement important du processus. On a vu aux chapitres 8 et 10 que des groupes comme Kenyon Stores centralisent souvent certaines fonctions pour mieux aider leurs unités opérationnelles. Les objectifs du siège et des unités sont simultanément reliés aux objectifs de ces services pendant le processus de planification à long terme et de construction du TBP.

Ainsi, en milieu d'exercice, les services fonctionnels et les dirigeants des unités disposent d'objectifs à long terme clairs et compatibles les uns avec les autres. Le processus s'achève avec un dernier examen et un accord entre le P-DG et le patron de chaque unité ou service fonctionnel. Cette étape franchie, le processus de management peut passer à la planification des opérations, pendant la deuxième moitié de l'exercice.

Figure 12.4. Le plan de management de Kenyon Stores

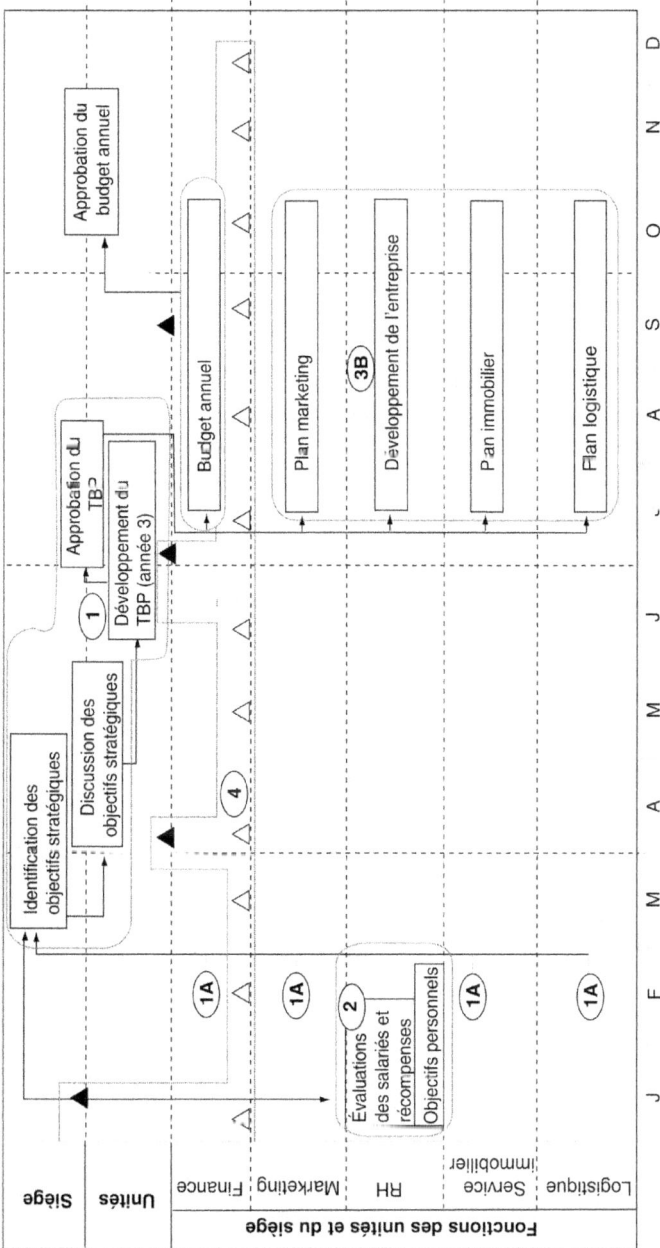

Fonctions des unités et du siège

Siège | Unités | Finance / Marketing | RH | Service immobilier | Logistique

△ Bilan mensuel (1) Processus de définition de la stratégie (2) Processus d'articulation et de motivation (4) Processus de retour d'expérience et d'apprentissage
▲ Bilan trimestriel (1A) Articulation aux stratégies fonctionnelles (3) Articulation au budget annuel

Articulation aux objectifs personnels et au système de récompense

Quelle que soit la nouvelle stratégie mise en œuvre – bâtir des relations à long terme, développer de nouvelles technologies ou conquérir de nouveaux marchés – les managers doivent continuellement prendre des risques et expérimenter de nouvelles démarches pour progresser. Les dirigeants doivent encourager ce comportement novateur en reliant les objectifs personnels et les systèmes de récompense. Tant que ceux-ci sont associés à des indicateurs de la performance à court terme, notamment financiers, les managers hésitent à prendre des risques et ne visent que le résultat immédiat. Les dirigeants, pour leur part, ont de la difficulté à rester concentrés sur les objectifs et le développement à long terme du potentiel de l'entreprise et des relations avec les clients.

Il est évident que la rémunération basée sur les résultats est une puissante motivation. Mais, ainsi que nous l'avons vu au chapitre 9, il est préférable que l'entreprise acquière une certaine expérience du management avec le TBP avant d'établir un lien explicite entre le TBP et la rémunération. Toutefois, à moins que récompense et sanction ne soient implicitement ou explicitement associées à l'ensemble des objectifs et des mesures du TBP, l'entreprise ne pourra pas utiliser ce système comme trame de son système de management. Kenyon Stores, par exemple, s'est d'abord servie du TBP pour guider le processus de définition et d'actualisation de la stratégie mais sans le relier à son ancien système de rémunération. Après une année d'expérience, le groupe a commencé à relier progressivement la rémunération des cadres aux mesures de performance du TBP.

Articulation à la planification, à l'allocation des ressources et aux budgets annuels

Il s'agit de la troisième étape du processus d'intégration du TBP au système de management. Chez Kenyon, elle intervient pendant la deuxième moitié de l'exercice. Les unités opérationnelles et les services fonctionnels du siège relient le plan stratégique du deuxième trimestre aux budgets de recettes et dépenses du prochain exercice. Si la définition et l'actualisation de la stratégie ont été conduites avec rigueur, la procédure budgétaire consiste simplement à traduire la première année un plan à 3 ou 5 ans en budget de fonctionnement.

Retour d'expérience et apprentissage stratégique

Dernier élément du système de management de Kenyon, le retour d'expérience et l'apprentissage stratégique s'appuient sur les deux types de bilans décrits au chapitre 11 : le bilan opérationnel mensuel – comparaison des résultats à court terme avec les objectifs du budget annuel – et le bilan stratégique trimestriel, qui analyse les tendances à long terme des mesures du TBP pour évaluer les effets de la stratégie.

En intégrant à leur plan de management des processus pilotés par le TBP, les équipes dirigeantes du siège et des unités ne raisonnent plus en termes simplement tactiques et ont désormais les moyens de traduire leur stratégie en actions.

ATTENTION !

Beaucoup d'entreprises industrielles et de sociétés de service se sont lancées dans la construction de TBP pour leurs unités opérationnelles, mais leur expérience n'a pas toujours été couronnée de succès. De nombreux dirigeants ont constaté que l'aventure n'était pas aussi facile qu'il y paraissait. En analysant plusieurs cas, nous avons découvert plusieurs raisons à ces échecs. Entre autres, des défauts dans la structure du TBP, des erreurs dans le choix des mesures et un manque d'organisation dans le processus de développement et d'exploitation du TBP.

Les défauts structurels

Beaucoup de dirigeants commettent l'erreur de croire qu'ils ont un TBP simplement parce qu'ils complètent leurs indicateurs financiers par d'autres mesures, non financières, comme la satisfaction du client et la part de marché. Malheureusement, celles-ci ont les mêmes limitations que les indicateurs financiers classiques qu'elles sont censées compléter. Ce sont, en effet, des mesures *a posteriori* qui traduisent la performance passée. De plus, elles ont un caractère générique, au sens où toutes les entreprises cherchent à s'améliorer dans les secteurs auxquels elles se rapportent. Elles permettent de suivre les résultats, mais pas de communiquer aux salariés le niveau de performance qui doit être atteint. Elles ne donnent pas d'indications suffisamment précises pour guider l'action future et ne constituent pas une base solide pour piloter l'allocation des ressources, définir les initiatives stratégiques et mettre en cohérence les budgets annuels et les dépenses discrétionnaires avec les objectifs personnels.

Heureusement, ces défauts structurels sont relativement faciles à corriger. On a vu au chapitre 7 comment construire le TBP en fonction des axes stratégiques spécifiques, des segments de marché ciblés et des processus internes essentiels de l'entreprise ou de l'unité. Le TBP comporte un ensemble équilibré de mesures de résultats et de déterminants de la performance, des indicateurs *a posteriori* et avancés, et tous les objectifs et les mesures visent à atteindre une performance financière élevée.

Le manque d'organisation

D'autres problèmes sont soulevés non par le TBP lui-même mais par le processus suivi pour mettre le concept en pratique. Nos pires craintes se confirment lorsqu'un manager prend contact par téléphone de la manière suivante :

> *Je suis contrôleur de gestion [ou responsable qualité] chez X et je dirige l'équipe chargée d'améliorer le système de mesure de la performance de l'entreprise. J'ai lu beaucoup d'ouvrages sur le sujet et votre TBP m'intéresse. Nous faisons une étude comparative et souhaiterions vous rencontrer pour étudier avec vous quels seraient les meilleurs indicateurs de la performance pour notre TBP et le genre de mesures qui ont donné les meilleurs résultats dans d'autres sociétés.*

Généralement, nous remercions notre interlocuteur de son intérêt pour le TBP avant de décliner poliment son invitation, la rencontre n'ayant guère de chances d'être productive. Il y a plusieurs raisons à notre refus. La première est que la responsabilité de construire un TBP ne doit jamais être déléguée à des membres de la hiérarchie intermédiaire, car pour être efficace, il doit refléter fidèlement le projet stratégique de l'équipe dirigeante. Accoler les mesures de performance aux processus existants peut amener une amélioration locale mais certainement pas une avancée dans la performance de l'ensemble de l'entreprise. De plus, si les hauts dirigeants ne prennent pas le processus en charge, ils ne penseront pas à intégrer le TBP dans les processus de management essentiels décrits dans la deuxième partie de ce livre. Ils continueront à conduire des bilans opérationnels axés sur les objectifs financiers immédiats, en oubliant la raison fondamentale pour laquelle ils ont décidé de construire un TBP.

En second lieu, le TBP ne doit pas être construit en s'appuyant sur les mesures ayant donné les meilleurs résultats dans les entreprises performantes, car ces mesures risquent de ne pas être aussi efficaces pour des entreprises opérant dans un environnement concurrentiel, avec des clients et des marchés différents, des technologies et des capacités différentes. Lorsqu'on nous dit que construire un TBP n'est pas aussi simple qu'il y paraît, cela signifie qu'il faut effectuer un travail considérable avant de parvenir à un système adapté à l'entreprise auquel il est destiné et qui fasse partie intégrante des processus de management. Il n'y a pas de voie express pour développer un TBP viable.

Tomber dans l'excès inverse peut néanmoins être aussi nuisible au déploiement efficace du TBP. Certaines entreprises, trop perfection-nistes, prolongent inutilement le travail préparatoire. L'enthousiasme, la motivation des participants au projet s'essoufflent. Le TBP n'est pas immuable. C'est au contraire un instrument dynamique, qui doit être évalué et actualisé en permanence pour tenir compte de l'évolution des conditions de la concurrence, du marché et de la technologie. En retar-dant son introduction, les entreprises perdent la possibilité de suivre les premiers effets des mesures pour lesquelles elles disposent déjà d'infor-mations et surtout d'apprendre à utiliser le TBP comme système de management. Lorsque nous rencontrons des entreprises qui retardent le lancement de leur TBP parce qu'elles ne sont pas certaines d'avoir sélectionné les mesures appropriées ou parce qu'elles ne disposent pas de données pour certaines mesures, nous les encourageons vivement à le faire pour accélérer leur apprentissage.

GÉRER LE SYSTÈME DE MANAGEMENT BASÉ SUR LE TBP

Vaincre l'inertie qui tend à paralyser tout programme de changement est la condition *sine qua non* de l'introduction d'un nouveau système de management centré sur le TBP. Deux types d'agents de changement inter-viennent dans sa mise en œuvre. Tout d'abord des leaders de transition, les managers qui participent à la construction du TBP et aident à l'intégrer au nouveau système de management. Ensuite, le manager qui gère le système après sa mise en route. Le fait que la mission des uns et de l'autre sorte du cadre des responsabilités fonctionnelles classiques est une difficulté sup-plémentaire sur la voie de la conversion du TBP en système de manage-ment stratégique.

Gérer la transition

La construction du TBP et son évolution progressive vers un système de management stratégique nécessitent des acteurs capables de tenir un triple rôle :

1. Architecte
2. Agent de changement
3. Communicateur

L'architecte dirige le processus de création du système et son insertion dans le système de management. Compte tenu du changement radical que le TBP introduit dans la philosophie de management, l'architecte doit en maîtriser tous les principes et raisonner à partir d'objectifs stratégiques à long terme ; être capable de former l'équipe dirigeante et de guider la traduction de la stratégie en objectifs et mesures spécifiques sans provoquer de réactions de défense [2].

Un projet de TBP demande à l'équipe dirigeante un engagement important et absorbe beaucoup de son temps. Si l'architecte échoue dans sa tentative, il aura bien du mal à remobiliser les dirigeants. D'après notre expérience, des consultants externes ou internes formés et expérimentés jouent souvent un rôle critique dans la réussite du projet. Le plus souvent, consultants externes et internes collaborent pour réaliser un projet pilote dans une unité dont le patron est déjà acquis au concept. Le projet pilote a deux finalités : il démontre la valeur du TBP et il renforce la compétence du groupe qui, en interne, dirigera le déploiement du projet dans le reste de l'entreprise.

Les consultants internes soutiennent également l'agent de changement qui incorporera le TBP dans les processus de management existants. Cet agent, qui pilotera le développement du nouveau système de management pendant les deux ou trois années durant lesquelles les nouveaux processus engendrés par le TBP seront déployés, doit dépendre directement du P-DG. Son rôle est capital, car il dirige l'application au jour le jour du nouveau système de management et aide également les managers à redéfinir leur rôle.

Au communicateur incombe la tâche de faire comprendre et accepter ce nouveau système à tous les acteurs de l'entreprise, du plus haut placé au plus obscur. Les stratégies articulées au TBP amènent généralement à adopter de nouvelles valeurs, de nouvelles méthodes de travail, axées sur la satisfaction du client, la qualité et la réactivité, l'innovation, le service, la responsabilisation des salariés et le développement des systèmes d'information. Le programme de communication doit être mené comme une

---

2. Pour une étude sur les réactions de défense – comment les reconnaître et les surmonter – voir C. Argyris et D. Schön, « Defensive Reasoning and The Theoretical Framework That Explains It », deuxième partie, *Organizational Learning II : Theory, Method, and Practice*, Reading (Mass.), Addison-Wesley, 1996, p. 75-107.

campagne de marketing interne et inciter les salariés à faire savoir si la stratégie est viable et appropriée. Compte tenu de l'importance de la communication dans un projet de TBP, nous recommandons d'en confier la responsabilité à un manager qui s'y consacrera, avec l'aide, le cas échéant, du service communication, jusqu'à ce que les objectifs de sensibilisation et de motivation aient été atteints.

Gérer le système de management stratégique

Lorsque l'intégration du TBP aux processus de management de l'entreprise est achevée, comment stabiliser le système de management stratégique ? La figure 12.5 montre l'impact de la transformation sur les responsabilités fonctionnelles classiques des membres de l'équipe dirigeante. Les responsables de la planification, des ressources humaines, des finances et des systèmes d'information sont, par tradition, « propriétaires » de « parcelles » du processus de management stratégique. Aucun, pourtant, ne dirige l'ensemble du système.

Cette tâche revient au P-DG de l'entreprise ou au président de l'unité opérationnelle. Parce que c'est au travers du système de management stratégique que la direction définit les orientations stratégiques, fixe les objectifs de performance ainsi que les ressources et les initiatives qui permettront de les atteindre, surveille les résultats et récompense la réussite ou sanctionne l'échec, il doit être la responsabilité commune du P-DG et de l'équipe dirigeante. En revanche, sa gestion au quotidien doit être confiée à une seule personne afin de ne pas disperser les activités de mesure, de présentation et de suivi des résultats.

Comme le montre la figure 12.5, le fonctionnement du système de management stratégique fait appel au savoir-faire, à l'expérience et aux compétences de plusieurs fonctions. Il serait facile de répartir la gestion au quotidien de ce système entre ces fonctions. Mais le maintien de l'efficacité du système est si important pour sa réussite que nous estimons préférable de confier sa direction à une seule et même personne.

La plupart des entreprises souffrent aujourd'hui d'un déficit de leadership du système de management stratégique. Aucun dirigeant, dans une hiérarchie classique, n'en a la responsabilité spécifique et l'on ne sait trop à qui elle devrait être confiée.

Le directeur financier paraît un candidat logique, mais il a très souvent fait carrière grâce à son aptitude à gérer un système rigoureux, structuré et étroitement délimité. Ce n'est pas nécessairement la qualité la plus adaptée à la gestion d'un processus de management global, innovant, dans lequel le jugement subjectif et les hommes jouent un rôle important, et

Figure 12.5. Responsabilité du système de management stratégique

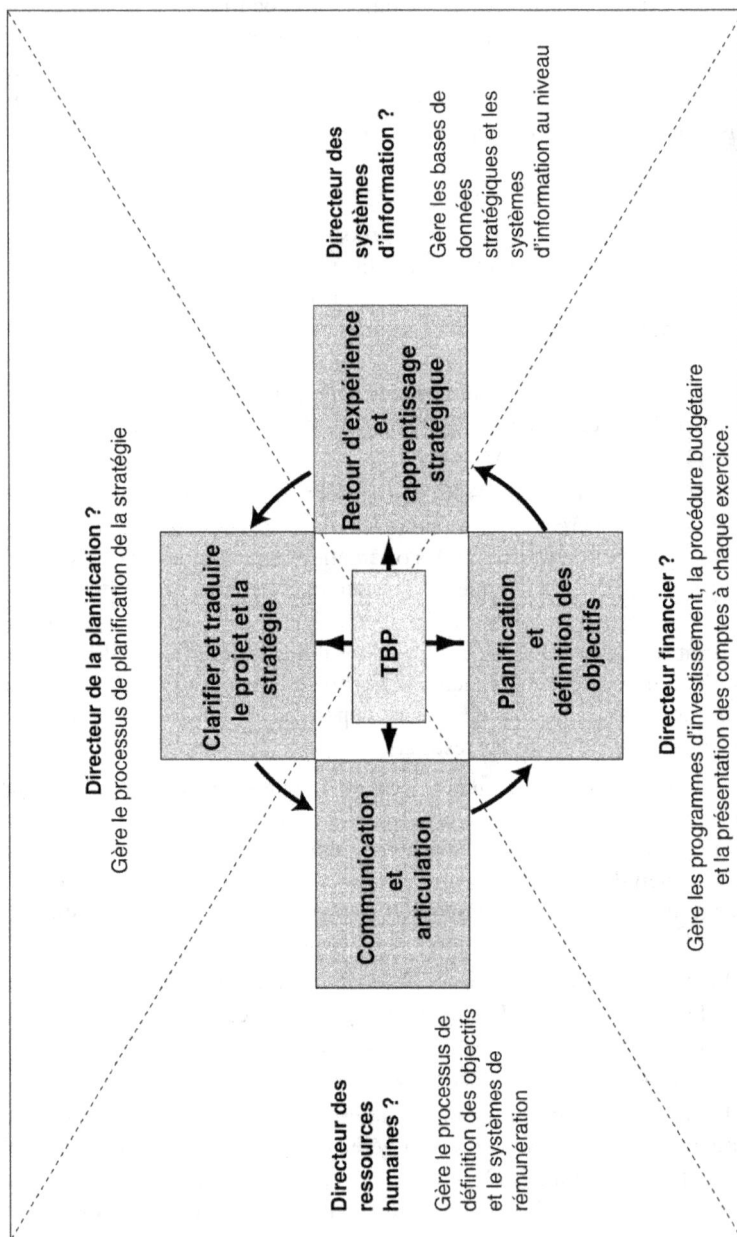

dont les objectifs concernant les clients, les processus internes, les salariés et les systèmes sont particulièrement ambitieux.

Le directeur de la planification stratégique peut être une alternative. Mais sa fonction est surtout axée sur la définition de la stratégie et non sur sa mise en œuvre. Si la responsabilité du système de management stratégique lui est confiée, il devra y appliquer la discipline et la rigueur formelle qui sont de règle dans la gestion financière. Le directeur des systèmes d'information possède évidemment la formation nécessaire mais il n'est pas familier avec les considérations stratégiques et il n'est pas un membre actif de l'équipe dirigeante.

Il est donc difficile d'identifier à ce stade le responsable du système de management stratégique, mais si l'entreprise ne place personne à ce poste, elle risque de perdre tous les avantages d'un système intégré. Ce manager joue un rôle important et visible et sa fonction lui ouvre des expériences et des connaissances nouvelles. L'entreprise finira par trouver la personne adéquate. Entre-temps, le leader de transition qui a participé à l'intégration du TBP au système de management stratégique en assurera provisoirement la direction.

RÉSUMÉ : TRADUIRE LA STRATÉGIE EN ACTION

Les entreprises ont commencé à adopter le TBP pour des raisons très diverses : clarification et communication de la stratégie, focalisation des programmes de changement, développement du leadership dans les unités opérationnelles, coordination des activités et création de synergies entre celles-ci. En règle générale, ces objectifs sont atteints dès le premier TBP. Mais durant le processus de définition des objectifs et des mesures, les dirigeants découvrent au système un champ d'application infiniment plus large.

Le TBP peut être la pierre angulaire du système de management d'une entreprise car il permet d'aligner et de piloter des processus essentiels et notamment :

• de clarifier et d'actualiser la stratégie ;

• de la communiquer dans toute l'entreprise ;

• d'aligner les objectifs des départements et des individus sur la stratégie ;

• d'identifier et d'harmoniser les initiatives stratégiques ;

- d'articuler les objectifs stratégiques aux objectifs à long terme et aux budgets annuels ;
- de relier les bilans stratégiques et opérationnels ;
- d'obtenir un retour d'expérience qui favorise l'apprentissage et l'amélioration de la stratégie.

Par ailleurs, en intégrant le TBP au plan de management, tous les processus de management peuvent être alignés et focalisés sur la mise en œuvre de la stratégie à long terme.

Les nombreux projets menés ces dernières années nous ont révélé tout le potentiel du TBP. S'il était initialement destiné à améliorer les systèmes de mesure de la performance, le TBP a peu à peu évolué jusqu'à devenir une démarche qui aide les dirigeants à résoudre un problème essentiel : comment mettre en œuvre la stratégie, en particulier lorsqu'elle implique un changement profond ? Rétrospectivement, le rôle que joue le TBP dans ce domaine apparaît plus clairement. En effet, le processus de développement du TBP permet à l'entreprise, généralement pour la première fois, de se faire une idée précise de sa destination future et lui offre une méthode pour l'atteindre. De plus, ce processus mobilise l'énergie et les efforts de toute l'équipe dirigeante. Les possibilités qu'il ouvre motivent et dynamisent les dirigeants, créent un élan et des ambitions nouvelles.

La traduction du projet en actions est une phase critique au cours de laquelle les dirigeants découvrent tout ce que peut apporter le TBP. Le développement de ce système doit aboutir à la mise en place d'une série de processus de management qui mobilisent et réorientent l'entreprise. Chacun de ces processus est relié au TBP pour piloter la stratégie à long terme.

Robert Simons, dans son étude sur la conception des systèmes de management, observe : « On sait que les activités quotidiennes de l'entreprise sont pilotées par des myriades de systèmes de contrôle. Mais aucun raisonnement systématique ne permet d'expliquer pourquoi et comment les managers utilisent ces systèmes [3]. » Il reste encore beaucoup de chemin avant de parvenir à un « raisonnement systématique » complet mais nous nous sommes penchés sur le phénomène mentionné par Simons. Les dirigeants s'appuient sur les divers éléments de leur système de management pour orchestrer leur action, mais lorsque ce système est articulé autour des objectifs et des mesures du TBP, ils peuvent aller jusqu'au bout de leur démarche et piloter la mise en œuvre de la stratégie.

---

3. Robert Simons, *Levers of Control : How Managers Use Innovative Control Systems pour Drive Strategic Renewal*, Boston, Harvard Business School Press, 1995, p. 11.

CONCLUSION

Construire un tableau de bord prospectif

L a construction du premier TBP d'une entreprise est un processus systématique qui génère progressivement un consensus autour des orientations stratégiques, clarifie le projet et la stratégie de l'entreprise et de ses unités opérationnelles et les traduit en objectifs et en mesures. Le projet requiert un architecte, à qui incombera la tâche de guider et promouvoir le processus et de réunir les informations nécessaires à l'élaboration du TBP. Celui-ci doit néanmoins être le fruit d'un effort collectif de la part des équipes dirigeantes de l'entreprise et des unités. Sans leur soutien et leur participation active, le projet ne peut ni voir le jour ni aboutir.

Nous avons rencontré deux entreprises dans lesquels le TBP a été construit par un haut responsable sans la collaboration des autres membres de la direction : le directeur financier dans l'une, le directeur du développement dans l'autre. Comme ils étaient haut-placés dans la hiérarchie et participaient activement à la définition de la stratégie et aux comités de direction, les TBP qu'ils ont élaborés reflétaient fidèlement la stratégie de leur entreprise respective ainsi que ses objectifs concernant les clients et les processus internes. Mais, dans aucun de ces deux cas, le TBP n'a piloté le changement ni n'est devenu partie intégrante des processus de management. Ce résultat décevant est imputable à l'absence d'implication des autres dirigeants dans la construction du système et de consensus sur la fonction du TBP. Il est probable que le projet a été considéré dans les deux cas comme une initiative de la direction pour améliorer le système de mesure et non pour opérer des changements fondamentaux dans la façon dont l'entreprise concevait son avenir ou son fonctionnement.

PROJET DE TBP : FIXER DES OBJECTIFS

La première étape d'un projet de TBP consiste à expliquer et faire accepter les raisons qui justifient sa construction. Pour beaucoup de managers, le TBP est un concept intéressant. Ils sont conscients des carences des indicateurs financiers et il n'est pas difficile de les convaincre de la nécessité d'adopter une approche plus équilibrée. Ce premier pas ne suffit cependant pas à lancer le projet. Il faut préalablement définir ses objectifs majeurs, car ils contribueront à :

- guider la définition des objectifs et des mesures du système,
- gagner l'adhésion des autres participants au projet,
- préciser les principes directeurs des processus de mise en œuvre et de management qui suivent la construction du TBP.

Voici quelques exemples des raisons pour lesquelles les entreprises développent un TBP.

Clarifier la stratégie et obtenir un consensus sur ses orientations

Chem-Pro, fabricant de produits polymère industriels, a procédé à une réorganisation pour améliorer le service au client. Sa structure fonctionnelle classique a été remplacée par une organisation articulée autour de centres d'activité et de processus, notamment la passation des commandes, la gestion de produit, l'exécution des commandes et la production. Chaque centre d'activité a des besoins particuliers pour ces quatre processus. Par exemple, le centre chargé de la commercialisation des produits standards opère *via* différents circuits de distribution, tandis que l'unité de développement des produits collabore avec quelques très gros clients pour définir les spécifications des nouveaux produits. Il a donc fallu adapter les quatre processus aux besoins spécifiques de chaque centre d'activité.

Chem-Pro a commencé par créer un TBP-cadre, définissant les priorités stratégiques globales, pour l'ensemble des centres d'activité. Chacun a ensuite développé sa propre stratégie en fonction des priorités de l'entreprise. Ensuite, les TBP des centres ont été communiqués aux responsables des quatre processus afin qu'ils puissent établir des programmes répondant aux objectifs de chaque centre d'activité. Le processus par lequel Chem-Pro a :

• défini des objectifs et des mesures pour l'ensemble de l'entreprise,
• relié ces objectifs à ceux de chaque centre d'activité,
• articulé les objectifs et les mesures des centres d'activité aux grands processus internes,

a permis à cette entreprise d'opérer une transformation structurelle complexe en obtenant l'adhésion et la participation active de tous les salariés.

Recentrer l'activité

Metro Bank a créé son TBP pour recentrer son activité sur certains créneaux spécialisés. Metro était issue de la fusion de deux banques régionales dont les différentes activités n'avaient jamais été totalement rationalisées au sein d'un projet commun. Alors qu'il n'existait pas de consensus sur un mode de fonctionnement ou une stratégie propres à Metro Bank, les dirigeants ont lancé un vaste programme de transformation en vue de proposer des produits plus innovants et de créer une banque adaptée au XXIe siècle. Malheureusement, ce programme a éclaté en une myriade d'initiatives (plus de soixante-dix) dans lesquelles se dispersent les efforts et les ressources de l'entreprise.

La direction de Metro s'est appuyée sur le TBP pour donner de la cohésion à la banque. En définissant des objectifs stratégiques précis et en identifiant les déterminants de la performance, Metro a réuni un consensus parmi les dirigeants et les a amenés à collaborer, quelles que soient la banque et la fonction dont ils étaient issus. Le TBP a également aidé à fixer les priorités et regrouper et intégrer les programmes de changement actuellement en cours. Il a donné naissance à un ensemble d'initiatives stratégiques gérables, toutes axées sur la réalisation d'objectifs spécifiques et stratégiquement importants.

Décentralisation et développement du leadership

La direction de Pioneer Petroleum souhaitait décentraliser et déléguer le pouvoir concentré dans sa structure fonctionnelle. Pour ce faire, elle a créé quatorze unités opérationnelles en leur donnant une double mission : satisfaire le client et supprimer tous les coûts inutiles (non générateurs de valeur ajoutée). Mais les dirigeants de ces unités étaient tous imprégnés de l'ancienne culture centralisée de Pioneer, dans laquelle ils obéissaient aux ordres. Aucun n'avait jamais défini sa propre stratégie ni géré sa mise en œuvre. Le P-DG du groupe craignait qu'ils n'aient pas suffisamment d'expérience pour conduire la nouvelle politique de décentralisation.

Le P-DG et l'équipe dirigeante ont décidé de construire un TBP pour développer le sens de l'initiative et du leadership dans les quatorze unités opérationnelles. Ils ont établi un TBP-cadre pour définir les priorités stratégiques et aider chaque unité à formuler sa stratégie. Les équipes dirigeantes locales ont commencé par clarifier la mission, le projet et les valeurs de leur unité. Puis chacune a développé son TBP à soumettre au siège et, durant ce processus, elles ont commencé à travailler en équipe. La définition d'un projet commun à toutes les unités a servi de catalyseur à la création d'un esprit d'équipe et à une formulation de la stratégie. Le TBP-cadre a guidé la réflexion des dirigeants et contribué à réduire les risques inhérents à une première expérience de développement d'une stratégie indépendante. La créativité et l'énergie des équipes dirigeantes locales ont pu être concentrées sur les grands axes stratégiques de l'entreprise.

Le bilan général effectué par les équipes dirigeantes du groupe et des unités a également permis de s'assurer, avant leur mise en œuvre, que les stratégies des unités correspondaient aux orientations générales. Dans le cadre de ce processus, les dirigeants des unités opérationnelles ont appris à formuler et gérer leur propre stratégie.

Intervention stratégique

À l'inverse de Pioneer Petroleum, Kenyon Stores était déjà une structure décentralisée : chacune de ses unités était spécialisée dans un style de vêtements destinés à des clientèles différentes. Chacune avait sa propre stratégie en matière de mode, de marché et d'approvisionnement. Toutefois, la direction craignait que cette structure ne fasse perdre au groupe des opportunités de croissance et d'augmentation de la rentabilité. La décentralisation convenait parfaitement à une entreprise plus petite, mais à ce stade de son développement la taille de chaque unité approchait de celle qu'avait l'ensemble du groupe cinq ans auparavant. Ce changement d'échelle modifiait totalement le plan stratégique et exigeait que chaque président d'unité devienne un stratège plus qu'un vendeur. Pour la direction de Kenyon, le TBP était le moyen d'aider les dirigeants des unités à apprendre à définir leur propre stratégie de croissance.

Le P-DG de Kenyon a donc établi avec les différentes équipes dirigeantes une liste de dix objectifs stratégiques généraux (voir chapitres 8 et 12) à partir desquels chaque unité devait définir ses propres objectifs et les mécanismes qui permettraient de les atteindre.

Les équipes dirigeantes du siège et des unités ont lancé le processus de planification à long terme en déterminant ensemble la stratégie de chaque unité pour réaliser ces dix objectifs en s'appuyant sur le TBP. Ces objectifs étaient le fil conducteur de l'intégration des stratégies respectives des unités au plan stratégique d'ensemble. Grâce au TBP, le P-DG pouvait guider personnellement la stratégie du groupe au lieu de se contenter de constater des résultats *a posteriori*, mais aussi aider les dirigeants des unités à développer leur savoir-faire stratégique.

En résumé, la construction d'un TBP peut être motivée par le besoin :

- de clarifier et de faire accepter le projet et la stratégie de l'entreprise,
- de constituer une équipe dirigeante cohérente,
- de communiquer la stratégie,
- de relier la récompense aux objectifs stratégiques ,
- de définir des axes stratégiques à long terme,
- d'aligner les ressources et les initiatives stratégiques,
- de soutenir l'investissement dans le capital intellectuel et les actifs intangibles,
- de jeter les bases de l'apprentissage stratégique.

Les objectifs retenus au démarrage du projet de TBP ne constituent pas un carcan. On a vu au chapitre 12 que le rôle du TBP évolue au fur et à mesure de sa mise en œuvre. Mais ces objectifs initiaux servent à motiver, à communiquer la raison d'être du projet et à soutenir l'intérêt et l'engagement des participants au programme.

LES ACTEURS

Lorsqu'un consensus est établi sur les objectifs et le rôle futur du TBP, il reste à sélectionner l'architecte du projet, qui définira la philosophie, les principes directeurs et la méthode pour concevoir et développer le TBP pour son « client », en l'occurrence l'équipe dirigeante. Le client doit participer activement au développement du TBP, car c'est lui qui dirigera les processus de management associés à son utilisation.

L'architecte guide le processus, organise les réunions, entretient le dialogue, s'assure que l'équipe de projet dispose de la documentation et des informations nécessaires sur le marché et la concurrence et, d'une manière générale, veille à ce que le processus se déroule sans incident et dans les délais. Lors de la construction du TBP initial, il doit gérer à la fois un processus analytique – traduire des intentions stratégiques en objectifs explicites et mesurables – et un processus relationnel lié à la construction de l'équipe et à la résolution des conflits.

L'expérience nous a montré que l'architecte devait être un responsable fonctionnel de haut niveau. Par exemple :

- Directeur de la planification stratégique ou du développement,
- Directeur Qualité,
- Directeur financier ou Contrôleur de gestion [1].

Certaines entreprises font appel à des consultants extérieurs pour assister leur architecte.

LE PROCESSUS DE CONSTRUCTION

Chaque entreprise est unique et peut appliquer la méthode de son choix pour construire son TBP. Toutefois, tous les projets que nous avons réalisés nous ont amené à établir un plan de développement systématique en quatre étapes qui, s'il est correctement exécuté, favorise l'engagement des dirigeants et des managers dans le processus et permet de créer un TBP qui les aidera ensuite à atteindre leurs objectifs.

Définir l'architecture de mesure

▶ Sélectionner l'unité concernée

L'architecte, en concertation avec la direction, doit identifier l'unité opérationnelle qui convient pour le TBP global. La diversité des activités

---

1. Nous avons rencontré essentiellement deux sortes de responsables financiers dans les entreprises avec lesquelles nous avons travaillé. Ceux qui se considèrent comme des agents de changement, comprennent les limitations des indicateurs financiers *a posteriori* pour guider l'entreprise dans son nouvel environnement concurrentiel et souhaitent utiliser le potentiel de leurs services concernant la collecte des données, le développement des systèmes d'information, la mesure et le suivi de la performance et l'utiliser pour développer de nouveaux systèmes de mesure, de communication et de contrôle. Ceux-là peuvent jouer le rôle d'architectes dans les projets de TBP. D'autres, en revanche, sont convaincus de l'objectivité et du caractère infaillible des chiffres. Ils considèrent que l'introduction d'indicateurs plus subjectifs, moins contrôlables, risque d'affaiblir la mission fondamentale des services financiers et de mettre en péril leurs capacités de mesure et de contrôle des résultats. Ces responsables, généralement issus de la comptabilité et du contrôle de gestion, ne sont pas de bons candidats au rôle d'architecte.

de la plupart des entreprises rend la tâche difficile. Il est plus facile de concevoir un TBP pour une unité ayant une chaîne de processus complète : innovation, production, marketing, vente et service. Cette unité devra avoir ses produits et ses clients, ses circuits de commercialisation et de vente et ses installations de production. Il doit être relativement facile d'y mettre en place des mesures de performance financière sans les complications (et les conflits) qu'entraînent l'imputation des coûts et des prix de transfert de produits et services provenant d'autres unités.

La figure 1 est l'organigramme classique d'une multinationale à structure hiérarchique. Dans ce contexte, le candidat naturel au TBP est une unité du niveau III.

Si ce candidat est défini selon des critères trop restrictifs (par exemple un service d'une unité du niveau III), il risque d'être difficile de formuler une stratégie autonome cohérente. Pour un service fonctionnel ou un programme isolé, par exemple, un TBP aurait une portée trop limitée et un ensemble d'indicateurs de résultats suffit à mesurer la performance. Par contre, des TBP ont été créés pour des fonctions de soutien complexes, des joint ventures et des organisations à but non lucratif. Le tout est de savoir si l'unité opérationnelle concernée possède (ou devrait posséder) une stratégie pour accomplir sa mission. Si tel est le cas, elle est un candidat acceptable pour un TBP.

Nous avons créé un TBP en collaboration avec un groupe industriel producteur de gaz et de produits chimiques. Il comprenait plusieurs unités d'exploitation, parmi lesquelles :

• une société (sous statut de monopole réglementé) de distribution de gaz naturel desservant une clientèle locale ;

Figure 1. Identifier l'unité candidate

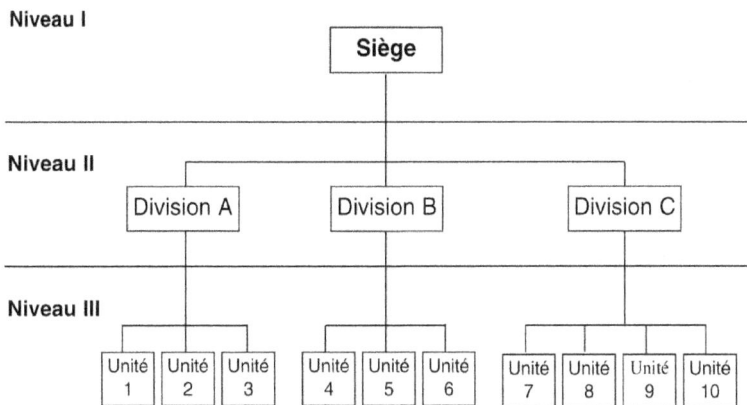

© Les Éditions d'Organisation

• une société privée de distribution de gaz naturel avec une clientèle nationale ;
• une unité de fabrication de produits chimiques de base ;
• une société de conseil spécialisée dans les services gaziers.

Le projet portait au départ sur le développement d'un TBP de groupe, mais nous nous sommes rapidement orientés vers une autre solution, car si les différentes sociétés partageaient nombre de ressources et de services fonctionnels, leurs activités étaient si diverses qu'il était plus logique que chacune ait son propre TBP.

▶ Identifier les liens entre le siège et les unités

Une fois qu'il a sélectionné l'unité destinataire du TBP, l'architecte doit mettra au jour ses liens avec les autres unités et le siège. Il interroge les responsables compétents afin de déterminer :

• les objectifs financiers de l'unité (croissance, rentabilité, trésorerie, profits en phase de récolte) [2] ;
• les grandes orientations de l'entreprise (environnement, sécurité, personnel, rôle social, qualité, compétitivité, innovation) ;
• les liens avec d'autres unités (clients et savoir-faire communs, possibilités d'intégration des actions auprès des clients, relations clients/fournisseurs internes).

Ces informations sont essentielles pour éviter que les objectifs et les mesures adoptés par l'unité aient des incidences négatives sur d'autres unités ou sur l'ensemble de l'entreprise. La mise au jour des liens entre les unités et le siège fait apparaître des contraintes et des opportunités qui n'auraient peut-être pas été détectées si l'unité avait été considérée comme un cas isolé.

Générer un consensus sur les objectifs stratégiques

▶ Première série d'entretiens

L'architecte constitue un dossier d'information sur le TBP complété par des documents internes exposant le projet, la mission et la stratégie de l'entreprise et de l'unité. Ce dossier est remis à tous les cadres dirigeants de l'unité (6 à 12 personnes). L'architecte y joint aussi une présen-

---

2. Le directeur financier et le directeur général ou le directeur d'exploitation doivent être interrogés sur les objectifs financiers de l'unité opérationnelle.

tation sur le secteur d'activité et l'environnement concurrentiel, les grandes tendances concernant la taille et la croissance du marché, les offres concurrentes, les préférences des clients et l'état de la technologie.

L'architecte organise ensuite avec chaque dirigeant un entretien d'environ 90 minutes au cours duquel son interlocuteur commente les objectifs stratégiques de l'entreprise et propose des mesures pour les quatre axes du TBP. Pour simplifier, nous parlons de l'architecte comme d'une personne mais il s'agit idéalement d'une équipe de deux ou trois personnes. L'architecte, en tant qu'animateur du projet, conduit l'entretien, pose les questions et approfondit les réponses. Un membre de l'équipe-architecte peut se concentrer sur les objectifs et les mesures proposés par le dirigeant et un autre s'attacher à en préciser la portée et le contexte. L'entretien n'a pas besoin d'être structuré mais la discussion, comme l'analyse et l'intégration des informations fournies par les dirigeants, seront facilitées si l'architecte utilise la même série de questions et propose le même choix de réponses.

Cet entretien répond à plusieurs objectifs directs et indirects. Directement, il a pour but de présenter le concept du TBP aux dirigeants, de répondre aux questions qu'ils peuvent se poser et de réunir leurs premiers commentaires sur la stratégie de l'entreprise et sa traduction en objectifs et mesures pour le TBP. Indirectement, il vise à inciter l'équipe dirigeante à réfléchir à la manière de transposer la stratégie et les objectifs de l'entreprise en mesures opérationnelles concrètes ; à identifier les inquiétudes que peuvent susciter la création et la mise en œuvre du TBP ainsi que les conflits éventuels entre les participants, sur la conception de la stratégie et des objectifs ou au niveau personnel ou interfonctionnel.

▶ Travail de synthèse

Après les entretiens, l'architecte et l'équipe de conception du TBP se réunissent pour analyser les réponses, mettre en lumière les problèmes et établir une première liste d'objectifs et de mesures, qui constituera une base de discussion pour les dirigeants. Ils échangent également leurs impressions sur les obstacles personnels et organisationnels au TBP et sur le changement des processus de management après l'introduction du système.

Cette synthèse doit aboutir à un classement hiérarchique des objectifs des quatre axes du TBP. Pour chaque axe et chaque objectif, l'architecte cite des commentaires (anonymes) des dirigeants justifiant le choix effectué et identifiant les problèmes à résoudre. L'architecte et son équipe doivent s'efforcer de déterminer si cette liste d'objectifs reflète la stratégie de l'entreprise et si les objectifs des quatre axes sont articulés par des relations de cause à effet. Ces observations serviront de base de discussion lors de la réunion du comité exécutif.

▶ Comité exécutif (première séance)

L'architecte se réunit avec la direction afin de commencer à générer un consensus sur le TBP. Il ouvre un dialogue sur le projet et les orientations stratégiques de l'entreprise jusqu'à ce qu'un consensus se dégage. Les participants doivent ensuite répondre à cette question : « Si le projet et la stratégie sont efficaces, quel sera le résultat sur la performance concernant les actionnaires, les clients, les processus internes et la croissance de l'entreprise ? »

L'architecte présente les objectifs proposés, par ordre d'importance, ainsi que les commentaires extraits des entretiens avec les dirigeants d'unités. Il peut visionner des vidéos d'entretiens avec des actionnaires et des clients pour ajouter un avis extérieur. Généralement, le comité examine un grand nombre de mesures pour chaque axe. Chaque objectif doit être étudié séparément, sans faire de comparaison avec d'autres propositions, afin de pouvoir juger de ses mérites et de ses faiblesses intrinsèques. À ce stade, il n'est pas essentiel de réduire les choix même si certaines mesures apparaissent très vite comme sans intérêt.

Lorsque tous les objectifs proposés pour un axe du TBP ont été présentés et analysés, le comité en sélectionne trois ou quatre puis les décrit en une phrase ou un paragraphe. En fonction du temps dont il dispose, l'architecte peut demander au groupe de réfléchir à des mesures pour les objectifs retenus.

Le comité doit être divisé en quatre sous-groupes responsables chacun d'un axe du TBP. En plus des dirigeants, des représentants de l'échelon hiérarchique directement inférieur et des responsables fonctionnels doivent être intégrés aux sous-groupes afin d'élargir le débat et le consensus.

À la fin de ce travail, le comité exécutif aura identifié trois ou quatre objectifs pour chaque axe, établi une description détaillée de chaque objectif ainsi qu'une liste de mesures possibles pour chacun d'eux. Après la réunion, l'architecte rédige et distribue un rapport résumant le contenu et le résultat des discussions et donnant le nom des membres des quatre sous-groupes.

Sélectionner et concevoir des mesures

▶ Réunions des sous-groupes

L'architecte organise plusieurs réunions avec chacun des sous-groupes, avec les objectifs suivants :

1. Affiner la formulation des objectifs stratégiques en fonction des intentions exprimées lors de la première séance du comité exécutif.
2. Identifier la ou les mesures qui traduisent le plus fidèlement l'intention de chaque objectif.
3. Pour chaque mesure proposer, identifier les sources d'information et les actions éventuellement nécessaires pour y avoir accès.
4. Identifier pour chaque axe du TBP les principaux liens entre les mesures de cet axe et des autres et, si possible, l'impact de chaque mesure sur les autres.

Pour diriger ces réunions, l'architecte s'appuie sur le cadre que constituent les quatre axes du TBP mais aussi sur les liens entre les mesures, à l'intérieur et entre chaque axe, qui illustrent les relations de cause à effet sur lesquelles repose la stratégie.

▶ L'art de choisir et de concevoir des mesures

Le choix de mesures adaptées pour un TBP a essentiellement pour but d'identifier celles qui expriment le mieux les intentions stratégiques. Chaque stratégie étant unique, chaque TBP doit être unique et contenir des mesures uniques. Cependant, on a vu au chapitre 7 que l'on retrouve certaines mesures de résultats dans tous les TBP. Ce sont les indicateurs suivants :

▶ Indicateurs financiers

- Retour sur investissement/valeur ajoutée économique
- Rentabilité
- Croissance/diversification du chiffre d'affaires
- Réduction des coûts/productivité

▶ Indicateurs clients

- Part de marché
- Conquête de nouveaux clients
- Conservation de la clientèle existante
- Rentabilité par segment
- Satisfaction des clients

▶ Indicateurs d'apprentissage organisationnel

- Satisfaction des salariés
- Fidélisation des salariés
- Productivité des salariés

Si la plupart des TBP font largement appel à ces indicateurs, la définition des mesures est un art qui repose sur les déterminants de la performance. Il s'agit des mesures qui servent de catalyseurs et permettent d'obtenir les résultats visés. Les chapitre 3 à 7, ainsi que les annexes aux chapitres 4 et 5, peuvent aider l'architecte et les sous-groupes à définir les déterminants de la performance des quatre axes qui permettront de communiquer, mettre en œuvre et suivre la stratégie de chaque unité.

Les travaux de chaque sous-groupe doivent aboutir à :

- une liste d'objectifs pour l'axe dont il a la charge, accompagnée d'une description détaillée de chacun d'eux ;
- une description des mesures pour chaque objectif ;
- une illustration de la méthode de quantification et de présentation de chaque mesure ;
- une représentation graphique des liens entre les mesures d'un même axe et les mesures ou objectifs des autres axes.

L'architecte peut ensuite réunir de nouveau le comité exécutif.

▶ Comité exécutif (deuxième séance)

Une deuxième séance est organisée qui réunit les membres de la direction, leurs collaborateurs immédiats et un grand nombre de cadres intermédiaires, pour analyser le projet et les orientations stratégiques de l'entreprise ainsi que les objectifs et les mesures proposés pour le TBP. La présentation par chaque sous-groupe du résultat de ses travaux renforce l'engagement à l'égard du processus de développement du TBP. Les participants, tous ensemble ou par petits groupes, commentent les mesures proposées et ébauchent les grandes lignes d'un programme de mise en œuvre. L'objectif principal de cette seconde séance est de préparer une brochure qui communiquera les intentions et le contenu du TBP à tous les salariés. Son objectif secondaire est d'encourager les participants à se fixer des objectifs ambitieux pour chaque mesure proposée. En fonction du type de mesures concernées et des habitudes de l'entreprise dans ce domaine, plusieurs méthodes peuvent être employées – du *benchmarking* aux taux évolutifs – pour spécifier les objectifs à trois ou cinq ans.

Le plan de mise en œuvre

▶ Développer le plan de mise en œuvre

Une autre équipe, souvent constituée des animateurs de chaque sous-groupe, met en forme les objectifs et les mesures définis lors des deux premières séances du comité exécutif et développe un plan de mise en œuvre du TBP. Ce plan doit préciser de quelle manière les mesures seront reliées aux bases de données et aux systèmes d'information pour faire connaître le TBP dans toute l'entreprise et promouvoir le développement d'un deuxième niveau d'indicateurs pour les unités décentralisées. Ce processus peut donner naissance à un système d'information totalement nouveau qui relie les mesures utilisées au plus haut niveau à celles des échelons successifs jusqu'aux individus.

▶ Comité exécutif (troisième séance)

Le comité exécutif se réunit pour la troisième fois afin de s'accorder définitivement sur le projet, les objectifs et les mesures définis lors des deux premières séances, et valider les objectifs proposés par le groupe de mise en œuvre du TBP. Le comité identifie également les premières initiatives à lancer en vue d'atteindre les objectifs. Ce processus est clôturé par l'alignement des actions des unités sur les objectifs, les mesures et les orientations du TBP. Le comité, à la fin de sa réunion, doit avoir décidé d'un programme pour communiquer le TBP aux salariés, l'intégrer au système de management et développer un système d'information destiné à appuyer le TBP.

▶ Finaliser le plan de mise en œuvre

Pour qu'un TBP soit générateur de valeur ajoutée, il doit être intégré au système de management. Nous recommandons de commencer à utiliser très rapidement le TBP. Il est certes indispensable d'établir un plan de mise en œuvre par étape, mais les « meilleures informations » disponibles doivent servir à focaliser le système de management sur les priorités du TBP. Les systèmes d'information rattraperont le processus.

CALENDRIER DE MISE EN ŒUVRE

Un projet de TBP s'étend généralement sur 16 semaines (voir figure 2.). Il ne s'agit bien évidemment pas d'une activité à plein temps. Sa durée varie en fonction du temps que les dirigeants peuvent consacrer aux entretiens, aux séances du comité de direction et aux réunions des sous-groupes. Un projet de 16 semaines permet aux membres de l'équipe dirigeante, entre les activités et les réunions, de réfléchir à l'évolution structurelle du TBP, à celle de la stratégie et du système d'information et, plus important encore, aux répercussions du TBP sur les processus de management.

L'architecte (et les consultants, le cas échéant) participent étroitement au processus jusqu'à la fin de la sixième semaine, où se tient le premier comité exécutif. Dans la deuxième partie du calendrier, le client (l'équipe dirigeante) doit jouer un rôle plus actif dans le développement du TBP. La tâche de l'architecte est alors davantage orientée vers l'organisation et la conduite des réunions. Plus les dirigeants s'impliquent dans les travaux des sous-groupes et du comité exécutif, plus le projet de TBP aura de chance de donner naissance à un nouveau système de management.

Figure 2. Calendrier de mise en place d'un TBP

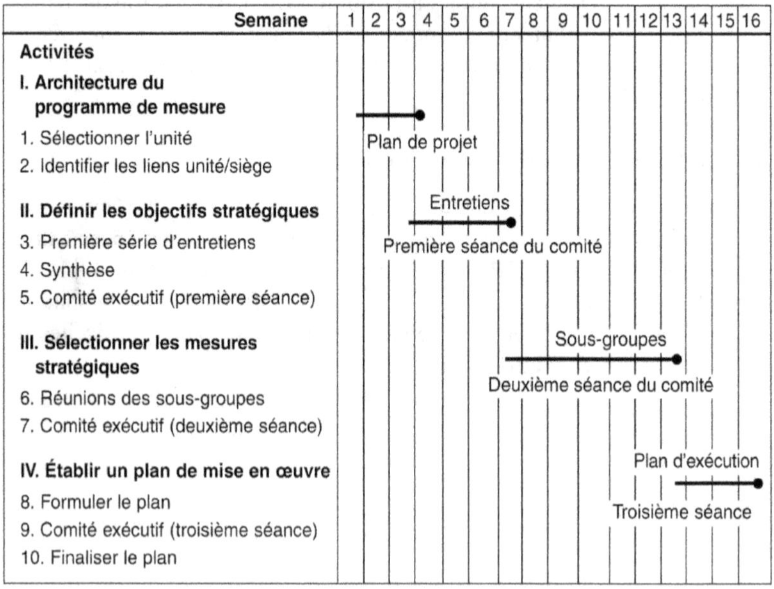

Ce délai suppose que l'unité ait déjà formulé sa stratégie et dispose d'études de marché et d'études clients pour pouvoir prendre en toute connaissance de cause des décisions sur la segmentation du marché et la nature de l'offre aux clients ciblés. Dans le cas contraire, la durée du projet sera prolongée d'autant.

Au terme de ces 16 semaines, les dirigeants et les managers de l'unité doivent être en mesure de préciser la stratégie et de la traduire en objectifs et en mesures spécifiques pour les quatre axes du TBP, avoir défini un plan de mise en œuvre du système et, dans l'idéal, mis en place de nouveaux systèmes de collecte et de présentation des données pour le TBP. Ils devront également avoir une idée claire des processus de management qui seront modifiés par l'introduction des mesures du TBP au cœur des systèmes de management de l'entreprise.

RÉSUMÉ

Le TBP, notre expérience le démontre, peut être construit en 16 semaines. À ce stade, l'entreprise passe à la phase de mise en œuvre pendant laquelle elle peut faire du TBP la pierre angulaire de son système de management, comme nous l'avons vu dans la deuxième partie de ce livre.

www.ingramcontent.com/pod-product-compliance
Lightning Source LLC
Chambersburg PA
CBHW061136220326
41599CB00025B/4258